工业和信息化普通高等教育"十二五"规划教材
立项项目

21世纪高等院校通识教育规划教材

概率论与数理统计

程宗钱 主编

U0347337

人民邮电出版社

北 京

图书在版编目（CIP）数据

概率论与数理统计 / 程宗钱主编. -- 北京 ：人民
邮电出版社，2013.9（2019.1重印）
21世纪高等院校通识教育规划教材
ISBN 978-7-115-32295-1

Ⅰ．①概… Ⅱ．①程… Ⅲ．①概率论－高等学校－教
材②数理统计－高等学校－教材 Ⅳ．①021

中国版本图书馆CIP数据核字（2013）第160245号

内 容 提 要

本书包括随机事件与概率、一维随机变量及其分布、多维随机变量及其分布、随机变量的数字特征、大数定律及中心极限定理、统计量及其分布、参数估计、假设检验等内容。每一章后面附有 A、B 两套习题，A 套为基础题，B 套为综合性的选择与填空题，书后附有两套习题的答案。本书的适用面广，内容可根据不同专业的需要选用。

本书可作为高等学校理工科、经济类和其他非数学专业教学用书，也适合数学专业专科的"概率论与数理统计"课程的教学需要。

◆ 主 编 程宗钱
责任编辑 武恩玉
责任印制 彭志环 焦志炜

◆ 人民邮电出版社出版发行 北京市丰台区成寿寺路 11 号
邮编 100164 电子邮件 315@ptpress.com.cn
网址 http://www.ptpress.com.cn
北京九州迅驰传媒文化有限公司印刷

◆ 开本：787×1092 1/16
印张：14.75 2013 年 9 月第 1 版
字数：292 千字 2019 年 1 月北京第 7 次印刷

定价：35.00 元
读者服务热线：(010)81055256 印装质量热线：(010)81055316
反盗版热线：(010)81055315

概率论与数理统计是一门研究随机现象的数学学科，它在各个领域中都有极其广泛的应用．本书在保持众多教材优点的基础上，注意将概率论与数理统计的知识和现实生活中存在的大量随机现象联系起来，注意将这些知识和经济学及其他相关知识结合起来．由于概率论与数理统计历来以抽象难学著称，初学者在学习中会遇到一些困难，因此，我们在例题编写中尽量清楚阐述解题思路、方法和步骤，通过例题的解题步骤从而引导读者掌握一些基本的解题方法．本书内容全面，深入浅出，通俗易懂，图文并茂，可使学生感到读此书的趣味．

本书内容包括事件与概率、一维随机变量及其分布、多维随机变量及其分布、随机变量的数字特征、大数定律及中心极限定理、数理统计基本概念、参数估计、假设检验．每一章后面附有 A、B 两套习题，A 套为基础题，是为了满足基本的教学需要而编写的，B 套为综合性的选择题与填空题．书后附有两套习题的参考答案，以方便学生自学．

为了帮助读者抓住要点，提高学习质量和效率，在章末增写了本章"知识结构图"．知识结构图中所包含的内容，能起到提纲挈领的作用．

本书的适用面广，内容可根据不同专业的需要选用．本书可作为高等学校理工科、经济类和其他非数学专业教学用书，也可供其他工程技术人员参考．

本书在编写过程中参考了国内众多的同类教材（见参考文献），得到江西农业大学南昌商学院计算机系与教务部的大力支持，以及袁瑾洋教授的悉心指导，在此一并表示衷心感谢．

由于编者水平有限，加之时间仓促，书中不足之处在所难免，敬请广大读者不吝赐教．

程宗钱

2013 年 5 月 8 日

目　　录

第 1 章 事件与概率

§1.1 事　　件

自然界和人类社会中的各种现象，大致可分为两类：确定性现象和不确定性现象．确定性现象也称为必然现象，是指在一定条件下必然发生的现象．例如，水在通常条件下温度达到 100℃时必然沸腾，温度为 0℃时必然结冰；同性电荷相互排斥，异性电荷相互吸引等．不确定性现象也称为随机现象，是指在一定条件下，可能发生也可能不发生的现象．例如，测量一个物体的长度时测量误差的大小；从一批电视机中随便取一台，电视机的寿命长短等．

要研究随机现象，就要做一些试验．虽然就每次试验或观察而言，结果具有不确定性，但在相同条件下的大量重复试验中，随机现象的结果却呈现出某种明显的规律性．例如，抛掷一枚硬币，可能是正面向上，也可能是反面向上，但在相同条件下，多次抛掷一枚硬币，正面向上和反面向上的次数大约各占一半．这种在大量重复试验或观察中所呈现的规律性称为统计规律性．概率论和数理统计是从数量化的角度来研究随机现象及统计规律性的一门应用数学学科．

1. 随机试验

人们是通过试验去研究随机现象的，为对随机现象加以研究所进行的观察或实验，称为试验．

若一个试验具有下列三个特点：

1° 可以在相同的条件下重复地进行；

2° 试验的可能结果不止一个，所有可能出现的结果试验前是已知的；

3° 每次试验会出现哪一个结果，在试验前是未知的．

则称这一试验为随机试验（Random trial），记为 E.

下面举一些随机试验的例子．

E_1：抛一枚硬币，观察正面 H 和反面 T 出现的情况．

E_2：投掷一颗骰子一次，观察可能出现的点数．

E_3：在一批电灯泡中任意抽取一只测量其寿命．

E_4：城市某一交通路口，指定一小时内的汽车流量．

E_5：记录某一地区一昼夜的最高温度和最低温度．

2．样本空间与随机事件

随机试验 E 的所有基本结果组成的集合称为样本空间（Sample space），记为 Ω．样本空间的元素，即 E 的每个基本结果，称为样本点．下面写出前面提到的试验 $E_k(k=1,2,3,4,5)$ 的样本空间 Ω_k．

Ω_1：$\{H,T\}$；

Ω_2：$\{1,2,3,4,5,6\}$；

Ω_3：$\{t \mid t\geqslant 0\}$；

Ω_4：$\{0,1,2,3,\cdots\}$；

Ω_5：$\{(x,y) \mid T_0\leqslant x\leqslant y\leqslant T_1\}$，这里 x 表示最低温度，y 表示最高温度，并设这一地区温度不会小于 T_0 也不会大于 T_1．

随机试验 E 的样本空间 Ω 的子集称为 E 的随机事件（Random event），简称事件[①]，通常用大写字母 A，B，C，…表示．在每次试验中，当且仅当这一子集中的一个样本点出现时，称这一事件发生．例如，在掷骰子的试验中，可以用 A 表示"出现点数为偶数"这个事件，若试验结果是"出现 6 点"，就称事件 A 发生．

特别地，由一个样本点组成的单点集，称为基本事件．例如，试验 E_1 有两个基本事件 $\{H\}$、$\{T\}$；试验 E_2 有 6 个基本事件 $\{1\}$、$\{2\}$、$\{3\}$、$\{4\}$、$\{5\}$、$\{6\}$．

每次试验中都必然发生的事件，称为必然事件．样本空间 Ω 包含所有的样本点，它是 Ω 自身的子集，每次试验中都必然发生，故它就是一个必然事件．因而必然事件我们也用 Ω 表示．在每次试验中不可能发生的事件称为不可能事件．空集 $\varnothing$ 不包含任何样本点，它作为样本空间的子集，在每次试验中都不可能发生，故它就是一个不可能事件．因而不可能事件我们也用 $\varnothing$ 表示．

3．事件之间的关系及其运算

事件是一个集合，因而事件间的关系与事件的运算可以用集合之间的关系与集合的运算来处理．

---

① 严格地说，事件是指 Ω 中满足某些条件的子集．当 Ω 是由有限个元素或由无穷可列个元素组成时，每个子集都可作为一个事件．若 Ω 是由不可列无限个元素组成时，某些子集必须排除在外．幸而这种不可容许的子集在实际应用中几乎不会遇到．今后，我们讲的事件都是指它是容许考虑的那种子集．

下面我们讨论事件之间的关系及运算.

1° 如果事件 A 发生必然导致事件 B 发生，则称事件 A 包含于事件 B（或称事件 B 包含事件 A），记作 $A \subset B$（或 $B \supset A$）.

$A \subset B$ 的一个等价说法是，如果事件 B 不发生，则事件 A 必然不发生.

若 $A \subset B$ 且 $B \subset A$，则称事件 A 与 B 相等（或等价），记为 $A = B$.

对于任一事件 A，显然有 $\varnothing \subset A \subset \Omega$.

2° "事件 A 与 B 中至少有一个发生"的事件称为 A 与 B 的并（和），记为 $A \cup B$.

由事件并的定义，立即得到：

对任一事件 A，有

$$A \cup \Omega = \Omega; \quad A \cup \varnothing = A.$$

$\bigcup\limits_{i=1}^{n} A_i$ 表示 "A_1, A_2, $\cdots$, A_n 中至少有一个事件发生" 这一事件.

$\bigcup\limits_{i=1}^{\infty} A_i$ 表示 "可列无穷多个事件 A_i 中至少有一个发生" 这一事件.

3° "事件 A 与 B 同时发生"的事件称为 A 与 B 的交（积），记为 $A \cap B$ 或 AB.

由事件交的定义，立即得到：

对任一事件 A，有

$$A \cap \Omega = A; \quad A \cap \varnothing = \varnothing.$$

$\bigcap\limits_{i=1}^{n} B_i$ 表示 "B_1, B_2, $\cdots$, B_n 这 n 个事件同时发生" 这一事件.

$\bigcap\limits_{i=1}^{\infty} B_i$ 表示 "可列无穷多个事件 B_i 同时发生" 这一事件.

4° "事件 A 发生而 B 不发生"的事件称为 A 与 B 的差，记为 $A - B$.

由事件差的定义，立即得到：

对任一事件 A，有

$$A - A = \varnothing; \quad A - \varnothing = A; \quad A - \Omega = \varnothing.$$

5° 如果两个事件 A 与 B 不可能同时发生，则称事件 A 与 B 为互不相容（互斥），记作 $A \cap B = \varnothing$.

基本事件是两两互不相容的.

6° 若 $A \cup B = \Omega$ 且 $A \cap B = \varnothing$，则称事件 A 与事件 B 互为逆事件（对立事件）. A 的对立事件记为 $\overline{A}$，$\overline{A}$ 是由所有不属于 A 的样本点组成的事件，它表示 "A 不发生" 这样一个事件. 显然 $\overline{A} = \Omega - A$.

在一次试验中，若 A 发生，则 $\overline{A}$ 必不发生（反之亦然），即在一次试验中，A

与 $\overline{A}$ 二者只能发生其中之一，并且也必然发生其中之一．显然有 $\overline{\overline{A}}=A$．

由差、积及对立关系显然可得：$A-B=A\overline{B}=A-AB$．

对立事件必为互不相容事件，反之，互不相容事件未必为对立事件．

以上事件之间的关系及运算可以用文氏（Venn）图来直观地描述．若用平面上一个矩形表示样本空间 Ω，矩形内的点表示样本点，圆 A 与圆 B 分别表示事件 A 与事件 B，则 A 与 B 的各种关系及运算如图 1-1~图 1-6 所示．

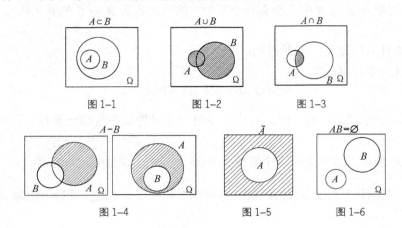

图 1-1　　　　　图 1-2　　　　　图 1-3

图 1-4　　　　　图 1-5　　　　　图 1-6

可以验证一般事件的运算满足如下关系．

1° 交换律　$A\cup B=B\cup A$，$AB=BA$．

2° 结合律　$(A\cup B)\cup C=A\cup(B\cup C)$，$(AB)C=A(BC)$．

3° 分配律　$(A\cup B)C=(AC)\cup(BC)$，$(AB)\cup C=(A\cup C)(B\cup C)$．

分配律可以推广到有穷或可列无穷的情形，即

$$A\left(\bigcup_{i=1}^{n}A_i\right)=\bigcup_{i=1}^{n}(AA_i),\quad A\cup\left(\bigcap_{i=1}^{n}A_i\right)=\bigcap_{i=1}^{n}(A\cup A_i);$$

$$A\left(\bigcup_{i=1}^{\infty}A_i\right)=\bigcup_{i=1}^{\infty}(AA_i),\quad A\cup\left(\bigcap_{i=1}^{\infty}A_i\right)=\bigcap_{i=1}^{\infty}(A\cup A_i).$$

4° 德·摩根（De Morgan）律 $\overline{A\cup B}=\overline{A}\cap\overline{B}$，$\overline{A\cap B}=\overline{A}\cup\overline{B}$．

德·摩根律也可推广到有限个或可列无穷多个事件的情形，如对有穷个或可列无穷个 A_i，恒有

$$\overline{\bigcup_{i=1}^{n}A_i}=\bigcap_{i=1}^{n}\overline{A_i},\qquad\overline{\bigcap_{i=1}^{n}A_i}=\bigcup_{i=1}^{n}\overline{A_i};$$

$$\overline{\bigcup_{i=1}^{\infty}A_i}=\bigcap_{i=1}^{\infty}\overline{A_i},\qquad\overline{\bigcap_{i=1}^{\infty}A_i}=\bigcup_{i=1}^{\infty}\overline{A_i}.$$

例 1.1　设 A，B，C 为三个事件，用 A，B，C 的运算式表示下列事件．

（1）A 发生而 B 与 C 都不发生：$A\overline{BC}$ 或 $A-B-C$ 或 $A-(B\cup C)$.

（2）A，B 都发生而 C 不发生：$AB\overline{C}$ 或 $AB-C$.

（3）A，B，C 至少有一个事件发生：$A\cup B\cup C$.

（4）A，B，C 至少有两个事件发生：$(AB)\cup(AC)\cup(BC)$.

（5）A，B，C 恰好有两个事件发生：$(AB\overline{C})\cup(AC\overline{B})\cup(BC\overline{A})$.

（6）A，B，C 恰好有一个事件发生：$(A\overline{BC})\cup(B\overline{AC})\cup(C\overline{AB})$.

（7）A，B 至少有一个发生而 C 不发生：$(A\cup B)\overline{C}$.

（8）A，B，C 都不发生：$\overline{A\cup B\cup C}$ 或 $\overline{ABC}$.

例 1.2　某运动员参加三项比赛，用 A_i 表示事件 {第 i 项比赛获胜} $(i=1,2,3)$. 试用 A_1,A_2,A_3 表示下列事件：

（1）只有第一项比赛获胜；（2）只有一项比赛获胜；（3）三项比赛都获胜；

（4）至少有一项比赛获胜.

解　三项比赛作为一试验 E，所产生的基本事件有

$$A_1A_2A_3,\quad \overline{A_1}A_2A_3,\quad A_1\overline{A_2}A_3,\quad A_1A_2\overline{A_3},$$
$$\overline{A_1A_2}A_3,\quad \overline{A_1}A_2\overline{A_3},\quad A_1\overline{A_2A_3},\quad \overline{A_1A_2A_3},$$

样本空间 Ω 由 8 个基本事件组成.

（1）设 C 表示 {只有第一项比赛获胜}，则

$$C=A_1\overline{A_2A_3};$$

（2）设 D 表示 {只有一项比赛获胜}，则

$$D=A_1\overline{A_2A_3}\bigcup\overline{A_1}A_2\overline{A_3}\bigcup\overline{A_1A_2}A_3;$$

（3）设 G 表示 {三项比赛都获胜}，则

$$G=A_1A_2A_3;$$

（4）设 F 表示 {至少有一项比赛获胜}，则

$$F=A_1\bigcup A_2\bigcup A_3,$$

或

$$F=A_1\overline{A_2A_3}\bigcup\overline{A_1}A_2\overline{A_3}\bigcup\overline{A_1A_2}A_3\bigcup A_1A_2\overline{A_3}\bigcup A_1\overline{A_2}A_3\bigcup\overline{A_1}A_2A_3\bigcup A_1A_2A_3.$$

§1.2　概率的定义与性质

对于一个事件来说，它在一次试验中可能发生，也可能不发生. 我们常常希望知道某些事件在一次试验中发生的可能性究竟有多大，并且希望找到一个合适的数来表征. 我们把表征事件发生可能性大小的数量指标称为事件的概率.

1. 频率

定义 1.1　在相同条件下，进行了 n 次试验，在这 n 次试验中，事件 A 发生

的次数 n_A 称为事件 A 发生的**频数**，比值 $\dfrac{n_A}{n}$ 称为事件 A 发生的**频率**，并记为 $f_n(A)$，即

$$f_n(A) = \frac{n_A}{n}.$$

不难验证，频率具有如下性质：

（1）非负性 $f_n(A) \geqslant 0$；

（2）规范性 $f_n(\Omega) = 1$；

（3）有限可加性 若事件 A_1，A_2，$\cdots$，A_m 互不相容，则有

$$f_n\left(\bigcup_{i=1}^{m} A_i\right) = \sum_{i=1}^{m} f_n(A_i).$$

例 1.3 考虑"抛硬币"这个试验，历史上有多位数学家做过这样的试验，得到的结果如表 1-1 所示．

表 1-1

实 验 者	n	n_A	$f_n(A)$
德·摩根	2048	1061	0.5181
蒲 丰	4040	2048	0.5069
费 勒	10000	4979	0.4979
皮 尔 逊	24000	12012	0.5005

从上述数据可以看出：（1）频率具有随机**波动性**．即对于同样的 n，所得的 $f_n(A)$ 不尽相同．（2）抛硬币次数 n 较小时，频率 $f_n(A)$ 随机波动的幅度较大，但随着 n 增大，频率 $f_n(A)$ 呈现出**稳定性**．即当 n 逐渐增大时，$f_n(A)$ 总是在 0.5 附近摆动，而逐渐稳定于 0.5．

例 1.4 对某种黄豆进行发芽试验，抽了 10 批，试验结果如表 1-2 所示．

表 1-2

试验序号	1	2	3	4	5	6	7	8	9	10
种子粒数	2	5	10	70	130	316	700	1500	2000	3000
发芽粒数	2	4	9	60	116	289	639	1339	1806	2715
发 芽 率	1	0.8	0.9	0.857	0.892	0.915	0.913	0.893	0.903	0.905

从表中可看出，尽管每批试验的种子粒数不同，发芽率也有变化，但却呈现出一种规律，即当种子粒数较多时，发芽率稳定在 0.9 这个常数附近．

从上述例子我们认识到，频率的稳定性是通过大量的试验所得到的随机事件的规律性，因此这种规律性称为**统计规律性**．由此我们给出概率的统计定义．

定义 1.2 在相同的条件下，重复做 n 次试验，n_A 是 n 次试验中事件 A 发生

的次数，当试验次数 n 很大时，如果频率 $f_n(A)$ 稳定地在某一数值 p 的附近摆动，且随着试验次数的增多，摆动的幅度越来越小，则称数值 p 为事件 A 在这个条件下发生的**概率**，记作

$$P(A)=p.$$

要注意的是，上述定义并没有提供确切计算概率的方法，因为我们永远不可能依据它确切地定出任何一个事件的概率. 在实际中，我们不可能对每一个事件都做大量的试验，况且我们不知道 n 取多大才行；如果 n 取很大，不一定能保证每次试验的条件都完全相同. 而且也没有理由认为，取试验次数为 $n+1$ 来计算频率，总会比取试验次数为 n 来计算频率将会更准确、更逼近所求的概率.

为了理论研究的需要，我们从频率的稳定性和频率的性质得到启发，给出概率的公理化定义.

2. 概率的公理化定义及其性质

定义 1.3（**概率的公理化定义**）设 Ω 为随机试验 E 的样本空间，对于每一个事件 A 赋予一个实数，记作 $P(A)$，如果 $P(A)$ 满足以下条件：

公理 1 非负性：$P(A) \geqslant 0$；

公理 2 规范性：$P(\Omega)=1$； (1.1)

公理 3 可列可加性：对于两两互不相容的可列无穷多个事件 A_1，A_2，$\cdots$，A_n，$\cdots$，有

$$P(\bigcup_{i=1}^{\infty} A_i) = \sum_{i=1}^{\infty} P(A_i). \tag{1.2}$$

则称实数 $P(A)$ 为事件 A 的**概率**（Probability）.

根据概率的公理化定义，可以推出概率有以下一些性质.

性质 1 $P(\varnothing)=0$. (1.3)

证 令 $A_i=\varnothing$（$i=1$，2，$\cdots$），则 $\bigcup\limits_{i=1}^{\infty} A_i = \varnothing$，且 $A_i A_j = \varnothing$，$i \neq j$，由公理 3 得

$$P(\varnothing) = P\left(\bigcup_{i=1}^{\infty} A_i\right) = \sum_{i=1}^{\infty} P(A_i) = \sum_{i=1}^{\infty} P(\varnothing),$$

而实数 $P(\varnothing) \geqslant 0$，故由上式知 $P(\varnothing)=0$.

性质 2（**有限可加性**）若 A_1，A_2，$\cdots$，A_n 是两两互不相容的事件，则有

$$P\left(\bigcup_{i=1}^{n} A_i\right) = \sum_{i=1}^{n} P(A_i). \tag{1.4}$$

证 令 $A_{n+1}=A_{n+2}=\cdots=\varnothing$，即有 $A_i A_j=\varnothing$，$i \neq j$，i，$j=1$，2，$\cdots$，由公理

3 及性质 1 有 $P\left(\bigcup_{i=1}^{n} A_i\right) = P\left(\bigcup_{i=1}^{\infty} A_i\right) = \sum_{i=1}^{\infty} P(A_i) = \sum_{i=1}^{n} P(A_i) + 0 = \sum_{i=1}^{n} P(A_i)$.

特别地，若事件 A，B 互不相容，即 $AB = \varnothing$，则有

$$P(A \cup B) = P(A) + P(B). \tag{1.5}$$

性质3（**减法公式**）设 A，B 为两个事件，若 $A \subset B$，则有
$$P(B-A) = P(B) - P(A). \tag{1.6}$$

证 由 $A \subset B$ 知 $B = A \cup (B-A)$，且 $A \cap (B-A) = \varnothing$，由式（1.5），有
$$P(B) = P(A) + P(B-A),$$
即
$$P(B-A) = P(B) - P(A).$$
式（1.6）得证.

推论1（**单调性**）设 A，B 为两个事件，若 $A \subset B$，则有
$$P(B) \geqslant P(A). \tag{1.7}$$

证 由公理 1 知 $P(B-A) \geqslant 0$，于是 $P(B-A) = P(B) - P(A) \geqslant 0$，即
$$P(B) \geqslant P(A) .$$

推论2 对于任一事件 A，有
$$P(A) \leqslant 1. \tag{1.8}$$

证 因 $A \subset \Omega$，由式（1.7）得
$$P(A) \leqslant P(\Omega) = 1.$$
由公理 1 及式（1.8）知，对于任一事件 A 有 $0 \leqslant P(A) \leqslant 1$.

推论3 对任一事件 A，有
$$P(\bar{A}) = 1 - P(A). \tag{1.9}$$

证 因为 $\bar{A} = \Omega - A$，且 $A \subset \Omega$，由式（1.6）得
$$P(\bar{A}) = P(\Omega - A) = P(\Omega) - P(A) = 1 - P(A),$$
所以
$$P(\bar{A}) = 1 - P(A).$$

推论4 对任两事件 A，B，有
$$P(\bar{A}B) = P(B-A) = P(B) - P(AB); \tag{1.10}$$

$$P(A\bar{B}) = P(A-B) = P(A) - P(AB). \tag{1.11}$$

证 先证式（1.10）. 因 $\bar{A}B = B - A = B - AB$ 及 $AB \subset B$，由式（1.6）得
$$P(\bar{A}B) = P(B-A) = P(B-AB) = P(B) - P(AB),$$
即证.

式（1.11）同理可证.

性质4（**加法公式**） 对于任意两事件 A，B，有

$$P(A \cup B) = P(A) + P(B) - P(AB). \tag{1.12}$$

证 因 $A \cup B = A \cup (B-A)$，且 $A \cap (B-A) = \varnothing$，由式（1.5）及式（1.10）得

$$P(A \cup B) = P(A) + P(B-A)$$
$$= P(A) + P(B) - P(AB).$$

式（1.12）可以推广到多个事件的情形. 例如，设 A_1，A_2，A_3 为任意三个事件，则有

$$P(A_1 \cup A_2 \cup A_3) = P(A_1) + P(A_2) + P(A_3) - P(A_1 A_2)$$
$$- P(A_1 A_3) - P(A_2 A_3) + P(A_1 A_2 A_3). \tag{1.13}$$

一般对于任意 n 个事件 A_1，A_2，$\cdots$，A_n，可以用归纳法证得

$$P(A_1 \cup A_2 \cup \cdots \cup A_n) = \sum_{i=1}^{n} P(A_i) - \sum_{1 \leqslant i < j \leqslant n} P(A_i A_j) + \sum_{1 \leqslant i < j < k \leqslant n} P(A_i A_j A_k) + \cdots$$
$$+ (-1)^{n-1} P(A_1 A_2 \cdots A_n). \tag{1.14}$$

此式称为**概率的一般加法公式**.

例 1.5 设 A，B 为两事件，$P(A) = 0.5$，$P(B) = 0.3$，$P(AB) = 0.1$，求：

（1）A 发生但 B 不发生的概率；

（2）A 不发生但 B 发生的概率；

（3）至少有一个事件发生的概率；

（4）A，B 都不发生的概率；

（5）至少有一个事件不发生的概率.

解 （1）由式（1.11）得 $P(A\overline{B}) = P(A-B) = P(A) - P(AB) = 0.4$；

（2）由式（1.10）得 $P(\overline{A}B) = P(B-A) = P(B) - P(AB) = 0.2$；

（3）由式（1.12）得 $P(A \cup B) = 0.5 + 0.3 - 0.1 = 0.7$；

（4）$P(\overline{AB}) = P(\overline{A \cup B}) = 1 - P(A \cup B) = 1 - 0.7 = 0.3$；

（5）$P(\overline{A} \cup \overline{B}) = P(\overline{AB}) = 1 - P(AB) = 1 - 0.1 = 0.9$.

§1.3 概率的计算

1. 古典概型

（1）古典概型定义

定义 1.4 若随机试验 E 满足以下条件：

1° 试验的样本空间 Ω 只有有限个样本点，即

$$\Omega = \{\omega_1, \omega_2, \cdots, \omega_n\};$$

2° 试验中每个基本事件的发生是等可能的，即

$$P(\{\omega_1\}) = P(\{\omega_2\}) = \cdots = P(\{\omega_n\}).$$

则称此试验为古典概型，或称为等可能概型.

由定义可知 $\{\omega_1\},\{\omega_2\},\cdots,\{\omega_n\}$ 是两两互不相容的，故有

$$1=P(\Omega)=P(\{\omega_1\}\cup\cdots\cup\{\omega_n\})=P(\{\omega_1\})+\cdots+P(\{\omega_n\}),$$

又每个基本事件发生的可能性相同，即

$$P(\{\omega_1\})=P(\{\omega_2\})=\cdots=P(\{\omega_n\}),$$

故　　　　　　　　　$1=nP(\{\omega_i\}),$

从而　　　　　　　　$P(\{\omega_i\})=1/n, i=1,2,\cdots,n.$

设事件 A 包含 k 个基本事件，即

$$A=\{\omega_{i1}\}\cup\{\omega_{i2}\}\cup\cdots\cup\{\omega_{ik}\},$$

则有

$$P(A)=P(\{\omega_{i1}\}\cup\{\omega_{i2}\}\cup\cdots\cup\{\omega_{ik}\})=P(\{\omega_{i1}\})+P(\{\omega_{i2}\})+\cdots+P(\{\omega_{ik}\})$$

$$=\underbrace{1/n+1/n+\cdots+1/n}_{k\uparrow}=k/n.$$

由此，得到古典概型中事件 A 的概率计算公式为

$$P(A)=\frac{A\text{所包含的基本事件数}}{\Omega\text{所包含基本事件总数}}=\frac{k}{n}. \tag{1.15}$$

称古典概型中事件 A 的概率为古典概率. 一般地，可利用排列、组合及乘法原理、加法原理的知识计算 k 和 n，进而求得相应的概率.

（2）计算古典概率的方法——排列与组合

1° 基本计数原理

a. 加法原理 设完成一件事有 m 种方式，第 i 种方式有 n_i 种方法，则完成该件事的方法总数为 $n_1+n_2+\cdots+n_m$.

b. 乘法原理 设完成一件事有 m 个步骤，第 i 步有 n_i 种方法，必须通过 m 个步骤的每一步才能完成该事件的方法总数为 $n_1\times n_2\times\ldots\times n_m$.

2° 排列组合方法

a. 排列公式

从 n 个不同元素中任取 k 个（$1\leqslant k\leqslant n$）的不同排列总数为

$$A_n^k=n(n-1)(n-2)\cdots(n-k+1)=\frac{n!}{(n-k)!}.$$

$k=n$ 时称其为全排列，有

$$A_n^n=A_n=n(n-1)(n-2)\cdots2\cdot1=n!.$$

b. 组合公式

从 n 个不同元素中任取 k 个（$1\leqslant k\leqslant n$）的不同**组合总数**为

$$C_n^k=\frac{A_n^k}{k!}=\frac{n!}{(n-k)!k!}.$$

C_n^k 有时记作 $\binom{n}{k}$，称为**组合系数**.

$$A_n^k = C_n^k \cdot k!$$

注意：有关排列组合的基本内容详见有关书籍.

例 1.6　在一只盒子中，装有 10 个相同的球，其中 6 个是白色的，4 个是黑色的. 从盒子中取球两次，每次取一个，考虑两种情况：

（1）放回抽样　第一次取一个球观察其颜色后放回盒内，第二次再取一次；

（2）不放回抽样　第一次取一个球后不放回盒内，第二次再取一球.

试由上面两种情况，求：

（ⅰ）取到两个白球的概率；

（ⅱ）取到两球都是同一颜色的球的概率；

（ⅲ）取到两球中至少有一个白球的概率.

解　设　$A = \{$取到两个白球$\}$，　　　　　$B = \{$取到两个黑球$\}$，

$\qquad\qquad C = \{$取到两球都是同一颜色的球$\}$，

$\qquad\qquad D = \{$取到两球中至少有一个白球$\}$，

显然，$C = A \bigcup B$.

（1）放回抽样情形　第一次从盒内取一球有 10 个球可供抽取，取后放回，第二次再取一球也有 10 球可供抽取，连取两次，共有 10×10 种可能的取法. 每一种取法是一基本事件，且可能性是相同的. 所以基本事件的总数 $n = 10 \times 10$.

使 A 发生的基本事件是第一次取到白球，第二次取到白球，共有 $k = 6 \times 6$ 种取法. 于是

$$P(A) = \frac{6 \times 6}{10 \times 10} = 0.36 .$$

同理，B 包含的基本事件数 $k = 4 \times 4$，所以

$$P(B) = \frac{4 \times 4}{10 \times 10} = 0.16 .$$

由于 A，B 互不相容，所以

$$P(C) = P(A \bigcup B) = P(A) + P(B) = 0.52 ,$$

$$P(D) = 1 - P(\overline{D}) = 1 - P(B) = 1 - 0.16 = 0.84 .$$

（2）不放回抽样情形　第一次在 10 个球中取一球有 10 种取法，取后不放回，第二次在 9 个球中取一球有 9 种取法，连取两次共有 10×9 种取法，所以基本事件总数 $n = 10 \times 9$.

两次取到白球共有 6×5 种取法，即 A 包含的基本事件数，于是

$$P(A) = \frac{6 \times 5}{10 \times 9} = \frac{1}{3} .$$

同理，B 包含基本事件数为 4×3 个，于是

$$P(B) = \frac{4 \times 3}{10 \times 9} = \frac{2}{15},$$

$$P(C) = P(A \cup B) = P(A) + P(B) = \frac{7}{15},$$

$$P(D) = 1 - P(\bar{D}) = 1 - P(B) = \frac{13}{15}.$$

例 1.7　箱中装有 a 只白球，b 只黑球，现作不放回抽取，每次一只，求：

（1）任取 $m+n$ 只，恰有 m 只白球、n 只黑球的概率（$m \leqslant a$，$n \leqslant b$）；

（2）第 k 次才取到白球的概率（$k \leqslant b+1$）；

（3）第 k 次恰取到白球的概率.

解　设 $A = \{$恰有 m 只白球，n 只黑球$\}$，

$\qquad B = \{$第 k 次才取到白球$\}$，

$\qquad C = \{$第 k 次恰取到白球$\}$.

（1）可看作一次取出 $m+n$ 只球，与次序无关，是组合问题. 从 $a+b$ 只球中任取 $m+n$ 只，所有可能的取法共有 C_{a+b}^{m+n} 种，每一种取法为一基本事件，且由于对称性知每个基本事件发生的可能性相同. 从 a 只白球中取 m 只，共有 C_a^m 种不同的取法，从 b 只黑球中取 n 只，共有 C_b^n 种不同的取法. 由乘法原理知，取到 m 只白球、n 只黑球的取法共有 $C_a^m C_b^n$ 种，于是所求概率为

$$P(A) = \frac{C_a^m C_b^n}{C_{a+b}^{m+n}}.$$

（2）抽取与次序有关. 每次取一只，取后不放回，一共取 k 次，每种取法即是从 $a+b$ 个不同元素中任取 k 个不同元素的一个排列，每种取法是一个基本事件，共有 A_{a+b}^k 个基本事件，且由于对称性知每个基本事件发生的可能性相同. 前 $k-1$ 次都取到黑球，从 b 只黑球中任取 $k-1$ 只的排法种数有 A_b^{k-1} 种，第 k 次抽取的白球可为 a 只白球中任一只，有 A_a^1 种不同的取法. 由乘法原理，前 $k-1$ 次都取到黑球，第 k 次取到白球的取法共有 $A_b^{k-1} A_a^1$ 种，于是所求概率为

$$P(B) = \frac{A_b^{k-1} A_a^1}{A_{a+b}^k}.$$

（3）基本事件总数仍为 A_{a+b}^k. 第 k 次必取到白球，可为 a 只白球中任一只，有 A_a^1 种不同的取法，其余被取的 $k-1$ 只球可以是其余 $a+b-1$ 只球中的任意 $k-1$ 只，共有 A_{a+b-1}^{k-1} 种不同的取法，由乘法原理，第 k 次恰取到白球的取法有 $A_a^1 A_{a+b-1}^{k-1}$ 种，故所求概率为

$$P(C) = \frac{A_a^1 A_{a+b-1}^{k-1}}{A_{a+b}^k} = \frac{a}{a+b}.$$

例 1.7（3）中值得注意的是 $P(C)$ 与 k 无关，也就是说其中任一次抽球，抽

到白球的概率都跟第一次抽到白球的概率相同, 为 $\dfrac{a}{a+b}$, 而跟抽球的先后次序无关（例如购买福利彩票时, 尽管购买的先后次序不同, 但各人中奖的机会是一样的）.

例 1.8 设有 n 个人, 每个人都等可能地被分配到 N 个房间中的任意一间去住 $(n \leqslant N)$, 求下列事件的概率:

(1) 指定的 n 个房间各有一个人住;

(2) 恰好有 n 个房间, 其中各住一个人.

(3) 指定的一间房恰有 k 个人住（$k \leqslant n$）.

解 设 $A = \{$指定的 n 个房间各有一个人住$\}$,

$\qquad B = \{$恰有 n 个房间, 其中各住一个人$\}$,

$\qquad C = \{$指定的一间房恰有 k 个人住$\}$.

由于每个人有 N 个房间可供选择, 所以 n 个人住的方式共有 N^n 种, 它们是等可能的, 所以基本事件总数为 N^n 个.

(1) 在第一个问题中, 指定的 n 个房间各有一个人住, 其可能总数为 n 个人的全排列 $n!$, 于是

$$P(A) = \frac{n!}{N^n}.$$

(2) 在第二个问题中, n 个房间可以在 N 个房间中任意选取, 其总数有 C_N^n 个, 对选定的 n 个房间, 有 $n!$ 种分配方式, 所以恰有 n 个房间其中各住一个人的概率为

$$P(B) = \frac{C_N^n \cdot n!}{N^n}.$$

(3) 对于事件 C, 可从 n 个人中任取 k 个, 有 C_n^k 种不同的取法, 将这 k 个人放入到指定的一间房中;余下的 $n-k$ 个人则随机地放入余下的 $N-1$ 个房间中去, 有 $(N-1)^{n-k}$ 种放法, 因此

$$P(C) = \frac{C_n^k (N-1)^{n-k}}{N^n}.$$

许多问题和本例具有相同的数学模型. 例如, 假设每人的生日在一年 365 天中的任一天是等可能的, 其概率都等于 1/365, 那么随机选取 $n(\leqslant 365)$ 个人, 他们的生日各不相同的概率为

$$\frac{C_{365}^n \cdot n!}{365^n} = \frac{365 \cdot 364 \cdots (365-n+1)}{365^n},$$

因而, n 个人中至少有两人生日相同的概率为

$$p = 1 - \frac{365 \cdot 364 \cdots (365-n+1)}{365^n}.$$

经计算可得表 1-3 结果.

表 1-3

n	10	20	23	30	40	50	64
p	0.12	0.41	0.51	0.71	0.89	0.97	0.997

从表 1-3 可看出，在仅有 64 人的班级里，"至少有两人生日相同"这一事件的概率与 1 相差无几，因此，如作调查的话，几乎总是会出现的.

例 1.9 12 名新生中有 3 名优秀生，将他们随机地平均分配到 3 个班中去，试求：

（1）每班各分配到一名优秀生的概率；

（2）3 名优秀生分配到同一个班的概率.

解 12 名新生平均分配到 3 个班的可能分法总数为

$$C_{12}^4 C_8^4 C_4^4 = \frac{12!}{(4!)^3}.$$

（1）设 A 表示"每班各分配到一名优秀生"，3 名优秀生每一个班分配一名共有 3! 种分法，而其他 9 名学生平均分配到 3 个班共有 $\frac{9!}{(3!)^3}$ 种分法，由乘法原理，A 包含的基本事件数为

$$3! \cdot \frac{9!}{(3!)^3} = \frac{9!}{(3!)^2},$$

故有

$$P(A) = \frac{9!}{(3!)^2} \bigg/ \frac{12!}{(4!)^3} = 16/55.$$

（2）设 B 表示"3 名优秀生分到同一班"，故 3 名优秀生分到一班共有 3 种分法，其他 9 名学生分法总数为 $C_9^1 C_8^4 C_4^4 = \frac{9!}{1!4!4!}$，由乘法原理，$B$ 包含的样本总数为 $3 \cdot \frac{9!}{1!4!4!}$，

故有

$$P(B) = \frac{3 \cdot 9!}{(4!)^2} \bigg/ \frac{12!}{(4!)^3} = 3/55.$$

2. 几何概型

上述古典概型的计算，只适用于具有等可能性的有限样本空间，若试验结果无穷多，它显然已不适合. 为了克服有限的局限性，可将古典概型的计算加以推广.

定义 1.5 若随机试验 E 具有以下特点:

(1)样本空间 Ω 是一个几何区域,这个区域大小可以度量(如长度、面积、体积等),并把 Ω 的度量记作 $m(\Omega)$.

(2)向区域 Ω 内任意投掷一个点,落在区域内任一个点处都是"等可能的". 或者设落在 Ω 中的区域 A 内的可能性与 A 的度量 $m(A)$ 成正比,与 A 的位置和形状无关,则称该试验 E 为几何概型.

不妨也用 A 表示"掷点落在区域 A 内"的事件,那么事件 A 的概率可用下列公式计算:

$$P(A)=\frac{A\text{的几何度量}}{\Omega\text{的几何度量}}=\frac{m(A)}{m(\Omega)}. \tag{1.16}$$

例 1.10 甲、乙两人相约在上午 9 点到 10 点于某地会面,先到者等候 20min,超时就离去.求两人能见面的概率.

解 设 x,y 分别表示甲、乙两人到达会面地点的时刻(9 点后),则 $0\leqslant x\leqslant 60$,$0\leqslant y\leqslant 60$,样本空间
$$\Omega=\{(x,y)\,|\,0\leqslant x\leqslant 60,0\leqslant y\leqslant 60\},$$
记 A 为事件"两人能见面",则
$$A=\{(x,y)\,|\,|x-y|\leqslant 20,(x,y)\in\Omega\},$$
如图 1-7 所示. 故
$$P(A)=\frac{m(A)}{m(\Omega)}=\frac{60^2-40^2}{60^2}=\frac{5}{9}.$$

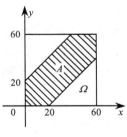

图 1-7

例 1.11 在区间(0,1)内任取两个数,求这两个数的乘积小于 1/4 的概率.

解 设在(0,1)内任取两个数为 x,y,则
$$0<x<1,0<y<1,$$
即样本空间是由点 (x,y) 构成的边长为 1 的正方形 Ω,其面积为 1.

令 A 表示"两个数乘积小于 1/4",则
$$A=\{(x,y)\,|\,0<xy<1/4,0<x<1,0<y<1\}.$$
事件 A 所围成的区域如图 1-8 所示,则所求概率为

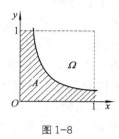

图 1-8

$$P(A) = \frac{1 - \int_{\frac{1}{4}}^{1} dx \int_{\frac{1}{4x}}^{1} dy}{1} = \frac{1 - \int_{\frac{1}{4}}^{1} \left(1 - \frac{1}{4x}\right) dx}{1} = 1 - \frac{3}{4} + \int_{\frac{1}{4}}^{1} \frac{1}{4x} dx = \frac{1}{4} + \frac{1}{2} \ln 2.$$

3. 条件概率

（1）条件概率的定义与计算

在实际问题中，常会遇到要在事件 A 已经发生的前提下求事件 B 发生的概率．由于事件 A 已经发生，样本空间发生了变化，这时事件 B 发生的概率与 $P(B)$ 不同，称为在 A 发生的条件下，B 发生的条件概率，并且记作 $P(B|A)$．我们先看一个简单的例子．

例 1.12 盒中装有 16 个球，其中 6 个是玻璃球，10 个是木质球．玻璃球中有 2 个是红色的，4 个是蓝色的，木质球中有 3 个是红色的，7 个是蓝色的．现从中任取 1 个，求：

（1）这个球是玻璃球的概率；

（2）已知取到的是蓝球，该球是玻璃球的概率．

解 记 $A = \{$取到蓝球$\}$，$B = \{$取到玻璃球$\}$．

（1）事件 B 包含了红色球和蓝色球，在没有附加条件时，试验的样本空间有 16 个样本点，B 含有 6 个样本点，所以

$$P(B) = \frac{6}{16} = \frac{3}{8}.$$

类似地，有

$$P(A) = \frac{11}{16}, \quad P(AB) = \frac{4}{16}.$$

（2）附加了 A 发生这个条件后，再考查"取到玻璃球"这个结果，则不需要考虑那 5 个红色球，因为所取到的球一定在 11 个蓝色球中，此时样本空间只有 11 个样本点，故所求在 A 发生的条件下，B 发生的条件概率为

$$P(B|A) = \frac{4}{11}.$$

从本例看出，$P(B|A) \neq P(B)$，且有

$$P(B|A) = \frac{4}{11} = \frac{\frac{4}{16}}{\frac{11}{16}} = \frac{P(AB)}{P(A)}.$$

更一般地，我们引入如下定义.

定义 1.6 如果 A，B 是两个事件，且 $P(A) > 0$，则称

$$P(B|A) = \frac{P(AB)}{P(A)} \tag{1.17}$$

为在事件 A 发生的条件下事件 B 发生的概率，简称条件概率.

不难验证由式（1.17）定义的条件概率 $P(B|A)$ 具有概率的三个基本性质：

（1）$0 \leqslant P(B|A) \leqslant 1$；

（2）$P(\Omega|A) = 1$；

（3）对任意的一列两两互不相容的事件 B_i $(i = 1, 2, \cdots)$，有

$$P\left(\bigcup_{i=1}^{\infty} B_i \mid A\right) = \sum_{i=1}^{\infty} P(B_i|A).$$

例 1.13 设 100 件产品中有 5 件是次品，从中任取二次，每次取一件（取后不放回），问第一次抽到合格品后第二次抽到次品的概率是多少？

解法 1 设 $A = \{$第一次抽到合格品$\}$，

$\qquad\qquad B = \{$第二次抽到次品$\}$.

在 A 出现的条件下，产品数少了一个，其中次品数仍为 5 个，所以

$$P(B|A) = \frac{5}{99}.$$

解法 2 连续抽两次（抽后不放回），样本空间 Ω 的基本事件总数为 100×99，使 AB 发生的基本事件数为 $C_{95}^1 C_5^1 = 95 \times 5$. 于是

$$P(AB) = \frac{95 \times 5}{100 \times 99}, \quad 又 P(A) = \frac{95}{100},$$

所以

$$P(B|A) = \frac{P(AB)}{P(A)} = \frac{5}{99}.$$

解法 3 因样本空间 Ω 的基本事件总数为 100×99，其中使 A 发生的基本事件数为

$$C_{95}^1 C_5^1 + C_{95}^1 C_{94}^1 = 95 \times 5 + 95 \times 94 = 95 \times 99,$$

在 A 发生的条件下 B 发生的基本事件数为

$$C_{95}^1 C_5^1 = 95 \times 5 ,$$

所以

$$P(B|A) = \frac{A发生的条件下B发生的基本事件数}{A发生的基本事件数} = \frac{95 \times 5}{95 \times 99} = \frac{5}{99} .$$

（2）乘法定理

由条件概率定义 $P(B|A) = P(AB)/P(A)$，$P(A) > 0$，两边同乘以 $P(A)$，可得 $P(AB) = P(A)P(B|A)$，由此可得

定理 1.1 （**乘法定理**）设 $P(A) > 0$，则有

$$P(AB) = P(A)P(B|A). \tag{1.18}$$

易知，若 $P(B) > 0$，则有

$$P(AB) = P(B)P(A|B). \tag{1.19}$$

乘法定理也可推广到三个事件的情况，例如，设 A，B，C 为三个事件，且 $P(AB) > 0$，则有

$$P(ABC) = P(C|AB)P(AB) = P(C|AB)P(B|A)P(A).$$

一般地，设 n 个事件为 A_1，A_2，$\cdots$，A_n，若 $P(A_1 A_2 \cdots A_{n-1}) > 0$，则有

$$P(A_1 A_2 \cdots A_n) = P(A_1)P(A_2|A_1)P(A_3|A_1 A_2)\cdots P(A_n|A_1 A_2 \cdots A_{n-1}). \tag{1.20}$$

事实上，由 $A_1 \supset A_1 A_2 \supset \cdots \supset A_1 A_2 \cdots A_{n-1}$，有

$$P(A_1) \geqslant P(A_1 A_2) \geqslant \cdots \geqslant P(A_1 A_2 \cdots A_{n-1}) > 0,$$

故公式右边的条件概率每一个都有意义，由条件概率定义可知

$$P(A_1)P(A_2|A_1)P(A_3|A_1 A_2)\cdots P(A_n|A_1 A_2 \cdots A_{n-1})$$
$$= P(A_1)\frac{P(A_1 A_2)}{P(A_1)} \cdot \frac{P(A_1 A_2 A_3)}{P(A_1 A_2)} \cdots \frac{P(A_1 A_2 \cdots A_n)}{P(A_1 A_2 \cdots A_{n-1})} = P(A_1 A_2 \cdots A_n).$$

例 1.14 一批彩电，共 100 台，其中有 10 台次品，采用不放回抽样依次抽取 3 次，每次抽一台，求第 3 次才抽到合格品的概率.

解 设 $A_i (i=1,2,3)$ 为第 i 次抽到合格品的事件，则有

$$P(\overline{A_1}\,\overline{A_2}A_3) = P(\overline{A_1})P(\overline{A_2}|\overline{A_1})P(A_3|\overline{A_1}\,\overline{A_2}) = 10/100 \cdot 9/99 \cdot 90/98 \approx 0.0083.$$

例 1.15 有一张电影票，7 个人抓阄决定谁得到它，问第 i 个人抓到的概率是多少（$i=1,2,\cdots,7$）？

解 设事件 $A_i = \{$第 i 个人抓到票$\}$（$i=1,2,\cdots,7$），显然

$$P(A_1) = \frac{1}{7}, \quad P(\overline{A_1}) = \frac{6}{7}.$$

如果第二个人抓到票的话，必须第一个人没有抓到票. 这就是说，$A_2 \subset \overline{A_1}$，所以 $A_2 = A_2 \overline{A_1}$.

又因为在第 1 个人没有抓到票的情况下，第二个人希望在剩下的 6 个阄中抓到电影票，所以 $P(A_2|\overline{A_1}) = \frac{1}{6}$，于是运用概率的乘法公式，得

$$P(A_2) = P(A_2\overline{A_1}) = P(\overline{A_1})P(A_2\mid\overline{A_1}) = \frac{6}{7}\times\frac{1}{6} = \frac{1}{7}.$$

类似可得

$$P(A_3) = P(\overline{A_1}\,\overline{A_2}A_3) = P(\overline{A_1})P(\overline{A_2}\mid\overline{A_1})P(A_3\mid\overline{A_1}\overline{A_2}) = \frac{6}{7}\times\frac{5}{6}\times\frac{1}{5} = \frac{1}{7}.$$

继续下去就会发现，每个人抓到票的概率都是 $\frac{1}{7}$. 这表明，抓阄方法对每个人是机会均等的.

（3）全概率公式和贝叶斯公式

为建立两个用来计算概率的重要公式，我们先引入样本空间 Ω 的划分的定义.

定义 1.7 设 Ω 为样本空间，A_1，A_2，$\cdots$，A_n 为 Ω 的一组事件，若满足

1° $A_iA_j=\varnothing$，$i\neq j, i,j=1,2,\cdots,n$，

2° $\bigcup\limits_{i=1}^{n} A_i = \Omega$，

则称 A_1，A_2，$\cdots$，A_n 为样本空间 Ω 的一个划分.

例如，A，$\overline{A}$ 就是 Ω 的一个划分.

若 A_1，A_2，$\cdots$，A_n 是 Ω 的一个划分，那么，对每次试验，事件 A_1，A_2，$\cdots$，A_n 中必有一个且仅有一个发生.

例 1.16 10 个外形相同的球分装三个盒子. 其中，第一个盒子中有两个新球，一个旧球；第二个盒子中有两个新球，两个旧球；第三个盒子中有一个新球，两个旧球. 设取到每一个盒子的机会是均等的，现从任何一个盒子中，任取一个球，问取到新球的概率是多少？

解 设 $A_i = \{$从第 i 个盒子中取到球$\}$ $(i=1,2,3)$，$B = \{$取到新球$\}$，则容易求得

$$P(A_1) = \frac{1}{3}, \quad P(A_2) = \frac{1}{3}, \quad P(A_3) = \frac{1}{3},$$

$$P(B\mid A_1) = \frac{2}{3}, \quad P(B\mid A_2) = \frac{2}{4}, \quad P(B\mid A_3) = \frac{1}{3}.$$

于是，取得新球的概率为

$$\begin{aligned}
P(B) &= P(B\bigcap\Omega) = P\big[B\bigcap(A_1\bigcup A_2\bigcup A_3)\big]\\
&= P(BA_1\bigcup BA_2\bigcup BA_3)\\
&= P(BA_1) + P(BA_2) + P(BA_3)\\
&= P(A_1)P(B\mid A_1) + P(A_2)P(B\mid A_2) + P(A_3)P(B\mid A_3)\\
&= \frac{1}{3}\times\frac{2}{3} + \frac{1}{3}\times\frac{2}{4} + \frac{1}{3}\times\frac{1}{3} = \frac{1}{2}.
\end{aligned}$$

例 1.16 中所采用的方法是概率中颇为有用的一种方法. 为了求得比较复杂事件的概率，在求条件概率比较容易时，可先把它分解成几个互不相容的事件，再

利用加法公式和乘法公式求解. 把这个方法一般化, 便得到下述定理.

定理 1.2 （全概率公式） 设 B 为样本空间 Ω 中的任一事件, A_1, A_2, $\cdots$, A_n 为 Ω 的一个划分, 且 $P(A_i)>0\ (i=1,2,\cdots,n)$, 则有

$$P(B)=P(A_1)P(B\mid A_1)+P(A_2)P(B\mid A_2)+\cdots+P(A_n)P(B\mid A_n)$$

$$=\sum_{i=1}^{n}P(A_i)P(B|A_i). \tag{1.21}$$

证 $P(B)=P(B\Omega)=P(B(A_1\cup A_2\cup\cdots\cup A_n))=P(BA_1\cup BA_2\cup\cdots\cup BA_n)$

$$=P(BA_1)+P(BA_2)+\cdots+P(BA_n)$$

$$=P(A_1)P(B\mid A_1)+P(A_2)P(B\mid A_2)+\cdots+P(A_n)P(B\mid A_n).$$

全概率公式表明, 在许多实际问题中事件 B 的概率不易直接求得, 如果容易找到 Ω 的一个划分 A_1, $\cdots$, A_n, 且 $P(A_i)$ 和 $P(B|A_i)$ 为已知, 或容易求得, 那么就可以根据全概率公式求出 $P(B)$.

例 1.17 某工厂有甲、乙、丙三台机器生产同样的零件, 它们的产量分别占总量的 25%、35%、40%, 而在各自的产品中不合格的分别为 5%、4%、2%. 现在从该厂生产的这种零件中任取一件, 问恰好抽到不合格品的概率为多少?

解 令 $A_1=\{$取得的零件为甲台机器所生产$\}$,

$A_2=\{$取得的零件为乙台机器所生产$\}$,

$A_3=\{$取得的零件为丙台机器所生产$\}$,

$B=\{$取得的零件为不合格品$\}$,

由全概率公式可得

$$P(B)=\sum_{i=1}^{3}P(A_i)P(B|A_i)$$

$$=0.25\times0.05+0.35\times0.04+0.4\times0.02=0.0345.$$

另一个重要公式叫作贝叶斯公式.

定理 1.3 （贝叶斯（Bayes）公式） 设样本空间为 Ω, B 为 Ω 中的事件, A_1, A_2, $\cdots$, A_n 为 Ω 的一个划分, 且 $P(B)>0$, $P(A_i)>0, i=1,2,\cdots,n$, 则有

$$P(A_i|B)=\frac{P(B|A_i)P(A_i)}{\sum\limits_{j=1}^{n}P(B|A_j)P(A_j)},i=1,2,\cdots,n. \tag{1.22}$$

证 由条件概率公式有

$$P(A_i|B)=\frac{P(A_iB)}{P(B)}=\frac{P(A_i)P(B|A_i)}{\sum\limits_{j=1}^{n}P(B|A_j)P(A_j)},\ i=1,2,\cdots,n.$$

例 1.18 在例 1.17 中, 若该厂规定, 出了不合格品就要对某台机器进行检修. 现在在出厂产品中任取一件, 结果为不合格品, 但该件产品是哪台机器生产

的标志已经脱落，问甲台（或乙台、丙台）机器应检修的可能多大？

解 从概率论的角度考虑可以按 $P(A_i|B)$ 的大小来判断甲台（或乙台、丙台）机器需检修的可能. 例如，对于甲台机器，由条件概率的定义

$$P(A_1|B) = \frac{P(BA_1)}{P(B)},$$

而

$$P(B) = \sum_{i=1}^{3} P(A_i)P(B|A_i) = 0.0345,$$

$$P(BA_1) = P(A_1)P(B|A_1) = 0.25 \times 0.05 = 0.0125,$$

于是

$$P(A_1|B) = \frac{P(A_1)P(B|A_1)}{\sum_{i=1}^{3} P(A_i)P(B|A_i)} = \frac{0.0125}{0.0345} = \frac{25}{69} \approx 0.362.$$

例 1.19 由以往的临床记录，某种诊断癌症的试验具有如下效果：被诊断者有癌症，试验反应为阳性的概率为 0.95；被诊断者没有癌症，试验反应为阴性的概率为 0.95. 现对自然人群进行普查，设被试验的人群中患有癌症的概率为 0.005，求：已知试验反应为阳性，该被诊断者确有癌症的概率.

解 设 A 表示"患有癌症"，$\overline{A}$ 表示"没有癌症"，B 表示"试验反应为阳性"，则由条件得

$$P(A)=0.005,\ P(\overline{A})=0.995,\ P(B|A)=0.95,\ P(\overline{B}|\overline{A})=0.95.$$

由此 $P(B|\overline{A})=1-0.95=0.05.$

由贝叶斯公式得

$$P(A|B) = \frac{P(A)P(B|A)}{P(A)P(B|A) + P(\overline{A})P(B|\overline{A})} = 0.087.$$

这就是说，根据以往的数据分析可以得到，患有癌症的被诊断者，试验反应为阳性的概率为 95%，没有患癌症的被诊断者，试验反应为阴性的概率为 95%，都叫作先验概率. 而在得到试验结果反应为阳性，该被诊断者确有癌症的概率 0.087 叫作后验概率. 此项试验也表明，用它作为普查，正确性诊断只有 8.7%（即 1000 人具有阳性反应的人中大约只有 87 人的确患有癌症），由此可看出，若把 $P(B|A)$ 和 $P(A|B)$ 搞混淆就会造成误诊的不良后果.

概率乘法公式、全概率公式、贝叶斯公式称为条件概率的三个重要公式. 它们在解决某些复杂事件的概率问题中起到十分重要的作用.

4. 独立重复试验概型

（1）事件的独立性

$P(B|A)$ 是事件 A 发生的条件下事件 B 发生的条件概率. 将 $P(B|A)$ 与 $P(B)$ 比

较，可能有如下两种情形：$P(B|A) \neq P(B)$ 或 $P(B|A) = P(B)$．前者表明事件 B 的概率因事件 A 的发生而有了变化．后者表明事件 B 的概率不受"事件 A 发生"这个条件的影响，利用乘法公式可得

$$P(AB) = P(A)P(B).$$

例 1.20 从 5 个乒乓球中（3 个新的，2 个旧的）每次取一个，有放回地取两次．

记 $A = \{$第一次取到新球$\}$，$B = \{$第二次取到新球$\}$．因为有放回地抽取，所以

$$P(B|A) = P(B) = \frac{3}{5},$$

即在 A 发生的条件下 B 发生的条件概率就等于 B 的无条件概率．它表示 A 发生并不影响 B 发生的概率．此时乘法公式变形为

$$P(AB) = P(A)P(B|A) = P(A)P(B).$$

由此我们引入下述定义．

定义 1.8 对事件 A, B，若

$$P(AB) = P(A)P(B), \tag{1.23}$$

则称事件 A 与事件 B 是相互独立的，简称为 A, B 独立．

定理 1.4 如果事件 A 和 B 是独立的，则事件 A 与 $\overline{B}$，$\overline{A}$ 与 B，$\overline{A}$ 与 $\overline{B}$ 也是相互独立的．

证 由于 $A\overline{B} = A - AB$ 且 $AB \subset A$，所以

$$P(A\overline{B}) = P(A - AB) = P(A) - P(AB) = P(A) - P(A)P(B)$$
$$= P(A)(1 - P(B)) = P(A)P(\overline{B}),$$

即 A 与 $\overline{B}$ 独立．

同理可证 $\overline{A}$ 与 B，$\overline{A}$ 与 $\overline{B}$ 也独立．

定理 1.5 若两事件 A，B 相互独立，且 $0 < P(A) < 1$，则 $P(B|A) = P(B|\overline{A}) = P(B)$．

例 1.21 甲、乙两人向同一目标射击，已知甲的命中率为 0.9，乙的命中率为 0.8，求目标被击中的概率．

解 设 $A = \{$甲击中目标$\}$，$B = \{$乙击中目标$\}$，$C = \{$目标被击中$\}$．
由加法公式得

$$P(C) = P(A \bigcup B) = P(A) + P(B) - P(AB).$$

显然甲击中目标（乙击中目标）并不影响乙击中目标（甲击中目标），即事件 A，B 相互独立，因此有

$$P(C) = P(A) + P(B) - P(A)P(B) = 0.9 + 0.8 - 0.9 \times 0.8 = 0.98,$$

即目标被击中的概率为 0.98．

定义 1.9 对事件 A, B, C，如果有

$$\left.\begin{array}{l}P(AB)=P(A)P(B),\\P(BC)=P(B)P(C),\\P(AC)=P(A)P(C),\\P(ABC)=P(A)P(B)P(C),\end{array}\right\} \qquad (1.24)$$

则称事件 A,B,C 相互独立.

类似可定义 n 个事件 $A_1,A_2,\cdots,A_n$ 的相互独立性.

定义 1.10 对 n 个事件 A_1, A_2, $\cdots$, A_n, 若以下 2^n-n-1 个等式成立:

$$P(A_iA_j)=P(A_i)P(A_j),1\leqslant i<j\leqslant n;$$
$$P(A_iA_jA_k)=P(A_i)P(A_j)P(A_k),1\leqslant i<j<k\leqslant n;$$
$$\cdots\cdots$$
$$P(A_1A_2\cdots A_n)=P(A_1)P(A_2)\cdots P(A_n). \qquad (1.25)$$

则称 A_1, A_2, $\cdots$, A_n 是相互独立的事件.

由定义可知:

1° 若事件 A_1, A_2, $\cdots$, A_n($n\geqslant2$)相互独立, 则其中任意 k($2\leqslant k\leqslant n$)个事件也相互独立.

2° 若 n 个事件 A_1, A_2, $\cdots$, A_n($n\geqslant2$)相互独立, 则将 A_1, A_2, $\cdots$, A_n 中任意多个事件换成它们的对立事件, 所得的 n 个事件仍相互独立.

在实际应用中, 对于事件相互独立性, 我们往往不是根据定义来判断, 而是按实际意义来确定.

例 1.22 n 个人独立地破译同一密码, 若每人能译出的概率都是 0.7, 现要以 99.99% 的把握将密码译出, 问 n 至少等于多少?

解 设 A_i=“第 i 人译出”(i=1, 2, $\cdots$, n),

$\qquad\qquad B$=“密码被译出”.

由题意知 A_1, A_2, $\cdots$, A_n 相互独立, 因此 $\overline{A_1}$, $\overline{A_2}$, $\cdots$, $\overline{A_n}$ 也相互独立, 于是

$$\begin{aligned}P(B)&=P(A_1\cup A_2\cdots\cup A_n)=1-P(\overline{A_1}\,\overline{A_2}\cdots\overline{A_n})\\&=1-P(\overline{A_1})P(\overline{A_2})\cdots P(\overline{A_n})\\&=1-0.3^n.\end{aligned}$$

要使

$$P(B)\geqslant0.9999,$$

即

$$1-0.3^n\geqslant0.9999,$$

解得

$$n\geqslant\frac{-4}{\lg0.3}=7.6.$$

所以, n 至少等于 8, 才能保证以 99.99% 的把握译出密码.

(2)贝努利概型

随机现象的统计规律性只有在大量重复试验(在相同条件下)中表现出来. 将

一个试验重复独立地进行 n 次,这是一种非常重要的概率模型.

定义 1.11 若试验 E 只有两个可能结果:A 及 $\overline{A}$,则称 E 为贝努利(**Bernoulli**)**试验**.设 $P(A)=p(0<p<1)$,此时 $P(\overline{A})=1-p$.将 E 独立地重复进行 n 次,则称这一串重复的独立试验为 **n 重贝努利试验**,简称贝努利试验,记为 E^n.相应的数学模型称为**贝努利概型**.

下面我们来确定 n 重贝努利试验中,事件 A 恰好出现 k 次的概率.

定理 1.6 在 n 重贝努利试验中,事件 A 发生的概率为 p($0<p<1$),则 A 发生 k 次的概率为

$$P_n(k) = C_n^k p^k q^{n-k} (k=0,1,2,\cdots,n). \qquad (1.26)$$

其中 $q=1-p$.

证 记 $B_k=\{\text{事件 } A \text{ 出现 } k \text{ 次}\}$.

事件 B_k 出现的每一个可能情况,应由事件 A 出现 k 次与事件 $\overline{A}$ 出现 $n-k$ 次所组成.事件 A 在指定的 k 次试验(如前 k 次)中发生,而在其余 $n-k$ 次试验中不发生的概率为

$$P(\underbrace{A\cdots A}_{k\text{个}}\underbrace{\overline{A}\cdots\overline{A}}_{n-k\text{个}}) = \underbrace{P(A)\cdots P(A)}_{k\text{个}}\underbrace{P(\overline{A})\cdots P(\overline{A})}_{n-k\text{个}} = p^k q^{n-k}.$$

而在 n 次试验中任意指定 k 次有 C_n^k 种不同的指定法.这些不同的指定法都对应 B_k 的一个可能结果(事件),这些事件是互不相容的,B_k 为这些事件之和,由可加性得

$$P_n(k) = P(B_k) = C_n^k p^k q^{n-k} \ (k=0,1,2,\cdots,n).$$

例 1.23 一批产品的次品率为 0.2,现从中有放回地连取 5 件,求恰好取到 k($k=0$,1,2,$\cdots$,5)件次品的概率.

解 由题意知,每取一件产品,是次品的概率均为 0.2,连取 5 件,观察是否取到次品,这是 5 重贝努利试验.

设 $B_k=$ "5 件中恰有 k 件次品"($k=0$,1,2,$\cdots$,5),由式(1.26)有

$$P_n(k) = P(B_k) = C_5^k 0.2^k 0.8^{5-k} \ (k=0,1,2,\cdots,5).$$

具体算出结果如下.

$P_5(0)=P(B_0)=0.3277$,$P_5(1)=P(B_1)=0.4096$,$P_5(2)=P(B_2)=0.2048$,
$P_5(3)=P(B_3)=0.0512$,$P_5(4)=P(B_4)=0.0064$,$P_5(5)=P(B_5)=0.0003$.

下面讨论在贝努利试验中首次成功出现在第 k 次试验的概率.

例 1.24 设某人做一试验,成功的概率为 p,现他独立地重复进行该试验,直到成功为止,求他直到第 k 次才成功的概率.

解 设 $A_i=$ "第 i 次试验成功"($i=1$,2,$\cdots$),$B_k=$ "第 k 次才成功".

由题意,要使首次试验成功出现在第 k 次,当且仅当在前 $k-1$ 次试验中事件 A_i 不发生($i=1$,2,3,$\cdots$,$k-1$),而第 k 次试验出现 A_k,即

$$B_k = \overline{A}_1 \overline{A}_2 \cdots \overline{A}_{k-1} A_k.$$

利用事件的独立性，有

$$P(B_k)=P(\overline{A}_1)P(\overline{A}_2)\ldots P(\overline{A}_{k-1})P(A_k)$$
$$=(1-p)^{k-1}p \quad (k=1,2,\ldots).$$

例 1.25 一个人要开门，他共有 n 把钥匙，其中仅有一把能开这门．他随机地选取一把钥匙开门，即在每次试开时每一把钥匙都以 $\frac{1}{n}$ 的概率使用，这人在第 k 次试开时成功的概率是多少？

解 这是一个贝努利试验，$p=\frac{1}{n}$，设 $B_k=$ "直到第 k 次试开才成功"，由例 1.24 的结果有

$$P(B_k)=\left(1-\frac{1}{n}\right)^{k-1}\frac{1}{n}=\frac{(n-1)^{k-1}}{n^k} \quad (k=1,2,\cdots).$$

【知识结构图】

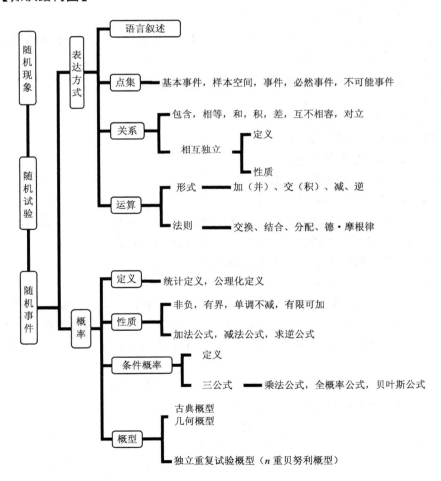

习 题 1

（A）

1. 写出下列随机试验的样本空间及下列事件包含的样本点.

（1）掷一颗骰子，出现奇数点.

（2）掷两颗骰子，

A="出现点数之和为奇数，且恰好其中有一个 1 点"；

B="出现点数之和为偶数，但没有一颗骰子出现 1 点".

（3）将一枚硬币抛两次，

A="第一次出现正面"；

B="至少有一次出现正面"；

C="两次出现同一面".

2. 设 A，B，C 为三个事件，试用 A，B，C 的运算关系式表示下列事件.

（1）A 发生，B，C 都不发生；

（2）A 与 B 发生，C 不发生；

（3）A，B，C 都发生；

（4）A，B，C 至少有一个发生；

（5）A，B，C 都不发生；

（6）A，B，C 不都发生；

（7）A，B，C 至多有 2 个发生；

（8）A，B，C 至少有 2 个发生.

3. 设 A，B 为随机事件，且 $P(A)$ =0.7，$P(A-B)$=0.3，求 $P(\overline{AB})$.

4. 设 A，B 是两事件，且 $P(A)$ =0.6，$P(B)$=0.7，求：

（1）在什么条件下 $P(AB)$ 取到最大值？

（2）在什么条件下 $P(AB)$ 取到最小值？

5. 设 A，B，C 为三事件，且 $P(A)$ =$P(B)$ =1/4，$P(C)$ =1/3，且 $P(AB)$ =$P(BC)$ =0，$P(AC)$ =1/12，求 A，B，C 至少有一事件发生的概率.

6. 将 3 个球随机放入 4 个杯子中，问杯子中球的个数最多为 1，2，3 的概率各是多少？

7. 对一个五人学习小组考虑在某一星期内生日问题：

（1）求五个人的生日都在星期日的概率；

（2）求五个人的生日都不在星期日的概率；

（3）求五个人的生日不都在星期日的概率.

8. 两人约定上午 9：00~10：00 在公园会面，求一人要等另一人半小时以上的概率.

9. 从（0，1）中随机地取两个数，求：

（1）两个数之和小于 6/5 的概率；

（2）两个数之积小于 1/4 的概率.

10. 设 $P(\overline{A})=0.3$，$P(B)=0.4$，$P(A\overline{B})=0.5$，求 $P(B|A\cup\overline{B})$.

11. 设盒中有 m 只红球，n 只白球，每次从盒中任取一只球，看后放回，再放入 k 只与所取颜色相同的球. 若在盒中连取 4 次，试求第一次、第二次取到红球，第三次、第四次取到白球的概率.

12. 在一个盒中装有 15 个乒乓球，其中有 9 个新球，在第一次比赛中任意取出 3 个球，比赛后放回原盒中；第二次比赛同样任意取出 3 个球，求第二次取出的 3 个球均为新球的概率.

13. 某保险公司把被保险人分为三类："谨慎的"，"一般的"，"冒失的". 统计资料表明，上述三种人在一年内发生事故的概率依次为 0.05,0.15 和 0.30；如果"谨慎的"被保险人占 20%，"一般的"占 50%，"冒失的"占 30%，现知某被保险人在一年内出了事故，则他是"谨慎的"的概率是多少？

14. 加工某一零件需要经过四道工序，设第一、二、三、四道工序的次品率分别为 0.02,0.03,0.05,0.03，假定各道工序是相互独立的，求加工出来的零件的次品率.

15. 设每次射击的命中率为 0.2，问至少必须进行多少次独立射击才能使至少击中一次的概率不小于 0.9？

16. 三人独立地破译一个密码，他们能破译的概率分别为 1/5，1/3，1/4，求将此密码破译出的概率.

17. 设高射炮每次击中飞机的概率为 0.2，问至少需要多少门这种高射炮同时独立发射（每门射一次）才能使击中飞机的概率达到 95% 以上.

18. 设某个车间里共有 5 台车床，每台车床使用电力是间歇性的，平均起来每小时约有 6min 使用电力. 假设车工们工作是相互独立的，求在同一时刻：

（1）恰有两台车床被使用的概率；

（2）至少有三台车床被使用的概率；

（3）至多有三台车床被使用的概率；

（4）至少有一台车床被使用的概率.

（B）

1. 填空题

（1）设 $P(A)=0.6,P(B)=0.3,$ 且 $P(A-B)=0.3$，则 $P(A\cup B)=$ _____；

（2）一批产品共 100 件，次品率为 10%，每次任取一件，取出的不再放回，

则第三次才取到次品的概率为_____;

（3）设两两相互独立的事件 A,B,C 满足条件：$ABC = \varnothing$，$P(A) = P(B) = P(C) < \dfrac{1}{2}$，且已知 $P(A\cup B\cup C) = \dfrac{9}{16}$，则 $P(A) = $_____;

（4）某厂有三条流水线生产同一产品，每条流水线的产品分别占总量的 30%，25%，45%，又这三条流水线的次品率分别为 0.05，0.04，0.02，现从出厂的产品中任取一件，恰好取到次品，问该件次品是第一条流水线生产的概率是_____;

（5）一射手独立地对同一目标进行 4 次射击，若他至少命中一次的概率是 $\dfrac{80}{81}$，则该射手的命中率为_____;

（6）已知随机事件 A 的概率 $P(A) = 0.5$，随机事件 B 的概率 $P(B) = 0.6$，条件概率 $P(B\,|\,A) = 0.8$，则和事件 $A\cup B$ 的概率 $P(A\cup B) = $_____;

（7）甲乙两人独立地对同一目标射击一次，其命中率分别为 0.6 和 0.5，现已知目标被命中，则它是甲射中的概率为_____.

2. 选择题

（1）关系（　　）成立，则事件 A 与 B 为对立事件.

A. $AB = \varnothing$ 　　　　　　　　B. $A\cup B = \Omega$

C. $AB = \varnothing$，$A\cup B = \Omega$ 　　D. $AB = \varnothing$，$A\cup B \neq \Omega$

（2）甲、乙两人谈判，设事件 A，B 分别表示甲、乙无诚意，则 $\bar{A}\cup\bar{B}$ 表示（　　）.

A. 两人都无诚意 　　　　　　B. 两人都有诚意

C. 两人至少有一人无诚意 　　D. 两人至少有一人有诚意

（3）下列选项不成立的是（　　）.

A. $\bar{A} = \Omega - A$ 　　　　　　B. $\overline{ABC} = \bar{A}\cdot\bar{B}\cdot\bar{C}$

C. 若 $A\subset B$，则 $\bar{B}\subset\bar{A}$ 　　D. $A - B = A\bar{B}$

（4）设 A，B，C 为三个事件，则 $\overline{ABC}$ 表示（　　）.

A. A，B，C 都发生 　　　　B. A，B，C 都不发生

C. A，B，C 不都发生 　　　D. A，B，C 至少有一个发生

（5）设当事件 A 和 B 同时发生时事件 C 必然发生，则（　　）.

A. $P(C) = P(AB)$ 　　　　　　B. $P(C) = P(A\cup B)$

C. $P(C) \leqslant P(A) + P(B) - 1$ 　D. $P(C) \geqslant P(A) + P(B) - 1$

（6）一枚质地均匀的骰子，则在出现偶数点的条件下出现 6 点的概率为（　　）.

A. 1/3 　　　　　　　　　　B. 2/3

C. 1/6 　　　　　　　　　　D. 3/6

（7）$P(A)=\dfrac{1}{4}, P(B\mid A)=\dfrac{1}{3}, P(A\mid B)=\dfrac{1}{2}$，则 $P(A\cup B)=$（　　）.

A. $\dfrac{1}{2}$　　　　B. $\dfrac{1}{4}$　　　　C. $\dfrac{1}{3}$　　　　D. $\dfrac{1}{6}$

（8）设 A, B 为随机事件，且 $P(B)>0, P(A\mid B)=1$，则必有（　　）.

A. $P(A\cup B)>P(A)$　　　　　　B. $P(A\cup B)>P(B)$

C. $P(A\cup B)=P(A)$　　　　　　D. $P(A\cup B)=P(B)$

（9）对于任意二个事件 A 和 B，若 $\mathrm{P}(AB)=0$，则下列选项成立的是（　　）.

A. $\overline{A}\cdot\overline{B}=\varnothing$　　　　　　　　B. $AB=\varnothing$

C. $P(A-B)=P(A)$　　　　　　D. $P(A)P(B)=0$

（10）对同一目标进行四次射击，如果每次射击命中目标的概率均为 p，则恰好有一次没命中目标的概率为（　　）.

A. $4p^3(1-p)$　　B. $4(1-p)^3p$　　C. $3p$　　　　D. $3(1-p)$

第2章 一维随机变量及其分布

在第 1 章中，我们借助随机试验的样本空间研究了随机事件及其概率．但是样本空间未必是数集，不便于用传统的数学方法来处理．为了全面地研究随机试验的结果，我们引入随机变量的概念．随机变量是近代概率论的研究对象．它本质上把样本空间转化成一个数集，因此可以借助微积分等数学工具全面地、深刻地揭示随机现象的统计规律性．从本章开始，我们将通过随机变量来研究随机现象．

§2.1 随机变量的定义

在第 1 章里，观察一个随机现象，其样本点可以是数量性质的，也可以是非数量性质的．比如抛一颗均匀的骰子，用 X 表示"可能出现的点数"，则 X 是一个变量，取值可能为 $1,2,3,4,5,6$．又如掷一枚均匀的硬币，可能出现正面，也可能出现反面．现在约定"出现正面"记为 1，"出现反面"记为 0．无论是哪一种情形，都体现出这样的共同点：对随机试验的每一个可能结果有唯一一个实数与之对应．这种对应关系实际上定义了样本空间 Ω 上的函数，通常记作 $X = X(\omega), \omega \in \Omega$．

例 2.1 某学生做一道正误判断题，选对记为 1 分，选错记为 0 分．设 X 表示该学生在做一道正误判断题中的得分，它是一个随机变量．若用 T 表示选对，用 F 表示选错，则 X 可以表示为

$$X = X(\omega) = \begin{cases} 1, & \omega = T, \\ 0, & \omega = F. \end{cases}$$

例 2.2 记录寻呼台一小时内接到的呼叫次数，用 X 表示，则 X 是随机变量．那么 $(X = k)(k = 0,1,2,\cdots)$ 表示一随机事件，显然 $(X \geqslant k)(k = 0,1,2,\cdots)$ 也表示一随机事件．

由于试验结果的出现是随机的，因而函数 $X(\omega)$ 的取值也是随机的，我们称

$X(\omega)$ 为**随机变量**.

下面给出一维随机变量的定义.

定义 2.1　设 $X = X(\omega)$ 是定义在样本空间 Ω 上的实值单值函数，称 $X = X(\omega)$ 为一维随机变量. 随机变量常用大写英文字母 X，Y，Z 或小写希腊字母 ξ，η，ζ 等表示，用小写字母 x，y，z 等表示随机变量所取的值.

这与微积分中定义的函数概念既有联系又有区别. 在函数概念中，函数 $f(x)$ 的自变量是实数 x，而在这里，函数 $X = X(\omega)$ 的自变量是样本点 ω，定义域为样本空间 Ω.

画出示意图如图 2-1 所示，R_X 表示随机变量 $X(\omega)$ 的值域.

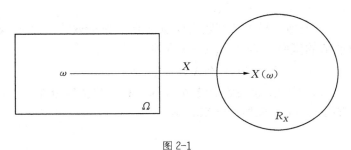

图 2-1

引入随机变量 X 后，就可以用随机变量 X 描述事件，如在例 2.1 中，$\{X = 1\}$ 表示事件 $\{T\}$. 一般地，对于任意的实数集合 L，X 在 L 上取值，写成 $\{X \in L\}$，它表示事件

$$\{X \in L\} = \{\omega \,|\, X(\omega) \in L\},$$

这是随机事件，并且其概率为

$$P\{X \in L\} = P\{\omega \,|\, X(\omega) \in L\}. \tag{2.1}$$

例 2.3　将一枚硬币连抛 3 次，观察正面 H 及反面 T 出现的实验中，其样本空间为

$$\Omega = \{HHH, HHT, HTH, THH, HTT, THT, TTH, TTT\}.$$

设随机变量 X 为出现正面 H 的次数，显然

$$P(X = 1) = P(HTT, THT, TTH) = \frac{3}{8},$$

$$P(X \leqslant 1) = P(HTT, THT, TTH, TTT) = \frac{1}{2}.$$

引入随机变量，可以将对随机事件的研究转化为对随机变量的研究，进一步地，有可能利用微积分的方法对随机试验的结果进行深入广泛的研究和讨论.

按照随机变量可能取值的情况，可以把它们分为两类：离散型随机变量和非离散型随机变量，而非离散型随机变量中最重要的是连续型随机变量. 因此本章主要研究离散型及连续型这两种随机变量.

§2.2 离散型随机变量及其分布律

1. 离散型随机变量

定义 2.2 如果一个随机变量只可能取有限个或可列无限个值，则称这个随机变量为（一维）离散型随机变量.

例如，例 2.1 的随机变量 X，它只可能取 0,1 两个值；例 2.2 的随机变量 X，它可能取 $0,1,2,\cdots$ 可列无限个值.

定义 2.3 一般地，设离散型随机变量 X 所有可能取的值为 x_k $(k=1,2,\cdots)$，X 取各个可能值的概率，即事件 $(X=x_k)$ 的概率为

$$p_k = P(X=x_k),\quad (k=1,2,\cdots),\tag{2.2}$$

则称式（2.2）为离散型随机变量 X 的分布律（列）或概率分布.

分布律常用表 2-1 的表格形式来表示.

表 2-1

X	x_1	x_2	$\cdots$	x_n	$\cdots$
p_k	p_1	p_2	$\cdots$	p_n	$\cdots$

由概率的定义，式（2.2）中的 p_k 应满足以下性质.

（1）$p_k \geqslant 0$ $(k=1,2,\cdots)$；$\tag{2.3}$

（2）$\sum_{k=1}^{\infty} p_k = 1$.$\tag{2.4}$

证 （1）因为 p_k 表示随机事件的概率，所以有 $p_k \geqslant 0$；

（2）因为

$$(X=x_1)\bigcup(X=x_2)\bigcup\cdots\bigcup(X=x_n)\bigcup\cdots=\Omega,$$
$$P(X=x_1)+P(X=x_2)+\cdots+P(X=x_n)+\cdots=P(\Omega)=1,$$

即

$$p_1+p_2+\cdots+p_n+\cdots=\sum_{k=1}^{\infty}p_k=1.$$

知道了离散型随机变量的分布律，也就不难计算随机变量落在某一区间内的概率. 因此，分布律全面地描述了离散型随机变量的统计规律.

注：（1）任何一个满足式（2.3）和式（2.4）两个性质的一组数 $\{p_i\}$ 一定是某一离散型随机变量的分布律.

（2）若已知 X 的分布律，则可求出任意事件 $\{X\in L\}$（L 为实数集合）的概

率为

$$P\{X \in L\} = \sum_{x_i \in L} p_i .\tag{2.5}$$

例 2.4　设随机变量 X 的分布律为

$$P = (X = k) = a\frac{\lambda^k}{k!}, k = 0,1,2,\cdots, \lambda > 0 .$$

试确定常数 a .

解　由分布律的性质（1）和（2）有

$$a \geqslant 0 , \quad 且 \sum_{k=0}^{\infty} a\frac{\lambda^k}{k!} = a\mathrm{e}^\lambda = 1 , \quad 因此有 a = \mathrm{e}^{-\lambda} .$$

例 2.5　设盒中有 5 个球，其中 2 个是白球，3 个是黑球，从中任取 3 个球，有 X 个是白球.

（1）求 X 的分布律；

（2）求 $P(X \leqslant 1)$ 的概率.

解　（1）X 可能取的值为 0, 1, 2，

$$P(X = k) = p_k = \frac{C_2^k C_3^{3-k}}{C_5^3} \quad (5 个球中有 k 个白球) ,$$

故 X 的分布律如表 2-2 所示.

表 2-2

X	0	1	2
p_k	$\frac{1}{10}$	$\frac{6}{10}$	$\frac{3}{10}$

（2）$P(X \leqslant 1) = \frac{1}{10} + \frac{6}{10} = \frac{7}{10}$.

注：离散型随机变量分布律计算的一般步骤如下.

（1）根据随机试验确定随机变量 X 的所有可能取值 $x_1, x_2, \cdots, x_n, \cdots$；

（2）针对每一个取值 x_k，计算出概率 $P\{X = x_k\} = p_k$；

（3）将分布律表示出来.

例 2.6　一射手对某一目标射击，直到第一次命中为止，每次射中的概率为 p . 设 X 为射击次数，求 X 的分布律.

解　X 可能取的值是 1, 2, $\cdots$

$$p_k = P(X = k) \quad (前 k-1 次未射中，而第 k 次射中)$$

$$= (1-p)^{k-1} p \quad (k = 1, 2, \cdots) ,$$

故 X 的分布律如表 2-3 所示.

表 2-3

X	1	2	$\cdots$	k	$\cdots$
p_k	p	$(1-p)p$	$\cdots$	$(1-p)^{k-1}p$	$\cdots$

此分布称为首次成功分布.

2．几种常见的离散型随机变量的分布

（1）两点分布

定义 2.4　如果随机变量 X 只可能取 0 与 1 两个值，它的分布律是

$$P(X=k)=p^k(1-p)^{1-k}, k=0,1（0<p<1），\qquad (2.6)$$

即

$$P(X=0)=1-p, \quad P(X=1)=p, \qquad (2.7)$$

则称 X 服从两点分布或（0−1）分布.

两点分布的分布律也可表示成表 2-4.

表 2-4

X	0	1
p_k	$1-p$	p

对于一个随机试验，如果它只包含两个可能的结果，就可以用两点分布来描述. 如一次射击"中靶"与"不中靶"；一次比赛"胜"与"负"；一件产品"合格"与"不合格".

（2）二项分布

定义 2.5　若随机变量 X 的分布律为

$$P\{X=k\}=C_n^k p^k(1-p)^{n-k}, \quad k=0,1,\cdots,n, \qquad (2.8)$$

则称 X 服从参数为 n，p 的二项分布（Binomial distribution），记作 $X \sim b(n,p)$.

易知式（2.8）满足式（2.3）和式（2.4）. 事实上，

（1）$C_n^k p^k q^{n-k} \geqslant 0, \quad k=0,1,2,\cdots,n$；

（2）$\sum_{k=0}^{n} P(X=k)=\sum_{k=0}^{n} C_n^k p^k q^{n-k}=(p+q)^n=1$.

我们知道，$P\{X=k\}=C_n^k p^k(1-p)^{n-k}$ 恰好是 $[p+(1-p)]^n$ 二项展开式中出现 p^k 的那一项，这就是二项分布名称的由来.

回忆 n 重贝努利试验中事件 A 出现 k 次的概率计算公式

$$P_n(k)=C_n^k p^k(1-p)^{n-k}, \quad k=0,1,\cdots,n,$$

可知，若 $X \sim b(n,p)$，X 就可以用来表示 n 重贝努利试验中事件 A 出现的次数. 因此，二项分布可以作为描述 n 重贝努利试验中事件 A 出现次数的数学模型. 比如，

射手射击 n 次中,"中靶"次数的概率分布;随机抛掷硬币 n 次,落地时出现"正面"次数的概率分布;从一批足够多的产品中任意抽取 n 件,其中"废品"件数的概率分布等.

不难看出,(0-1)分布就是二项分布在 $n=1$ 时的特殊情形,故(0-1)分布的分布律可写成

$$P\{X=k\}=p^k(1-p)^{1-k}(k=0,1).$$

二项分布是实用上用得最多的一种离散型随机变量.当 $n=1$ 时,二项分布退化为(0-1)分布.

例 2.7 某晶体管厂生产的晶体管一级品率是 0.2,现随机地从该厂一大批这类产品中抽取 20 个进行检验.问恰好有 k $(k=0,1,2,\cdots,20)$ 件一级品的概率是多少?

解 这是不放回抽样.但由于这批产品的总数很大,且抽查的产品的数量相对于产品的总数来说又很小,因而可以当作放回抽样来处理.这样做会有一些误差,但误差不大.我们将检查一件产品是否为一级品看成一次试验,检查 20 件产品相当于做 20 重贝努利试验.以 X 记抽出的 20 件产品中一级品的件数,那么,X 为一个随机变量,且有 $X \sim b(20,0.2)$,故所求的概率为

$$P(X=k)=C_{20}^k(0.2)^k(0.8)^{20-k}, \quad k=0,1,\cdots,20.$$

计算结果如表 2-5 所示.

表 2-5

k	$P\{X=k\}$	k	$P\{X=k\}$	k	$P\{X=k\}$	k	$P\{X=k\}$
0	0.012	3	0.205	6	0.109	9	0.007
1	0.058	4	0.218	7	0.055	10	0.002
2	0.137	5	0.175	8	0.022	$\geqslant 11$	<0.001

从表 2-5 可以看出,当 k 增加时,概率 $P(X=k)$ 先是随之增加,直至达到最大值(本例中当 $k=4$ 时取到最大值),随后单调减少.一般地,对于固定的 n 及 p,二项分布 $b(n,p)$ 都有类似的结果.

例 2.8 某大学的校乒乓球队与数学系乒乓球队举行对抗赛.校队的实力较系队为强,当一个校队运动员与一个系队运动员比赛时,校队运动员获胜的概率为 0.6.现在校、系双方商量对抗赛的方式,提了三种方案:

(1)双方各出 3 人;(2)双方各出 5 人;(3)双方各出 7 人.
三种方案中均以比赛中得胜人数多的一方为胜利.问:对系队来说,哪一种方案有利?

解 设系队得胜人数为 X,则在上述三种方案中,系队胜利的概率分别为

（1）$P\{X \geqslant 2\} = \sum_{k=2}^{3} C_3^k (0.4)^k (0.6)^{3-k} \approx 0.352$；

（2）$P\{X \geqslant 3\} = \sum_{k=3}^{5} C_5^k (0.4)^k (0.6)^{5-k} \approx 0.317$；

（3）$P\{X \geqslant 4\} = \sum_{k=4}^{7} C_7^k (0.4)^k (0.6)^{7-k} \approx 0.290$.

因此第一种方案对系队最为有利. 这在直觉上是容易理解的, 因为参赛人数越少, 系队侥幸获胜的可能性也就越大.

（3）泊松分布

定义 2.6 如果随机变量 X 的所有可能取值为 $0,1,2,\cdots$, 而取各个值的概率为

$$P(X=k) = \mathrm{e}^{-\lambda} \frac{\lambda^k}{k!}, \quad k = 0,1,2,\cdots \tag{2.9}$$

其中 $\lambda > 0$, 则称 X 服从参数为 λ 的泊松分布, 记作 $X \sim \pi(\lambda)$ 或 $P(\lambda)$.

显然 $p_k = P(X=k) = \mathrm{e}^{-\lambda} \frac{\lambda^k}{k!} \geqslant 0$, 且 $\sum_{k=0}^{\infty} P(X=k) = \sum_{k=0}^{\infty} \mathrm{e}^{-\lambda} \frac{\lambda^k}{k!} = \mathrm{e}^{-\lambda} \sum_{k=0}^{\infty} \frac{\lambda^k}{k!} = \mathrm{e}^{-\lambda} \cdot \mathrm{e}^{\lambda} = 1$. 即满足分布律的两个性质.

泊松分布通常用来描述大量重复试验中稀有事件（即事件在每次试验中出现的概率 p 很小, 但试验的次数 n 很大）发生次数的概率分布. 具有泊松分布的随机变量在实际应用中是很多的. 例如, 一本书一页中的印刷错误数; 某地区在一天内邮递遗失的信件数; 某一医院在一天内的急诊病人数; 某一地区一个时间间隔内发生交通事故的次数; 在一个时间间隔内, 某种放射性物质发出的经过计数器的 α 粒子数等都服从泊松分布.

定理 2.1（泊松定理） 设 $\lambda = np > 0$, $0 < p < 1$. 对于任意一个非负整数 k：

$$\lim_{n \to \infty} C_n^k p^k (1-p)^{n-k} = \mathrm{e}^{-\lambda} \cdot \frac{\lambda^k}{k!}. \tag{2.10}$$

证 由 $p = \frac{\lambda}{n}$ 推得

$$C_n^k p^k (1-p)^{n-k} = \frac{n(n-1)\cdots(n-k+1)}{k!} \left(\frac{\lambda}{n}\right)^k \left(1-\frac{\lambda}{n}\right)^{n-k}$$

$$= \frac{\lambda^k}{k!} \left(1-\frac{\lambda}{n}\right)^n \left(1-\frac{\lambda}{n}\right)^{-k} \left[1 \times \left(1-\frac{1}{n}\right) \times \cdots \times \left(1-\frac{k-1}{n}\right)\right].$$

对于任意一个固定的非负整数 k：

$$\lim_{n\to\infty}\left(1-\frac{\lambda}{n}\right)^{n}=\lim_{n\to\infty}\left(1-\frac{\lambda}{n}\right)^{\frac{n}{\lambda}\cdot\lambda}=\mathrm{e}^{-\lambda},\ \lim_{n\to\infty}\left(1-\frac{\lambda}{n}\right)^{-k}=1,$$

$$\lim_{n\to\infty}\left[1\times\left(1-\frac{1}{n}\right)\times\cdots\times\left(1-\frac{k-1}{n}\right)\right]=1,$$

这就证明了 $\lim\limits_{n\to\infty}\mathrm{C}_{n}^{k}p^{k}(1-p)^{n-k}=\mathrm{e}^{-\lambda}\cdot\dfrac{\lambda^{k}}{k!}$.

泊松定理告诉我们，若 $X\sim b(n,p)$ ，当 n 很大而 p 很小时，则 $\mathrm{C}_{n}^{k}p^{k}(1-p)^{n-k}\approx\mathrm{e}^{-\lambda}\cdot\dfrac{\lambda^{k}}{k!}$ ，其中 $\lambda=np$. 在实际应用中，当 $n\geqslant 10$ ， $p\leqslant 0.1$ 时，就可用 $\mathrm{e}^{-\lambda}\dfrac{\lambda^{k}}{k!}$ （ $\lambda=np$ ）作为 $\mathrm{C}_{n}^{k}p^{k}q^{n-k}$ 的近似值，近似效果还是比较理想的. 表 2-6 给出了按两种分布计算的若干概率值.

表 2-6　　　　　　　　　　　　二项分布与泊松分布的概率值比较

分布	$b(n,p)$				$\pi(\lambda)$
	$p=0.$	$n=20$	$n=40$	$n=100$	$\lambda=np=1$
k 值	$p=0.05$	$p=0.05$	$p=0.025$	$p=0.01$	
0	0.349	0.358	0.369	0.366	0.368
1	0.387	0.377	0.372	0.370	0.368
2	0.194	0.189	0.186	0.185	0.184
3	0.057	0.060	0.060	0.061	0.061
4	0.011	0.013	0.014	0.015	0.015
$\geqslant 5$	0.002	0.003	0.005	0.003	0.004

例 2.9　从一大批发芽率为 0.95 的种子中随机地取出 100 粒进行试验，计算恰有 5 粒不发芽及至多有 10 粒不发芽的概率.

解　设 $X=$ "100 粒中不发芽的种子数"，则

$$X\sim b(100,0.05)\qquad\text{（应为近似服从）.}$$

又由于 $n=100$ （较大）， $p=0.05$ （很小），可利用泊松分布近似计算， $\lambda=100\times 0.05=5$ ，查泊松分布表，得

$$P\{X=5\}\approx\frac{5^{5}\mathrm{e}^{-5}}{5!}=\sum_{k=5}^{\infty}\frac{5^{k}\mathrm{e}^{-5}}{k!}-\sum_{k=6}^{\infty}\frac{5^{k}\mathrm{e}^{-5}}{k!},$$

$$=0.559507-0.384039=0.175468\approx 0.1755$$

$$P\{X\leqslant 10\}=1-P\{X\geqslant 11\}\approx 1-\sum_{k=11}^{\infty}\frac{5^{k}\mathrm{e}^{-5}}{k!}$$

$$=1-0.013695=0.986305\approx 0.99$$

例 2.10 某厂共有 300 台同类型车床,它们独立地工作,且每台发生故障的概率为 0.01,在通常情况下,一台车床的故障可由一个工人来处理. 问至少要配备多少维修工,才能保证车床发生故障而不能及时维修的概率小于 0.01?

解 设 X 为"同时发生故障的车床数",并设需要配备的维修工人数为 N,显然 $X \sim b(300, 0.01)$,所需解决的问题是确定最小的 N,使得

$$P\{X > N\} < 0.01 .$$

由泊松定理 $(\lambda = np = 300 \times 0.01 = 3)$

$$P\{X \geqslant N+1\} \approx \sum_{k=N+1}^{\infty} \frac{3^k e^{-3}}{k!} \leqslant 0.01 ,$$

查泊松分布表,得 $N+1 \geqslant 9$,因此至少要配备 8 个维修工才能满足要求.

§2.3 随机变量的分布函数

对于随机变量,我们不仅要知道它可能取哪些值,还需要知道它在数轴上各种区间内取值的统计规律,也就是我们感兴趣的是随机变量的取值落在某个区间的概率: $P(x_1 < X \leqslant x_2)$. 但由于 $P(x_1 < X \leqslant x_2) = P(X \leqslant x_2) - P(X \leqslant x_1)$,所以只需知道形如事件 $(X \leqslant x)$ 的概率就可以了. 为此引入随机变量分布函数的概念.

1. 分布函数的定义

定义 2.7 若 X 是一个随机变量,x 为任意实数,函数

$$F(x) = P(X \leqslant x), -\infty < x < \infty \tag{2.11}$$

称为**随机变量 X 的分布函数**.

分布函数是一个普通的函数,其定义域是整个实数轴,值域为 $[0,1]$. 在几何上,为便于理解分布函数这一概念,我们不妨将随机变量 X 看作是向数轴上随机投点时落点处的坐标,$F(x)$ 就表示随机点落入半开区间 $(-\infty, x]$ 这一事件的概率.

2. 分布函数的性质

分布函数具有以下基本性质.

(1) 单调性

$F(x)$ 是一个单调不减函数,即对于任意实数 $x_1, x_2 (x_1 < x_2)$,有

$$F(x_1) \leqslant F(x_2) .$$

(2) 有界性

$$0 \leqslant F(x) \leqslant 1 ,$$

且

$$F(-\infty) = \lim_{x \to -\infty} F(x) = 0, F(+\infty) = \lim_{x \to +\infty} F(x) = 1 .$$

（3）右连续性

$F(x)$ 是右连续函数，即

$$F(x+0) = F(x).$$

注：若实函数 $F(x)$ 满足上述三条性质，则 $F(x)$ 一定可以作为某一随机变量的分布函数.

证 略.

利用 $F(x)$，可计算 X 落在各种区间内的概率，其中

（1） $P\{x_1 < X \leqslant x_2\} = F(x_2) - F(x_1)$；

（2） $P\{x_1 \leqslant X \leqslant x_2\} = F(x_2) - F(x_1) + P\{X = x_1\}$；

（3） $P\{X > x\} = 1 - F(x)$；

（4） $P\{X = x\} = F(x) - F(x-0)$.

因此，只要知道了 X 的分布函数 $F(x)$，就能得出 X 落在任一区间上的概率. 从这个意义上说，分布函数完整地描述了随机变量的统计规律性.

例 2.11 设随机变量 X 的分布律如表 2-7 所示.

表 2-7

X	0	1	2	3
p	0.1	0.4	0.3	0.2

（1）求出 X 的分布函数并作图；

（2）求 $P\left\{X \leqslant \dfrac{1}{2}\right\}$，$P\left\{\dfrac{3}{2} < X \leqslant \dfrac{5}{2}\right\}$，$P\{2 \leqslant X \leqslant 3\}$.

解 （1）由分布函数的定义得 X 的分布函数为

$$F(x) = \begin{cases} 0, & x < 0, \\ 0.1, & 0 \leqslant x < 1, \\ 0.1+0.4, & 1 \leqslant x < 2, \\ 0.1+0.4+0.3, & 2 \leqslant x < 3, \\ 0.1+0.4+0.3+0.2, & x \geqslant 3, \end{cases}$$

即

$$F(x) = \begin{cases} 0, & x < 0, \\ 0.1, & 0 \leqslant x < 1, \\ 0.5, & 1 \leqslant x < 2, \\ 0.8, & 2 \leqslant x < 3, \\ 1, & x \geqslant 3. \end{cases}$$

（2）由 $F(x)$ 可得

$$P\left\{X \leqslant \frac{1}{2}\right\} = F\left(\frac{1}{2}\right) = 0.1,$$

$$P\left\{\frac{3}{2} < X \leqslant \frac{5}{2}\right\} = F\left(\frac{5}{2}\right) - F\left(\frac{3}{2}\right) = 0.8 - 0.5 = 0.3,$$

$$P\{2 \leqslant X \leqslant 3\} = F(3) - F(2-0) = 1 - 0.5 = 0.5.$$

$F(x)$ 的图形如图 2-2 所示，它是一条阶梯形的曲线，在 $x=0, 1, 2, 3$ 处有跳跃点，跳跃值（高度）分别为 $0.1, 0.4, 0.3, 0.2$.

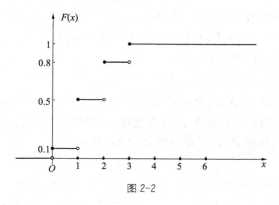

图 2-2

一般地，设离散型随机变量 X 的分布律为 $P(X = x_k) = p_k$，$k = 1, 2, \cdots$. 由概率的可列可加性得 X 的分布函数为

$$F(x) = P(X \leqslant x) = \sum_{x_k \leqslant x} P(X = x_k), \qquad (2.12)$$

即

$$F(x) = \sum_{x_k \leqslant x} p_k.$$

这里和式是对所有满足 $x_k \leqslant x$ 的 p_k 求和. 分布函数 $F(x)$ 在 $x = x_k (k = 1, 2, \cdots)$ 处有跳跃，其跳跃值为 $p_k = P(X = x_k)$.

例 2.12 设随机变量 X 在区间 $[0,1]$ 上取值. 当 $0 \leqslant x \leqslant 1$ 时，概率 $P(0 \leqslant X \leqslant x)$ 与 x^2 成正比. 试求 X 的分布函数 $F(x)$.

解 若 $x < 0$，则 $(X \leqslant x)$ 是不可能事件，于是 $F(x) = P(X \leqslant x) = P(\varnothing) = 0$；

若 $x \geqslant 1$，则 $(X \leqslant x)$ 是必然事件，于是 $F(x) = P(X \leqslant x) = 1$；

若 $0 \leqslant x \leqslant 1$，由题意，$P(0 \leqslant X \leqslant x) = kx^2$，现确定 k 的值.

由 $F(1) = 1, P(X < 0) = 0$ 及 $F(x) = P(X \leqslant x) = P(X < 0) + P(0 \leqslant X \leqslant x) = kx^2$ 得到 $k = 1$.

因此，X 的分布函数为 $F(x) = \begin{cases} 0, & x < 0, \\ x^2, & 0 \leqslant x < 1, \\ 1, & x \geqslant 1. \end{cases}$

这个分布函数 $F(x)$ 处处连续，且除了个别点 $(x = 1)$ 外处处可导，且

$$F'(x) = \begin{cases} 2x, & 0 < x < 1, \\ 0, & x \leqslant 0 \text{或} x > 1, \end{cases}$$

即前面求出的分布函数 $F(x)$ 恰好是非负函数 $f(x) = \begin{cases} 2x, & 0 < x < 1, \\ 0, & \text{其余} \end{cases}$ 在 $(-\infty, x]$ 上

的广义积分，即 $F(x) = \int_{-\infty}^{x} f(t)\mathrm{d}t$. 与离散型随机变量不同，这是一类十分重要且常见的随机变量——连续型随机变量，我们将在下节进行讨论.

§2.4　连续型随机变量及其概率密度

1. 连续型随机变量的概率密度

定义 2.8　对于随机变量 X 的分布函数 $F(x)$，如果存在一个非负函数 $f(x)$，使对任意实数 x 有

$$F(x) = P(X \leqslant x) = \int_{-\infty}^{x} f(t)\mathrm{d}t , \tag{2.13}$$

则称 X 为连续型随机变量，其中函数 $f(x)$ 称为 X 的概率密度函数，简称概率密度或密度函数.

由定义知，概率密度 $f(x)$ 具有以下性质.

（1）$f(x) \geqslant 0$; $\qquad\qquad\qquad\qquad\qquad\qquad\qquad\qquad$ (2.14)

（2）$\int_{-\infty}^{+\infty} f(x)\mathrm{d}x = 1$; $\qquad\qquad\qquad\qquad\qquad\qquad\quad$ (2.15)

（3）若 $f(x)$ 在点 x 处连续，则有

$$F'(x) = f(x) ; \tag{2.16}$$

（4）对于任意实数 x_1 , x_2 $(x_1 \leqslant x_2)$，有

$$P(x_1 < X \leqslant x_2) = F(x_2) - F(x_1) = \int_{x_1}^{x_2} f(x)\mathrm{d}x . \tag{2.17}$$

性质（1），（2）是概率密度最基本的两个性质. 由性质（3），对于 $f(x)$ 的连续点 x，有 $f(x) = \lim\limits_{\Delta x \to 0^+} \dfrac{F(x + \Delta x) - F(x)}{\Delta x} = \lim\limits_{\Delta x \to 0^+} \dfrac{P(x < X \leqslant x + \Delta x)}{\Delta x}$. 此式表明概率密度 $f(x)$ 不是随机变量 X 取值 x 的概率，而是 X 在点 x 的概率分布的密集程度，$f(x)$ 的大小能反映出 X 取 x 附近的值的概率大小. 因此，对于连续型随机变量，用概率密度描述它的分布比分布函数直观. 由性质（4）知，X 落在 $(a, b]$ 上的概率 $P(a < X \leqslant b) = \int_a^b f(x)\mathrm{d}x$ 等于区间 $(a, b]$ 上曲线 $y = f(x)$ 下的曲边梯形面积，如图 2-3 所示.

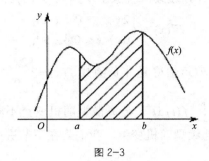

图 2-3

对于连续型随机变量 X，需要注意以下几点.

（1）分布函数 $F(x)$ 是一个连续函数.

（2）X 取任一指定实数值 a 的概率均为 0，即 $P(X=a)=0$.

事实上，设 X 的分布函数为 $F(x), \Delta x > 0$，则由 $(X=a) \subset (a-\Delta x < X \leqslant a)$ 得
$$0 \leqslant P(X=a) \leqslant P(a-\Delta x < X \leqslant a) = F(a) - F(a-\Delta x).$$

在此不等式中令 $\Delta x \to 0$，由 $F(x)$ 的连续性即有 $P(X=a)=0$.

这样，我们在计算连续型随机变量落在某一区间的概率时，可以不必区分该区间是开区间或闭区间. 例如有 $P(a < X \leqslant b) = P(a \leqslant X \leqslant b) = P(a < X < b)$.

另外，在这里，事件 $(X=a)$ 并非不可能事件，但有 $P(X=a)=0$. 这就是说，若 A 是不可能事件，则有 $P(A)=0$；反之，若 $P(A)=0$，并不一定意味着 A 是不可能事件. 同样地，一个事件的概率为 1，并不意味着这个事件一定是必然事件.

以后当我们提到一个随机变量 X 的"概率分布"时，指的是它的分布函数；或者，当 X 是连续型随机变量时指的是它的概率密度，当 X 是离散型随机变量时指的是它的分布律.

例 2.13 设随机变量 X 具有密度函数
$$f(x) = \begin{cases} kx, & 0 \leqslant x < 3, \\ 2 - \dfrac{x}{2}, & 3 \leqslant x \leqslant 4, \\ 0, & 其他 \end{cases}$$

（1）确定常数 k；（2）求 X 的分布函数 $F(x)$；（3）求 $P\left\{1 < X \leqslant \dfrac{7}{2}\right\}$.

解 （1）由 $\displaystyle\int_{-\infty}^{\infty} f(x)\mathrm{d}x = 1$，得
$$\int_0^3 kx\,\mathrm{d}x + \int_3^4 \left(2 - \frac{x}{2}\right)\mathrm{d}x = 1,$$

解得 $k=1/6$，故 X 的密度函数为

$$f(x)=\begin{cases} \dfrac{x}{6}, & 0\leqslant x<3,\\[2mm] 2-\dfrac{x}{2}, & 3\leqslant x\leqslant 4,\\[2mm] 0, & \text{其他}. \end{cases}$$

（2）当 $x<0$ 时，$F(x)=P\{X\leqslant x\}=\displaystyle\int_{-\infty}^{x} f(t)\mathrm{d}t=0$；

当 $0\leqslant x<3$ 时，$F(x)=P\{X\leqslant x\}=\displaystyle\int_{-\infty}^{x} f(t)\mathrm{d}t=\int_{-\infty}^{0} f(t)\mathrm{d}t+\int_{0}^{x} f(t)\mathrm{d}t=\int_{0}^{x}\frac{t}{6}\mathrm{d}t=\frac{x^{2}}{12}$；

当 $3\leqslant x<4$ 时，$F(x)=P\{X\leqslant x\}=\displaystyle\int_{-\infty}^{x} f(t)\mathrm{d}t=\int_{-\infty}^{0} f(t)\mathrm{d}t+\int_{0}^{3} f(t)\mathrm{d}t+\int_{3}^{x} f(t)\mathrm{d}t$

$$=\int_{0}^{3}\frac{t}{6}\mathrm{d}t+\int_{3}^{x}\left(2-\frac{t}{2}\right)\mathrm{d}t=-\frac{x^{2}}{4}+2x-3;$$

当 $x\geqslant 4$ 时，$F(x)=P\{X\leqslant x\}=\displaystyle\int_{-\infty}^{x} f(t)\mathrm{d}t=\int_{-\infty}^{0} f(t)\mathrm{d}t+\int_{0}^{3} f(t)\mathrm{d}t+\int_{3}^{4} f(t)\mathrm{d}t+$

$$\int_{4}^{x} f(t)\mathrm{d}t$$

$$=\int_{0}^{3}\frac{t}{6}\mathrm{d}t+\int_{3}^{4}\left(2-\frac{t}{2}\right)\mathrm{d}t=1.$$

即

$$F(x)=\begin{cases} 0, & x<0,\\[2mm] \dfrac{x^{2}}{12}, & 0\leqslant x<3,\\[2mm] -\dfrac{x^{2}}{4}+2x-3, & 3\leqslant x<4,\\[2mm] 1, & x\geqslant 4. \end{cases}$$

（3）$P\{1<X\leqslant 7/2\}=F(7/2)-F(1)=41/48$.

例 2.14 设连续型随机变量 X 的分布函数为

$$F(x)=A+B\arctan x.$$

求：（1）A，B 的值；

（2）X 的概率密度 $f(x)$.

解 （1）由分布函数性质 $F(-\infty)=0$ 及 $F(+\infty)=1$，可得

$$\begin{cases} A-\dfrac{\pi}{2}B=0,\\[2mm] A+\dfrac{\pi}{2}B=1, \end{cases}$$

解得 $A = \dfrac{1}{2}$，$B = \dfrac{1}{\pi}$，所以

$$F(x) = \frac{1}{2} + \frac{1}{\pi}\arctan x .$$

（2）根据概率密度 $f(x)$ 性质（3），有

$$f(x) = F'(x) = \frac{1}{\pi(1+x^2)} \quad (-\infty < x < +\infty).$$

2．几种常见的连续型随机变量

（1）均匀分布

定义 2.9　若随机变量 X 的概率密度为

$$f(x) = \begin{cases} \dfrac{1}{b-a}, & a \leqslant x \leqslant b, \\ 0, & \text{其他}, \end{cases} \tag{2.18}$$

则称 X 在区间 (a,b) 上服从均匀分布，记为 $X \sim U(a,b)$．

由式（2.18）可得

1°　$P\{X \geqslant b\} = \displaystyle\int_b^{+\infty} 0\mathrm{d}x = 0, P\{X \leqslant a\} = \displaystyle\int_{-\infty}^a 0\mathrm{d}x = 0,$

即　　　　　　$P\{a < X < b\} = 1 - P\{X \geqslant b\} - P\{X \leqslant a\} = 1$；

2°　若 $a \leqslant c < d \leqslant b$，则

$$P\{c < X < d\} = \int_c^d \frac{1}{b-a}\mathrm{d}x = \frac{d-c}{b-a} .$$

因此，在区间 (a,b) 上服从均匀分布的随机变量 X 的物理意义是：X 以概率 1 在区间 (a,b) 内取值，而以概率 0 在区间 (a,b) 以外取值，并且 X 值落入 (a,b) 中任一子区间 (c,d) 中的概率与子区间的长度成正比，而与子区间的位置无关．事实上，对于 (a,b) 中任一长度的小区间 Δ，无论 Δ 在 $[a,b]$ 的什么位置，只要长度不变，则有相同概率，即

$$P(X \in \Delta) = \int_\Delta \frac{\mathrm{d}x}{b-a} = \frac{\Delta\text{的长度}}{b-a} .$$

由式（2.18）易得 X 的分布函数为

$$F(x) = \begin{cases} 0, & x < a, \\ \dfrac{x-a}{b-a}, & a \leqslant x < b, \\ 1, & x \geqslant b. \end{cases} \tag{2.19}$$

密度函数 $f(x)$ 和分布函数 $F(x)$ 的图形分别如图 2-4 和图 2-5 所示．

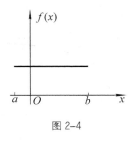
图 2-4

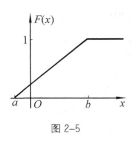
图 2-5

均匀分布在实际问题中较为常见，例如乘客候车时的等候时间服从均匀分布. 在数值计算中，由于四舍五入，小数点后第一位小数所引起的误差 X，一般可以看作是一个服从在 $[-0.5, 0.5]$ 上的均匀分布的随机变量；又如在 (a, b) 中随机掷质点，则该质点的坐标 X 一般也可看作是一个服从在 (a, b) 上的均匀分布的随机变量.

例 2.15　设随机变量 X 在 $[2, 5]$ 上服从均匀分布. 现对 X 进行三次独立观测，求至少有两次的观测值大于 3 的概率.

解　因 $X \sim U(2, 5)$，即

$$f(x) = \begin{cases} \dfrac{1}{3}, & 2 \leqslant x \leqslant 5, \\ 0, & \text{其他}, \end{cases}$$

$$P(X > 3) = \int_3^5 \frac{1}{3} \mathrm{d}x = \frac{2}{3},$$

故所求概率为

$$p = \mathrm{C}_3^2 \left(\frac{2}{3}\right)^2 \frac{1}{3} + \mathrm{C}_3^3 \left(\frac{2}{3}\right)^3 = \frac{20}{27}.$$

（2）指数分布

定义 2.10　若随机变量 X 的概率密度（见图 2-6）为

$$f(x) = \begin{cases} \lambda \mathrm{e}^{-\lambda x}, & x > 0, \\ 0, & x \leqslant 0, \end{cases} \quad (\lambda > 0 \text{ 为常数}), \tag{2.20}$$

则称 X 服从参数为 λ 的指数分布，记为 $X \sim E(\lambda)$.

由式（2.20）易得 X 的分布函数（见图 2-7）为

$$F(x) = \begin{cases} 1 - \mathrm{e}^{-\lambda x}, & x > 0, \\ 0, & \text{其他}. \end{cases} \tag{2.21}$$

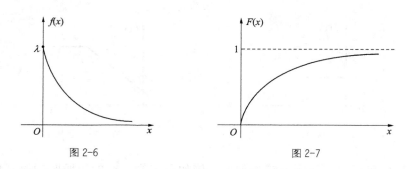

| 图 2-6 | 图 2-7 |

在实际中，某个特定"事件"发生所需的等待时间往往服从指数分布．例如，从现在开始到一次地震发生的时间；某人到接了一次拨错号码的电话所需要的等待时间；某些电子元件的寿命；某人打一个电话的持续时间……往往可以近似地看作服从指数分布．指数分布在排队论和可靠性理论等领域有着广泛的应用．

例 2.16　已知某种电子元件的寿命 X（单位：h）服从参数 $\lambda = \dfrac{1}{1000}$ 的指数分布，求 3 个这样的元件使用 1000 h 至少有一个已损坏的概率．

解　由题意，X 的概率密度为 $f(x) = \begin{cases} \dfrac{1}{1000} e^{-\frac{x}{1000}}, & x > 0 \\ 0, & x \leqslant 0 \end{cases}$，于是

$$P(X > 1000) = \int_{1000}^{+\infty} f(x)\,\mathrm{d}x = \mathrm{e}^{-1}.$$

各元件的寿命是否超过 1000 h 是独立的，因此 3 个元件使用 1000 h 都未损坏的概率为 e^{-3}，从而至少有一个已损坏的概率为 $1 - \mathrm{e}^{-3}$．

（3）正态分布

定义 2.11　若随机变量 X 的概率密度为

$$f(x) = \frac{1}{\sqrt{2\pi}\sigma} \mathrm{e}^{-\frac{(x-\mu)^2}{2\sigma^2}}, \quad -\infty < x < +\infty, \tag{2.22}$$

其中 $\mu, \sigma\,(\sigma > 0)$ 为常数，则称 X 服从参数为 μ, σ 的正态分布或高斯（Gauss）分布，记为 $X \sim N(\mu,\ \sigma^2)$．

$f(x)$ 的图形如图 2-8 所示．

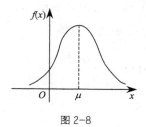

图 2-8

从图 2-8 中可以看出，正态概率密度函数 $f(x)$ 的图形（称为正态曲线）呈"中间大，两头小"的钟形，且

1° 函数 $f(x)$ 的图形关于直线 $x = \mu$ 对称．这表明对于任意 $h > 0$，有

$$P(\mu - h < X \leqslant \mu) = P(\mu < X \leqslant \mu + h).$$

2° 函数 $f(x)$ 在 $x = \mu$ 处达到最大值 $f(\mu) = \dfrac{1}{\sigma\sqrt{2\pi}}$．

3° 参数 μ 决定曲线的中心位置．如果固定 σ，改变 μ 的值，则图形沿着 Ox 轴平移，而不改变其形状（见图 2-9），可见正态分布的概率密度曲线 $y = f(x)$ 的位置完全由参数 μ 所确定，μ 称为位置参数．

4° 参数 σ 决定曲线的陡缓和宽窄形态．如果固定 μ，改变参数 σ 的值，当 σ 愈大时，曲线愈平缓；当 σ 愈小时，曲线愈陡峭（见图 2-10），因而随机变量 X 落在点 μ 附近的概率也愈大．

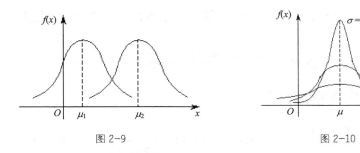

图 2-9   图 2-10

由 $f(x)$ 的表达式得 X 的分布函数为

$$F(x) = \frac{1}{\sqrt{2\pi}\sigma} \int_{-\infty}^{x} \mathrm{e}^{-\frac{(t-\mu)^2}{2\sigma^2}} \, \mathrm{d}t, -\infty < x < +\infty. \tag{2.23}$$

（4）标准正态分布

正态分布 $X \sim N(\mu, \sigma^2)$，当 $\mu = 0$，$\sigma = 1$ 时，称 X 服从标准正态分布，记为 $X \sim N(0,1)$．其概率密度和分布函数分别用 $\varphi(x)$，$\Phi(x)$ 表示，即有

$$\varphi(x) = \frac{1}{\sqrt{2\pi}} \mathrm{e}^{-\frac{x^2}{2}}, \tag{2.24}$$

$$\Phi(x) = \frac{1}{\sqrt{2\pi}} \int_{-\infty}^{x} \mathrm{e}^{-\frac{t^2}{2}} \, \mathrm{d}t. \tag{2.25}$$

易知 $\Phi(-x) = 1 - \Phi(x)$，显然 $\Phi(0) = 0.5$．

$\varphi(x)$ 与 $\Phi(x)$ 的图形分别如图 2-11 及图 2-12 所示．

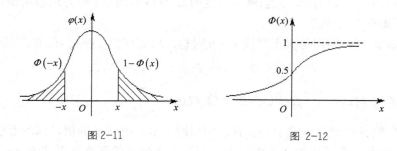

图 2-11   图 2-12

书末附表 B 是 $\Phi(x)$ 的数值表. 若 $X \sim N(0,1)$，直接查表可得 $\Phi(x)$ 的值，从而可求出落在任意区间上的概率，如

$$P\{|X| < x\} = \Phi(x) - \Phi(-x) = 2\Phi(x) - 1, \tag{2.26}$$

$$P\{|X| > x\} = 2\Phi(-x) = 2[1 - \Phi(x)]. \tag{2.27}$$

一般地，若 $X \sim N(\mu, \sigma^2)$，我们只要通过一个线性变换就能将它化为标准正态分布.

定理 2.2   若 $X \sim N(\mu, \sigma^2)$，则 $Z = \dfrac{X - \mu}{\sigma} \sim N(0,1)$.

证 $Z = \dfrac{X - \mu}{\sigma}$ 的分布函数为

$$P(Z \leqslant x) = P\left(\frac{X - \mu}{\sigma} \leqslant x\right) = P(X \leqslant \mu + \sigma x) = \frac{1}{\sqrt{2\pi}\sigma} \int_{\infty}^{\mu + \sigma x} e^{-\frac{(t-\mu)^2}{2\sigma^2}} \, dt .$$

令 $\dfrac{t - \mu}{\sigma} = u$ 得 $P(Z \leqslant x) = \dfrac{1}{\sqrt{2\pi}} \int_{\infty}^{x} e^{-\frac{u^2}{2}} \, du = \Phi(x)$，由此知 $Z = \dfrac{X - \mu}{\sigma} \sim N(0,1)$.

于是根据定理 2.2 立即有如下结论.

若 $X \sim N(\mu, \sigma^2)$，则

（1）X 的分布函数

$$F(x) = P(X \leqslant x) = \Phi\left(\frac{x - \mu}{\sigma}\right). \tag{2.28}$$

（2）对于任意区间 $(x_1, x_2]$，有

$$P(x_1 < X \leqslant x_2) = \Phi\left(\frac{x_2 - \mu}{\sigma}\right) - \Phi\left(\frac{x_1 - \mu}{\sigma}\right). \tag{2.29}$$

由于正态分布的概率计算都可归纳为标准正态分布的分布函数 $\Phi(x)$ 的计算，因而人们编制了 $\Phi(x)$ 的数值表，以便应用（见附表 B），表中只列出对应于 $x > 0$ 的函数值. 对于 $x < 0$，由对称性，可由公式 $\Phi(-x) = 1 - \Phi(x)$ 求出.

例 2.17   设 $X \sim N(3,4)$，求：（1）$P\{3 < X < 7\}$；（2）$P\{|X - 3| < 2\}$.

解　（1）$P\{3 < X < 7\} = \Phi\left(\dfrac{7-3}{2}\right) - \Phi\left(\dfrac{3-3}{2}\right)$

$$= \Phi(2) - \Phi(0) = 0.9772 - 0.5 = 0.4772;$$

（2）$P\{|X-3| < 2\} = P\{1 < X < 5\} = \Phi\left(\dfrac{5-3}{2}\right) - \Phi\left(\dfrac{1-3}{2}\right)$

$$= \Phi(1) - \Phi(-1) = 2\Phi(1) - 1 = 0.6826.$$

例 2.18　设 $X \sim N(0,1)$，求 x 的值，使 $P\{|X| > x\} = 0.05$.

解　因为 $P\{|X| > x\} = 2[1 - \Phi(x)]$，由题意

$$P\{|X| > x\} = 0.05,$$

所以 $2[1 - \Phi(x)] = 0.05$，即

$$\Phi(x) = 0.975,$$

查表，得 $x = 1.96$.

一般地，对随机变量 $X \sim N(\mu, \ \sigma^2)$，不难算得

$$\begin{cases} P\{\mu - \sigma < X \leqslant \mu + \sigma\} = \Phi(1) - \Phi(-1) = 2\Phi(1) - 1 = 0.6826, \\ P\{\mu - 2\sigma < X \leqslant \mu + 2\sigma\} = \Phi(2) - \Phi(-2) = 2\Phi(2) - 1 = 0.9544, \quad (2.30) \\ P\{\mu - 3\sigma < X \leqslant \mu + 3\sigma\} = \Phi(3) - \Phi(-3) = 2\Phi(3) - 1 = 0.9974. \end{cases}$$

如图 2-13 所示，注意第三个数据，我们看到，对于正态随机变量来说，它的值落在区间 $(\mu - 3\sigma, \ \mu + 3\sigma)$ 内几乎是肯定的事件，这就是所谓的"3σ 规则".

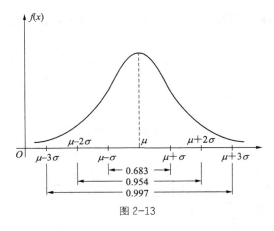

图 2-13

正态分布是概率论中最重要的分布之一. 在自然现象和社会现象中，大量随机变量都服从或近似服从正态分布. 例如，一个地区的男性成年人的身高，测量

某零件长度的误差，海洋波浪的高度，半导体器件中的热噪声电流或电压等.

为了便于今后在数理统计中的应用，对于标准正态随机变量，按如下方式引入上 α 分位点的定义.

设 $X \sim N(0,1)$ ，若 z_α 满足条件 $P(X > z_\alpha) = \alpha$, $0 < \alpha < 1$ ，则称点 z_α 为标准正态分布的上 α 分位点. 表 2-8 列出了几个常用的 z_α 的值.

表 2-8

α	0.001	0.005	0.01	0.025	0.05	0.10
z_α	3.090	2.576	2.327	1.960	1.645	1.282

由 $\varphi(x)$ 的对称性可知： $z_{1-\alpha} = -z_\alpha$.

§2.5　随机变量的函数分布

在许多实际问题中，常常遇到一些随机变量，它们的分布往往无法直接得到，但是与它们有关的另一些随机变量，其分布却是容易知道的. 例如，设随机变量 X 是车床加工圆轴截面的轴的直径，则圆轴的横截面面积 $Y = \frac{1}{4}\pi X^2$ 也是随机变量，它是随机变量 X 的函数，我们希望根据直径 X 的分布来求得圆轴横截面面积 Y 的分布. 因此，我们要研究随机变量的函数及其分布.

1. 离散型随机变量的函数的分布

若 X 是离散型随机变量，自然 $Y = g(X)$ 也是离散型随机变量，其分布易于直接得到.

一般地，若已知 X 的分布律 $P\{X = x_i\} = p_i (i = 1, 2, \cdots)$ 由表 2-9 给出.

表 2-9

X	x_1	x_2	$\cdots$	x_n	$\cdots$
p_i	p_1	p_2	$\cdots$	p_n	$\cdots$

则随机变量 $Y = g(X)$ 的分布律可由表 2-10 给出.

表 2-10

$g(x)$	$g(x_1)$	$g(x_2)$	$\cdots$	$g(x_n)$	$\cdots$
p_i	p_1	p_2	$\cdots$	p_n	$\cdots$

注：（1）已知 $P\{X = x_i\} = p_i(i = 1,2,\cdots)$ ，若函数 $y = g(x)$ 的一切可能值两两不等，则 $P\{Y = g(x_i)\} = p_i(i = 1,2,\cdots)$ 就是 Y 的概率分布；

（2）若对于某些 X 的可能值 $\{x_{k_1}, \cdots, x_{k_r}\}$，$y = g(x_{k_j})$ 等于同一值 y_k，则
$$P\{Y = y_k\} = P\{X = x_{k_1}\} + \cdots + P\{X = x_{k_r}\} = p_{k_1} + \cdots + p_{k_r}.$$

例 2.19　离散型随机变量 X 的分布律如表 2-11 所示.

表 2-11

X	−1	0	1	2
p_k	0.1	0.3	0.2	0.4

求：（1）$Y = -2X + 1$ 的分布律.（2）$Y = X^2$ 的分布律.

解（1）先填好表 2-12.

表 2-12

$Y = -2X + 1$	3	1	−1	−3
p_k	0.1	0.3	0.2	0.4

整理得 $Y = -2X + 1$ 的分布律为表 2-13.

表 2-13

$Y = -2X + 1$	−3	−1	1	3
p_k	0.4	0.2	0.3	0.1

（2）先填好表 2-14.

表 2-14

$Y = X^2$	1	0	1	4
p_k	0.1	0.3	0.2	0.4

整理得 $Y = X^2$ 的分布律为表 2-15.

表 2-15

$Y = X^2$	0	1	4
p_k	0.3	0.3	0.4

2．连续型随机变量的函数的分布

已知随机变量 X 的概率分布，求其函数 $Y = g(X)$ 的概率分布，这里 $g(\cdot)$ 是已知的连续函数．下面我们来具体讨论.

例 2.20　设随机变量 X 的概率密度为
$$f_X(x) = \begin{cases} \dfrac{x}{8}, & 0 < x < 4, \\ 0, & \text{其他.} \end{cases}$$

求随机变量 $Y = 2X + 8$ 的概率密度 $f_Y(y)$.

解 先设 X 与 Y 的分布函数分别为 $F_X(x)$ 与 $F_Y(y)$，然后求 $Y = 2X + 8$ 的分布函数 $F_Y(y)$.

$$F_Y(y) = P\{Y \leqslant y\} = P\{2X + 8 \leqslant y\} = P\left\{X \leqslant \frac{y-8}{2}\right\} = F_X\left(\frac{y-8}{2}\right),$$

对 $F_Y(y) = F_X\left(\dfrac{y-8}{2}\right)$ 两边关于 y 求导得

$$
\begin{aligned}
f_Y(y) = F_Y'(y) &= f_X\left(\frac{y-8}{2}\right)\left(\frac{y-8}{2}\right)' \\
&= \begin{cases} \dfrac{1}{8}\left(\dfrac{y-8}{2}\right) \cdot \dfrac{1}{2}, & 0 < \dfrac{y-8}{2} < 4, \\ 0, & \text{其他} \end{cases} \\
&= \begin{cases} \dfrac{y-8}{32}, & 8 < y < 16, \\ 0, & \text{其他}. \end{cases}
\end{aligned}
$$

一般地，设 X 是连续型随机变量，概率密度为 $f_X(x)$，则 $Y = aX + b(a \neq 0)$ 的概率密度为

$$f_Y(y) = f_X\left(\frac{y-b}{a}\right) \cdot \frac{1}{|a|}.$$

证明留给读者.

注：对于连续型随机变量 X 的函数 $Y = g(X)$，如果其函数 $Y = g(X)$ 也是连续型随机变量，则求其概率密度可分下面三步完成.

第一步，先设 X 与 Y 的分布函数分别为 $F_X(x)$ 与 $F_Y(y)$；

第二步，建立 Y 的分布函数 F_Y 与 X 的分布函数 F_X 之间的关系等式；

第三步，对已建立 F_X 与 F_Y 的等式两边关于 y 求导数，就得到了 Y 的概率密度 f_Y 与 X 的概率密度 f_X 之间的关系式，然后根据 f_X 的表达式写出 f_Y 的表达式.

这种通过先求分布函数，再对其求导数，从而得出概率密度的方法称为**分布函数法**.

例 2.21 设 $X \sim f_X(x)(-\infty < x < +\infty)$，求 $Y = X^2$ 的概率密度.

解 第一步，先设 X 与 Y 的分布函数分别为 $F_X(x)$ 与 $F_Y(y)$，有

$$F_Y(y) = P\{Y \leqslant y\} = P\{X^2 \leqslant y\}.$$

第二步，建立 Y 的分布函数 F_Y 与 X 的分布函数 F_X 之间的关系等式.

当 $y \leqslant 0$ 时，有 $F_Y(y) = P\{X^2 \leqslant y\} = 0$ ；

当 $y > 0$ 时，有

$$F_Y(y) = P\{Y \leqslant y\} = P\{X^2 \leqslant y\} = P\{-\sqrt{y} \leqslant X \leqslant \sqrt{y}\} = F_X(\sqrt{y}) - F_X(-\sqrt{y}).$$

故
$$F_Y(y) = \begin{cases} F_X(\sqrt{y}) - F_X(-\sqrt{y}), & y > 0, \\ 0, & y \leqslant 0. \end{cases}$$

第三步，由 $f_Y(y) = [F_Y(y)]'$ 得 Y 的概率密度为

$$f_Y(y) = \begin{cases} \dfrac{1}{2\sqrt{y}}\left[f_X(\sqrt{y}) + f_X(-\sqrt{y})\right], & y > 0, \\ 0, & y \leqslant 0. \end{cases}$$

例如，设 $X \sim N(0,1)$，其概率密度为

$$\varphi(x) = \frac{1}{\sqrt{2\pi}}\mathrm{e}^{-\frac{x^2}{2}}, \quad -\infty < x < +\infty,$$

则 $Y = X^2$ 的概率密度为

$$f_Y(y) = \begin{cases} \dfrac{1}{\sqrt{2\pi}} y^{-\frac{1}{2}}\mathrm{e}^{-\frac{y}{2}}, & y > 0, \\ 0, & y \leqslant 0. \end{cases}$$

此时称 Y 服从自由度为 1 的 χ^2 分布.

上述两个例子的解法具有普遍性. 一般来说，我们都可以用这样的方法求连续型随机变量的函数的分布函数或概率密度.

特别当 $y = g(x)$ 是严格单调可导函数时，也可以用以下定理写出 Y 的概率密度函数.

定理 2.3　设随机变量 X 具有概率密度 $f_X(x)$，$-\infty < x < +\infty$，函数 $g(x)$ 处处可导且恒有 $g'(x) > 0$（或恒有 $g'(x) < 0$），则 $Y = g(X)$ 是连续型随机变量，其概率密度为

$$f_Y(y) = \begin{cases} f_X[h(y)]\,|h'(y)|, & \alpha < y < \beta, \\ 0, & \text{其他} \end{cases} \tag{2.31}$$

其中 $\alpha = \min(g(-\infty), g(+\infty))$，$\beta = \max(g(-\infty), g(+\infty))$，$h(y)$ 是 $g(x)$ 的反函数.

证　略.

注：若定理 2.3 中 X 的概率密度在有限区间 $[a,b]$ 以外等于零，且在 $[a,b]$ 上恒有 $g'(x) > 0$（或恒有 $g'(x) < 0$），则此时结论仍然成立，其中

$$\alpha = \min(g(a), g(b)), \quad \beta = \max(g(a), g(b)).$$

例 2.22　设随机变量 $X \sim N(\mu,\ \sigma^2)$，试证明：X 的线性函数 $Y = aX +$

$b(a \neq 0)$ 也服从正态分布.

证 X 的概率密度为

$$f_X(x) = \frac{1}{\sqrt{2\pi}\sigma} e^{-\frac{(x-\mu)^2}{2\sigma^2}} \quad (-\infty < x < +\infty),$$

由 $y = g(x) = ax + b$，解得

$$x = h(y) = \frac{y-b}{a}，\text{且有 } h'(y) = \frac{1}{a}.$$

由定理 2.3 结论得 $Y = aX + b$ 的概率密度为

$$f_Y(y) = \frac{1}{|a|} f_X\left(\frac{y-b}{a}\right) \quad (-\infty < y < +\infty),$$

即

$$f_Y(y) = \frac{1}{|a|\sqrt{2\pi}\sigma} e^{-\frac{\left(\frac{y-b}{a}-\mu\right)^2}{2\sigma^2}} = \frac{1}{|a|\sigma\sqrt{2\pi}} e^{-\frac{[y-(b+a\mu)]^2}{2(a\sigma)^2}} \quad (-\infty < y < +\infty).$$

即有

$$Y = aX + b \sim N\left(a\mu + b, (a\sigma)^2\right).$$

特别地，在上例中取 $a = \dfrac{1}{\sigma}$，$b = -\dfrac{\mu}{\sigma}$，得

$$Y = \frac{X-\mu}{\sigma} \sim N(0,1).$$

例 2.23 例 2.20 也可以用定理 2.3 来解答.

解 $g(x) = 2x + 8, x = h(y) = \dfrac{1}{2}(y-8), x' = h'(y) = \dfrac{1}{2}$，则

$$\alpha = \min\{g(0), g(4)\} = 8, \beta = \max\{g(0), g(4)\} = 16.$$

$$f_Y(y) = \begin{cases} f_X[h(y)]|h'(y)|, & \alpha < y < \beta, \\ 0, & \text{其他} \end{cases}$$

$$= \begin{cases} \dfrac{y-8}{32}, & 8 < y < 16, \\ 0, & \text{其他}. \end{cases}$$

例 2.24 设随机变量 X 在 $\left(-\dfrac{\pi}{2}, \dfrac{\pi}{2}\right)$ 内服从均匀分布，$Y = \sin X$，试求随机变量 Y 的概率密度.

解 $Y = \sin X$ 对应的函数 $y = g(x) = \sin x$ 在 $\left(-\dfrac{\pi}{2}, \dfrac{\pi}{2}\right)$ 上恒有 $g'(x) = \cos x > 0$，

且有反函数 $x = h(y) = \arcsin y$，$h'(y) = \dfrac{1}{\sqrt{1-y^2}}$. 又 X 的概率密度为

$$f_X(x) = \begin{cases} \dfrac{1}{\pi}, & -\dfrac{\pi}{2} < x < \dfrac{\pi}{2}, \\ 0, & \text{其他}, \end{cases}$$

由定理 2.3 得 $Y = \sin X$ 的概率密度为

$$f_Y(y) = \begin{cases} \dfrac{1}{\pi} \cdot \dfrac{1}{\sqrt{1-y^2}}, & -1 < y < 1, \\ 0, & \text{其他}. \end{cases}$$

若在上题中 $X \sim U(0, \pi)$，此时 $y = g(x) = \sin x$ 在 $(0, \pi)$ 上不是单调函数，上述定理失效，应仍按例 2.20 或例 2.21 的方法来做.

【知识结构图】

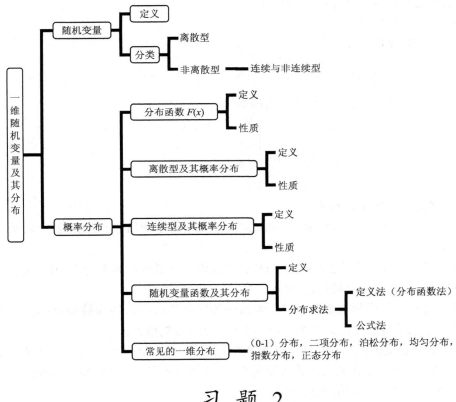

习 题 2

（A）

1. 一袋中有 5 只乒乓球，编号为 1，2，3，4，5，在其中同时取 3 只，以 X

表示取出的 3 只球中的最大号码.

（1）求 X 的分布律；

（2）求 $P(X \leqslant 4)$ 的概率.

2．（1）设随机变量 X 的分布律为

$$P\{X=k\}=a\frac{\lambda^k}{k!},$$

其中 $k=0$，1，2，$\cdots$，$\lambda>0$ 为常数，试确定常数 a.

（2）设随机变量 X 的分布律为

$$P\{X=k\}=a/N, \qquad k=1,2,\cdots,N,$$

试确定常数 a.

3．设在 15 只同类型零件中有 2 只为次品，在其中取 3 次，每次任取 1 只，作不放回抽样，以 X 表示取出的次品个数，求：

（1）X 的分布律；

（2）X 的分布函数并作图；

（3）$P\left\{X \leqslant \dfrac{1}{2}\right\}, P\left\{1<X \leqslant \dfrac{3}{2}\right\}, P\left\{1 \leqslant X \leqslant \dfrac{3}{2}\right\}, P\{1<X<2\}$.

4．设离散型随机变量 X 的分布函数为

$$F(x)=\begin{cases} 0, & x<0, \\ 0.3, & 0 \leqslant x<1, \\ 0.9, & 1 \leqslant x<2, \\ 1, & x \geqslant 2, \end{cases}$$

求离散型随机变量 X 的分布律.

5．已知在 5 重贝努利试验中成功的次数 X 满足 $P\{X=1\}=P\{X=2\}$，求概率 $P\{X=4\}$.

6．某教科书出版了 2000 册，因装订等原因造成错误的概率为 0.001，试求在这 2000 册书中恰有 5 册错误的概率.

7．设一女工照管 800 个纱锭，若每一纱锭单位时间内纱线被扯断的概率为 0.005，试求单位时间内纱线被扯断的次数不大于 3 的概率.

8．有一繁忙的汽车站，每天有大量汽车通过，设每辆车在一天的某时段出事故的概率为 0.0001，在某天的该时段内有 1000 辆汽车通过，问出事故的次数不小于 2 的概率是多少（利用泊松定理）？

9．有 2500 名同一年龄和同社会阶层的人参加了保险公司的人寿保险．在一年中每个人死亡的概率为 0.002，每个参加保险的人在 1 月 1 日须交 12 元保险费，而在死亡时家属可从保险公司领取 2000 元赔偿金．求：

（1）保险公司亏本的概率；

（2）保险公司获利分别不少于 10000 元、20000 元的概率.

10．某公安局在长度为 t 的时间间隔内收到的紧急呼救的次数 X 服从参数为 $t/2$ 的泊松分布，而与时间间隔起点无关（时间以小时计）.

（1）求某一天中午 12 时至下午 3 时没收到呼救的概率；

（2）求某一天中午 12 时至下午 5 时至少收到 1 次呼救的概率.

11．设连续型随机变量 X 的分布函数为

$$F(x)=\begin{cases} A+Be^{-\lambda x}, & x\geqslant 0, \\ 0, & x<0, \end{cases} \quad (\lambda>0),$$

（1）求常数 A，B；

（2）求 $P\{X\leqslant 2\}$，$P\{X>3\}$；

（3）求分布密度 $f(x)$.

12．设随机变量 X 的概率密度为

$$f(x)=\begin{cases} ax, & 0\leqslant x\leqslant 4, \\ 0, & \text{其他}. \end{cases}$$

（1）求 a 的值；

（2）求 X 的分布函数 $F(x)$；

（3）求 $P\{1<X\leqslant 3\}$ 及 $P\{|X|\leqslant 2\}$.

13．若随机变量 X 在（1，6）上服从均匀分布，则方程 $y^2+Xy+1=0$ 有实根的概率是多少？

14．某公共汽车站从上午 7 时开始，每 15min 来一辆车，如某乘客到达此站的时间是 7 时到 7 时 30 分之间的均匀分布的随机变量，试求他等车少于 5min 的概率.

15．设顾客在某银行的窗口等待服务的时间 X（以分钟计）服从指数分布 $E\left(\dfrac{1}{5}\right)$．某顾客在窗口等待服务，若超过 10min 他就离开．他一个月要到银行 5 次，以 Y 表示一个月内他未等到服务而离开窗口的次数，试写出 Y 的分布律，并求 $P\{Y\geqslant 1\}$.

16．设 $X\sim N(3,2^2)$.

（1）求 $P\{2<X\leqslant 5\}$，$P\{-4<X\leqslant 10\}$，$P\{|X|>2\}$，$P\{X>3\}$；

（2）确定 c 使 $P\{X>c\}=P\{X\leqslant c\}$.

17．求标准正态分布的上 α 分位点.

（1）$\alpha=0.01$，求 z_α；

（2）$\alpha=0.003$，求 z_α，$z_{\alpha/2}$.

18．设随机变量 X 的分布律如表 2-16 所示.

表 2-16

X		-2	-1	0	1	3
p_k		1/5	1/6	1/5	1/15	11/30

求 $Y=X^2$ 的分布律.

19. 设 $X \sim N(0, 1)$.

（1）求 $Y=\mathrm{e}^X$ 的概率密度；

（2）求 $Y=2X^2+1$ 的概率密度；

（3）求 $Y=|X|$ 的概率密度.

20. 设 $X \sim U(0,1)$.

（1）求 $Y=1-X$ 的分布；

（2）求 $Y=\mathrm{e}^X$ 的概率密度；

（3）求 $Y=-2\ln X$ 的概率密度.

21. 设随机变量 $X \sim U(-1,1)$，函数

$$g(x)=\begin{cases} -1, & x \geqslant 0, \\ 1, & x < 0. \end{cases}$$

求随机变量 $Y=g(X)$ 的概率分布.

（B）

1. 填空题

（1）设随机变量 X 的分布函数为 $F(x)=\begin{cases} x, & 0 \leqslant x \leqslant 1, \\ 0, & \text{其他,} \end{cases}$ 则 $P\{0 < X \leqslant 0.3\}=$

_____.

（2）已知 $X \sim N(2,\sigma^2)$，且 $P\{2 < X < 4\}=0.3$，则 $P\{X < 0\}=$ _____.

（3）设随机变量 X 的概率密度为 $f(x)=\begin{cases} \dfrac{A}{x^3}, & 1 < x < +\infty, \\ 0, & \text{其他,} \end{cases}$ 则 $A=$ _____.

（4）设随机变量 X 的概率密度为 $f(x)=\begin{cases} 2x, & 0 < x < 1, \\ 0, & \text{其他,} \end{cases}$ 用 Y 表示对 X 的 3 次

独立重复观察中事件 $\left\{X \leqslant \dfrac{1}{2}\right\}$ 出现的次数，则 $P\{Y=2\}=$ _____.

（5）设 $X \sim N\left(\mu,\sigma^2\right)(\sigma \neq 0)$，则有 $\dfrac{X-\mu}{\sigma} \sim$ _____.

（6）设 X 的分布律如表 2-17 所示.

表 2-17

X	0	1	2
p	$\dfrac{22}{35}$	$\dfrac{12}{35}$	$\dfrac{1}{35}$

则 $P\left(1 \leqslant X \leqslant \dfrac{3}{2}\right) = $ _____ .

2．选择题

（1）可作为离散随机变量分布律的是（　　）．

A.

X	-2	-1	0
p_k	1/5	1/6	1/5

B.

X	-2	-1	0
p_k	$-1/4$	3/4	1/2

C.

X	-2	-1	0
p_k	1/4	3/4	1/2

D.

X	-2	-1	0
p_k	1/4	1/2	1/4

（2）若随机变量 X_1, X_2 的分布函数分别为 $F_1(x)$ 与 $F_2(x)$，则 a, b 取（　　）时，可使 $F(x) = aF_1(x) - bF_2(x)$ 为某随机变量的分布函数．

A. $\dfrac{3}{5}, -\dfrac{2}{5}$　　　B. $\dfrac{2}{3}, \dfrac{2}{3}$　　　C. $-\dfrac{1}{2}, \dfrac{3}{2}$　　　D. $\dfrac{1}{2}, -\dfrac{3}{2}$

（3）设 $X \sim b(3, p)$，且 $P\{X = 1\} = P\{X = 2\}$，则 p 为（　　）．

A. 0.5　　　B. 0.6　　　C. 0.7　　　D. 0.8

（4）设 $X \sim P(\lambda)$（泊松分布）且 $P\{X = 2\} = 2P\{X = 1\}$，则 $\lambda = $（　　）．

A. 1　　　B. 2　　　C. 3　　　D. 4

（5）设连续型随机变量的分布函数和密度函数分别为 $F(x)$，$f(x)$，则下列选项中正确的是（　　）．

A. $0 \leqslant F(x) \leqslant 1$　　　　　　B. $0 \leqslant f(x) \leqslant 1$

C. $P\{X = x\} = F(x)$　　　　　D. $P\{X = x\} = f(x)$

（6）设 $X \sim N(3,1)$，则 $P\{-1 < X < 1\} = $（　　）．

A. $2\Phi(1) - 1$　　　　　　　　B. $\Phi(4) - \Phi(2)$

C. $\Phi(-4) - \Phi(-2)$　　　　　D. $\Phi(2) - \Phi(4)$

（7）设 $X \sim N(1.5, 4)$，且 $\Phi(1.25) = 0.8944$，$\Phi(1.75) = 0.9599$，则 $P\{-2 < X < 4\} = $（　　）．

A. 0.1457　　　B. 0.8543　　　C. 0.3541　　　D. 0.2543

（8）设 $X \sim N(a, \sigma^2)$，则随 σ 的增大，概率 $P\{X \leqslant a - \sigma^2\}$（   ）.

　A．单调增大　　B．单调减少　　C．保持不变　　D．非单调变化

（9）设随机变量 X 服从正态分布 $N(a, \sigma^2)$，则随 σ 的增大，概率 $P\{|X - a| < \sigma\}$（   ）.

　A．单调增大　　B．单调减少　　C．保持不变　　D．增减不定

（10）设随机变量 X 的概率密度为 $f(x)$，且 $f(-x) = f(x)$，$F(x)$ 是 X 的分布函数，则对任意实数 a 有（   ）.

　A．$F(-a) = 1 - \int_0^a f(x)\mathrm{d}x$ 　　　　B．$F(-a) = F(a)$

　C．$F(-a) = \dfrac{1}{2} - \int_0^a f(x)\mathrm{d}x$ 　　D．$F(-a) = 2F(a) - 1$

（11）已知随机变量 $X \sim N\left(\dfrac{1}{2}, \dfrac{1}{4}\right)$，且 $Y = aX + b(a > 0)$ 服从标准正态分布 $N(0,1)$，则有（   ）.

　A．$a=2, b=-1$ 　　　　　　　　B．$a=2, b=1$

　C．$a=\dfrac{1}{2}, b=-1$ 　　　　　　D．$a=\dfrac{1}{2}, b=1$

（12）设随机变量 X 的概率密度为

$$f(x) = \frac{1}{2\sqrt{\pi}}\mathrm{e}^{-\frac{(x+3)^2}{4}}, \quad -\infty < x < +\infty,$$

则 $Y = ($ $) \sim N(0,1)$.

　A．$\dfrac{X+3}{2}$ 　　B．$\dfrac{X+3}{\sqrt{2}}$ 　　C．$\dfrac{X-3}{2}$ 　　D．$\dfrac{X-3}{\sqrt{2}}$

（13）设随机变量 X 服从正态分布 $N(0,1)$，对给定的 $\alpha(0 < \alpha < 1)$，数 z_α 满足 $P\{X > z_\alpha\} = \alpha$，若 $P\{|X| < x\} = \alpha$，则 x 等于（   ）.

　A．$z_{\frac{\alpha}{2}}$ 　　B．$z_{1-\frac{\alpha}{2}}$ 　　C．$z_{\frac{1-\alpha}{2}}$ 　　D．$z_{1-\alpha}$

第 **3** 章 多维随机变量及其分布

前面我们只限于讨论一个随机变量的情形. 但在实际问题中, 试验的结果往往需要同时用多个随机变量来描述. 例如, 观察炮弹在地面弹着点 e 的位置, 需要用它的横坐标 $X(e)$ 与纵坐标 $Y(e)$ 来确定, 而横坐标和纵坐标是定义在同一个样本空间 $\Omega=\{e\}=\{$所有可能的弹着点$\}$ 上的两个随机变量. 又如, 某钢铁厂炼钢时必须考察炼出的钢 e 的硬度 $X(e)$、含碳量 $Y(e)$ 和含硫量 $Z(e)$ 的情况, 它们也是定义在同一个 $\Omega=\{e\}$ 上的三个随机变量.

一般地, 在随机试验中, 如果每个随机事件需用 n 个随机变量 $X_1, X_2, \cdots, X_n$ 来描述, 则称它们总体 $(X_1, X_2, \cdots, X_n)$ 为 n 维随机变量 (或 n 维随机向量), 其中每一个随机变量 X_i 称为一个分量, 分量的个数就是随机变量的维数. 上面所说炮弹的弹着点就是一个二维随机变量 (X, Y), 一炉钢的综合质量指标就是一个多维随机变量. 本章主要讨论二维随机变量及其分布, 然后再推广到 n 维随机变量的情况.

§3.1 二维随机变量及其分布

1. 二维随机变量及其分布函数的定义

定义 3.1 设 E 是一个随机试验, 它的样本空间是 $\Omega=\{e\}$. 设 $X(e)$ 与 $Y(e)$ 是定义在同一样本空间 Ω 上的两个随机变量, 则称 $(X(e), Y(e))$ 为 Ω 上的**二维随机向量**(2–dimensional random vector)或**二维随机变量**(2–dimensional random variable), 简记为 (X, Y).

二维随机变量 (X, Y) 的性质不仅与 X 及 Y 有关, 而且还依赖于这两个随机变量的相互关系. 因此, 逐个地来研究 X 或 Y 的性质是不够的, 还需将 (X, Y) 作为一个整体来进行研究.

与一维随机变量类似, 我们也可以用"分布函数"来研究二维随机变量的取值规律.

定义 3.2 设 (X,Y) 是二维随机变量，对于任意 $x,y \in \mathbf{R}$，称二元函数

$$F(x,y) = P(X \leqslant x) \bigcap (Y \leqslant y) \overset{\text{记成}}{=} P(X \leqslant x, Y \leqslant y) \qquad (3.1)$$

为二维随机变量 (X,Y) 的分布函数，或称为随机变量 X 和 Y 的联合分布函数.

如果将二维随机变量 (X,Y) 看成是平面上随机点的坐标，那么分布函数 $F(x,y)$ 在 (x,y) 处的函数值就是随机点 (X,Y) 落在以点 (x,y) 为顶点而位于该点左下方的无穷矩形域内的概率，如图 3-1 所示.

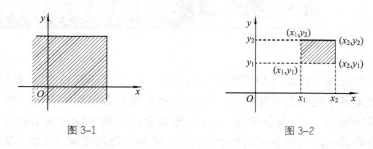

图 3-1   图 3-2

利用图 3-2 可以算出随机点 (X,Y) 落在这个矩形域 $[x_1 < x \leqslant x_2, y_1 < y \leqslant y_2]$ 的概率为

$$P(x_1 < X \leqslant x_2, y_1 < Y \leqslant y_2) = F(x_2, y_2) - F(x_2, y_1) + F(x_1, y_1) - F(x_1, y_2). \quad (3.2)$$

2. 二维随机变量分布函数 $F(x,y)$ 的性质

（1）单调性

$F(x,y)$ 是 x 或 y 的单调不减函数. 即对于任意固定的 y，当 $x_2 > x_1$ 时，$F(x_2, y) \geqslant F(x_1, y)$；对于任意固定的 x，当 $y_2 > y_1$ 时，$F(x, y_2) \geqslant F(x, y_1)$.

（2）有界性

$$0 \leqslant F(x,y) \leqslant 1,$$

且对于任意固定的 x, y，

$$F(x,-\infty) = 0, F(-\infty, y) = 0, F(-\infty, -\infty) = 0, F(+\infty, +\infty) = 1.$$

（3）右连续性

$F(x,y)$ 关于每个变量是右连续的，即

$$F(x+0, y) = F(x, y), F(x, y+0) = F(x, y).$$

（4）非负性

对于任意实数 $x_1 < x_2$，$y_1 < y_2$，都有

$$F(x_2, y_2) - F(x_2, y_1) + F(x_1, y_1) - F(x_1, y_2) \geqslant 0.$$

对于任意的一个二元函数 $F(x,y)$，必须满足上述性质才能成为某二维随机向量 (X,Y) 的分布函数.

例如，$F(x,y) = \begin{cases} 1, x+y \geqslant -1, \\ 0, x+y < -1. \end{cases}$ 显然，$F(x,y)$ 满足性质（1）～（3），但
$F(1,1) - F(1,-1) - F(-1,1) + F(-1,-1) = 1 - 1 - 1 + 0 = -1 < 0$，不满足性质（4），故
$F(x,y)$ 不能成为某二维随机向量 (X,Y) 的分布函数.

3．边缘分布函数

二维随机变量 (X,Y) 作为一个整体，具有分布函数 $F(x,y)$，而 X 和 Y 也都是
随机变量，各自也有分布函数，将它们分别记为 $F_X(x), F_Y(y)$，依次称为二维随
机变量 (X,Y) 关于 X 和关于 Y 的**边缘分布函数**.

若已知 (X,Y) 的联合分布函数 $F(x,y)$，则

$$F_X(x) = P\{X \leqslant x\} = P\{X \leqslant x, Y < +\infty\} = \lim_{y \to +\infty} F(x,y) = F(x,+\infty)，\qquad (3.3)$$

$$F_Y(y) = P\{Y \leqslant y\} = P\{X < +\infty, Y \leqslant y\} = \lim_{x \to +\infty} F(x,y) = F(+\infty,y)．\qquad (3.4)$$

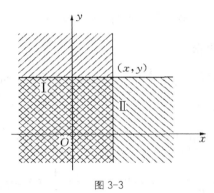

图 3-3

边缘分布函数 $F_X(x)$，$F_Y(y)$ 的几何解释分别表示随机点 (X,Y) 落入图 3-3
中的 I、II 两个半平面内的概率，而这两个半平面的公共部分即为联合分布函数
$F(x,y)$ 的几何解释.

例 3.1　设二维离散型随机向量 (X,Y) 的分布函数为

$$F(x,y) = A\left(B + \arctan\frac{x}{2}\right)\left(C + \arctan\frac{y}{3}\right), \quad -\infty < x < +\infty, \quad -\infty < y < +\infty．$$

（1）试确定常数 A，B，C；
（2）求事件 $\{2 < X < +\infty, 0 < Y < 3\}$ 的概率；
（3）求边缘分布函数.

解　（1）由分布函数的性质，有

$$F(+\infty, +\infty) = A\left(B + \frac{\pi}{2}\right)\left(C + \frac{\pi}{2}\right) = 1，$$

$$F(-\infty, +\infty) = A\left(B - \frac{\pi}{2}\right)\left(C + \frac{\pi}{2}\right) = 0 ,$$

$$F(+\infty, -\infty) = A\left(B + \frac{\pi}{2}\right)\left(C - \frac{\pi}{2}\right) = 0 .$$

由第一个式子，有

$$A \neq 0 , \quad B + \frac{\pi}{2} \neq 0 , \quad C + \frac{\pi}{2} \neq 0 ,$$

由另外两个式子，有

$$B - \frac{\pi}{2} = 0 , \quad C - \frac{\pi}{2} = 0 ,$$

于是有

$$B = C = \frac{\pi}{2}, A = \frac{1}{\pi^2} .$$

（2）由式（3.2）有

$$P\{2 < X < +\infty, 0 < Y < 3\} = F(+\infty, 3) - F(+\infty, 0) - F(2, 3) + F(2, 0) = \frac{1}{16} .$$

（3）由（1）的结果得

$$F(x, y) = \frac{1}{\pi^2}\left(\frac{\pi}{2} + \arctan\frac{x}{2}\right)\left(\frac{\pi}{2} + \arctan\frac{y}{3}\right) ,$$

由式（3.3）与式（3.4）得

$$F_X(x) = \lim_{y \to +\infty} F(x, y) = \lim_{y \to +\infty} \frac{1}{\pi^2}\left(\frac{\pi}{2} + \arctan\frac{x}{2}\right)\left(\frac{\pi}{2} + \arctan\frac{y}{3}\right)$$

$$= \frac{1}{\pi^2}\left(\frac{\pi}{2} + \arctan\frac{x}{2}\right)\pi = \frac{1}{2} + \frac{1}{\pi}\arctan\frac{x}{2}, x \in (-\infty, +\infty);$$

$$F_Y(y) = \lim_{x \to +\infty} F(x, y) = \lim_{x \to +\infty} \frac{1}{\pi^2}\left(\frac{\pi}{2} + \arctan\frac{x}{2}\right)\left(\frac{\pi}{2} + \arctan\frac{y}{3}\right)$$

$$= \frac{1}{\pi^2}\pi\left(\frac{\pi}{2} + \arctan\frac{y}{3}\right) = \frac{1}{2} + \frac{1}{\pi}\arctan\frac{y}{3}, y \in (-\infty, +\infty) .$$

以上关于二维随机变量的讨论，不难推广到 n 维随机变量的情况．

定义 3.3 设 $X_1, X_2, \cdots, X_n$ 是定义在样本空间 Ω 上的 n 个随机变量，则由它们构成的一个 n 维向量 $(X_1, X_2, \cdots, X_n)$ 称为 n 维随机变量（或 n 维随机向量）．对于任意 n 个实数 $x_1, x_2, \cdots, x_n$，函数 $F(x_1, x_2, \cdots, x_n) = P(X_1 \leqslant x_1, X_2 \leqslant x_2, \cdots, X_n \leqslant x_n)$ 称为 n 维随机变量 $(X_1, X_2, \cdots, X_n)$ 的分布函数或随机变量 $X_1, X_2, \cdots, X_n$ 的联合分布函数．它具有类似于二维随机变量的联合分布函数的性质及边缘分布函数，这里我们不再赘述．

与一维情形类似，我们对二维情形仍分成离散型与连续型两种情况研究．

§3.2　二维离散型随机变量

1. 联合分布

定义 3.4　如果二维随机变量 (X, Y) 的所有可能取值是有限对或可列无限对时，则称 (X, Y) 是二维离散型随机变量．

显然，(X, Y) 为二维离散型随机变量，当且仅当 X, Y 均为离散型随机变量．

定义 3.5　设二维离散型随机变量 (X, Y) 所有可能取的值为 (x_i, y_j) $(i, j = 1, 2, \cdots)$，取可能值的概率为

$$P(X = x_i, Y = y_j) = p_{ij} \ (i, j = 1, 2, \cdots), \tag{3.5}$$

则 $p_{ij} \ (i, j = 1, 2, \cdots)$ 称为二维随机变量 (X, Y) 的分布律，或称为随机变量 X 和 Y 的联合分布律．

二维离散型随机变量的分布律也可用表 3-1 来表示．

表 **3-1**

X \ Y	y_1	y_2	$\cdots$	y_j	$\cdots$
x_1	p_{11}	p_{12}	$\cdots$	p_{1j}	$\cdots$
x_2	p_{21}	p_{22}	$\cdots$	p_{2j}	$\cdots$
$\cdots$	$\cdots$	$\cdots$	$\cdots$	$\cdots$	$\cdots$
x_i	p_{i1}	p_{i2}	$\cdots$	p_{ij}	$\cdots$
$\cdots$	$\cdots$	$\cdots$	$\cdots$	$\cdots$	$\cdots$

显然，$p_{ij}(i, j = 1, 2, \cdots)$ 具有下面两个性质．

（1）$0 \leqslant p_{ij} \leqslant 1 \ (i, j = 1, 2, \cdots)$; \qquad (3.6)

（2）$\displaystyle\sum_{j=1}^{+\infty} \sum_{i=1}^{+\infty} p_{ij} = 1$． \qquad (3.7)

对于离散型随机变量 (X, Y)，其分布函数为

$$F(x, y) = P\{X \leqslant x, Y \leqslant y\} = \sum_{x_i \leqslant x} \sum_{y_j \leqslant y} p_{ij}, \tag{3.8}$$

其中和式是对一切满足 $x_i \leqslant x$，$y_j \leqslant y$ 的 i, j 来求和的．由于二维离散型随机变量的分布函数一般比较繁琐，习惯上我们用分布律来讨论二维离散随机变量．

　　例 3.2　设盒内装有 3 个球，其中有 2 个球标号为 0，另一个球标号为 1，现在从盒中任取一球，记下它的号码后再放回盒中；第二次又任取一球．用 X 表示

第一次取得的球的号码，用 Y 表示第二次取得的球的号码，求 (X,Y) 的分布律.

解 用"$X=0$"表示第一次取得 0 号球，"$X=1$"表示第一次取得 1 号球，"$Y=0$"表示第二次取得 0 号球，"$Y=1$"表示第二次取得 1 号球. (X,Y) 可能取的值为 $(0,0),(0,1),(1,0),(1,1)$，由概率的乘法公式，得 (X,Y) 的分布律为

$$P(X=0,Y=0)=P[(X=0)\bigcap(Y=0)]=P(X=0)P(Y=0|X=0)=\frac{2}{3}\cdot\frac{2}{3}=\frac{4}{9},$$

$$P(X=0,Y=1)=P(X=0)P(Y=1|X=0)=\frac{2}{3}\cdot\frac{1}{3}=\frac{2}{9},$$

$$P(X=1,Y=0)=P(X=1)P(Y=0|X=1)=\frac{1}{3}\cdot\frac{2}{3}=\frac{2}{9},$$

$$P(X=1,Y=1)=P(X=1)P(Y=1|X=1)=\frac{1}{3}\cdot\frac{1}{3}=\frac{1}{9},$$

则（X，Y）的分布律如表 3-2 所示.

表 3-2

X ＼ Y	0	1
0	4/9	2/9
1	2/9	1/9

从本例可见，求 (X,Y) 的分布律时，首先确定 (X,Y) 所有可能的取值 (x_i,y_j)，然后求 $P(X=x_i,Y=y_j)$，最后将分布律用表格表示.

例 3.3 6 个零件，其中优质品 3 个，正品（不含优质品）2 个，次品 1 个，若从中任取 3 个用于设备安装，试求取出的 3 个中，含优质品和正品数的概率分布.

解 设取出的 3 个中含优质品数为 X，正品数为 Y，显然 $X=0$，1，2，3；$Y=0,1$，2，(X,Y) 的概率分布为

$$p_{ij}=P\{X=i,Y=j\}=\frac{C_3^i C_2^j C_1^{3-i-j}}{C_6^3}\ (i=0,1,2,3;j=0,1,2).$$

当 $X=0$ 时，$\{X=0,Y=j\}(j=0,1)$ 均为不可能事件，所以

$$P\{X=0,Y=0\}=P\{X=0,Y=1\}=0,$$

$$P\{X=0,Y=2\}=\frac{C_2^2 C_1^1}{C_6^3}=\frac{1}{20}.$$

当 $X=1$ 时，

$$P\{X=1,Y=0\}=0,$$

$$P\{X=1,Y=1\}=\frac{C_3^1 C_2^1 C_1^1}{C_6^3}=\frac{3}{10},$$

$$P\{X=1, Y=2\} = \frac{C_3^1 C_2^2}{C_6^3} = \frac{3}{20}.$$

当 $X=2$ 时，

$$P\{X=2, Y=0\} = \frac{C_3^2 C_1^1}{C_6^3} = \frac{3}{20},$$

$$P\{X=2, Y=1\} = \frac{C_3^2 C_2^1}{C_6^3} = \frac{3}{10},$$

$$P\{X=2, Y=2\} = 0.$$

当 $X=3$ 时，

$$P\{X=3, Y=0\} = \frac{C_3^3}{C_6^3} = \frac{1}{20},$$

$$P\{X=3, Y=1\} = P\{X=3, Y=2\} = 0.$$

则 (X,Y) 的概率分布如表 3-3 所示.

表 3-3

X \\ Y	0	1	2
0	0	0	$\frac{1}{20}$
1	0	$\frac{3}{10}$	$\frac{3}{20}$
2	$\frac{3}{20}$	$\frac{3}{10}$	0
3	$\frac{1}{20}$	0	0

2．边缘概率分布

设二维离散型随机向量 (X,Y) 的联合分布律为

$$P\{X=x_i, Y=y_j\} = p_{ij} (i, j = 1, 2, \cdots).$$

对于任意给定的 $x_i (i=1,2,\cdots)$，有

$$\{X=x_i\} = \bigcup_j \{X=x_i, Y=y_j\},$$

$$P\{X=x_i\} = P\left(\bigcup_j \{X=x_i, Y=y_j\}\right)$$

$$= \sum_j P\{X=x_i, Y=y_j\}$$

$$= \sum_j p_{ij} (i=1,2,\cdots).$$

同理，可得

$$P\{Y=y_j\}=\sum_i p_{ij}\left(j=1,2,\cdots\right).$$

将 $P\{X=x_i\}$ 和 $P\{Y=y_j\}$ 分别记为 $p_{i\cdot}$ 和 $p_{\cdot j}$ ，为此我们给出如下定义.

定义 3.6 设二维离散型随机向量 (X,Y) 的联合分布律为

$$P\{X=x_i,Y=y_j\}=p_{ij}\left(i,j=1,2,\cdots\right),$$

则称

$$p_{i\cdot}=P\{X=x_i\}=\sum_j p_{ij}\left(i=1,2,\cdots\right), \tag{3.9}$$

$$p_{\cdot j}=P\{Y=y_j\}=\sum_i p_{ij}\left(j=1,2,\cdots\right) \tag{3.10}$$

分别为 (X,Y) 关于 X 的边缘分布律和关于 Y 的边缘分布律.

关于 X 的边缘分布律，可通过联合分布律列表中按各行相加而得到；关于 Y 的边缘分布律，可通过联合分布律列表中按各列相加而得到，如表 3-4 所示.

表 3-4

X＼Y	y_1	y_2	$\cdots$	y_j	$\cdots$	$p_{i\cdot}$
x_1	p_{11}	p_{12}	$\cdots$	p_{1j}	$\cdots$	$p_{1\cdot}$
x_2	p_{21}	p_{22}	$\cdots$	p_{2j}	$\cdots$	$p_{2\cdot}$
$\cdots$	$\cdots$	$\cdots$	$\cdots$	$\cdots$	$\cdots$	$\cdots$
x_i	p_{i1}	p_{i2}	$\cdots$	p_{ij}	$\cdots$	$p_{i\cdot}$
$\cdots$	$\cdots$	$\cdots$	$\cdots$	$\cdots$	$\cdots$	$\cdots$
$p_{\cdot j}$	$p_{\cdot 1}$	$p_{\cdot 2}$	$\cdots$	$p_{\cdot j}$	$\cdots$	1

例 3.4 二维离散型随机变量 (X,Y) 的联合分布律如表 3-5 所示.

表 3-5

X＼Y	0	1
0	$\dfrac{9}{64}$	$\dfrac{15}{64}$
1	$\dfrac{15}{64}$	$\dfrac{25}{64}$

求关于 X ， Y 的边缘分布律.

解 $P\{X=0\}=P\{X=0,Y=0\}+P\{X=0,Y=1\}=\dfrac{9}{64}+\dfrac{15}{64}=\dfrac{3}{8}$,

$P\{X=1\}=P\{X=1,Y=0\}+P\{X=1,Y=1\}=\dfrac{15}{64}+\dfrac{25}{64}=\dfrac{5}{8}$.

同理，可得

$$P\{Y=0\}=\frac{9}{64}+\frac{15}{64}=\frac{3}{8},$$
$$P\{Y=1\}=\frac{15}{64}+\frac{25}{64}=\frac{5}{8}.$$

(X,Y)关于X，Y的边缘分布律如表 3-6、表 3-7 所示.

表 **3-6**

X	0	1
p	$\frac{3}{8}$	$\frac{5}{8}$

表 **3-7**

Y	0	1
p	$\frac{3}{8}$	$\frac{5}{8}$

例 3.5 二维随机变量(X,Y)的分布律如表 3-8 所示.

表 **3-8**

Y \ X	0	1	2
0	$\frac{4}{16}$	$\frac{4}{16}$	$\frac{1}{16}$
1	$\frac{4}{16}$	$\frac{2}{16}$	0
2	$\frac{1}{16}$	0	0

求(X,Y)关于X和Y的边缘分布律.

解 由式（3.9）及式（3.10）知，只要在(X,Y)的分布律中，将每列的概率相加就得到关于X的边缘分布，将每行的概率相加就得到关于Y的边缘分布，如表 3-9 所示.

表 **3-9**

Y \ X	0	1	2	$P(Y=y_j)=p_{\cdot j}$
0	$\frac{4}{16}$	$\frac{4}{16}$	$\frac{1}{16}$	$\frac{9}{16}$

Y \ X	0	1	2	$P(Y=y_j)=p_{\cdot j}$
1	$\frac{4}{16}$	$\frac{2}{16}$	0	$\frac{6}{16}$
2	$\frac{1}{16}$	0	0	$\frac{1}{16}$
$P(X=x_i)=p_{i\cdot}$	$\frac{9}{16}$	$\frac{6}{16}$	$\frac{1}{16}$	1

即有表 3-10 和表 3-11 的边缘分布律.

表 3-10

X	0	1	2
p_k	$\frac{9}{16}$	$\frac{6}{16}$	$\frac{1}{16}$

表 3-11

Y	0	1	2
p_k	$\frac{9}{16}$	$\frac{6}{16}$	$\frac{1}{16}$

3. 条件概率分布

定义 3.7 设 (X,Y) 是二维离散型随机向量，那么

（1）对于固定的 j，若 $P\{Y=y_j\}>0$，则称

$$P\{X=x_i|Y=y_j\}=\frac{P\{X=x_i,Y=y_j\}}{P\{Y=y_j\}}=\frac{p_{ij}}{p_{\cdot j}}(i=1,2,\cdots) \qquad (3.11)$$

为在 $\{Y=y_j\}$ 条件下，随机分量 **X** 的条件分布律（或条件概率分布、条件分布列）；

（2）对于固定的 i，若 $P\{X=x_i\}>0$，则称

$$P\{Y=y_j|X=x_i\}=\frac{P\{X=x_i,Y=y_j\}}{P\{X=x_i\}}=\frac{p_{ij}}{p_{i\cdot}}(j=1,2,\cdots) \qquad (3.12)$$

为在 $\{X=x_i\}$ 条件下，随机分量 Y 的条件分布律.

例 3.6 已知 (X,Y) 的联合分布律如表 3-12 所示.

表 **3-12**

Y \ X	1	2	3	4	$P\{Y=j\}$
1	1/4	1/8	1/12	1/16	25/48
2	0	1/8	1/12	1/16	13/48
3	0	0	1/12	2/16	10/48
$P\{X=i\}$	1/4	1/4	1/4	1/4	

求：（1） 在 $Y=1$ 的条件下，X 的条件分布律；

（2） 在 $X=2$ 的条件下，Y 的条件分布律.

解 （1） 由联合分布律表可知边缘分布律. 于是

$$P\{X=1 \mid Y=1\}=\frac{1}{4}\bigg/\frac{25}{48}=12/25;$$

$$P\{X=2 \mid Y=1\}=\frac{1}{8}\bigg/\frac{25}{48}=6/25;$$

$$P\{X=3 \mid Y=1\}=\frac{1}{12}\bigg/\frac{25}{48}=4/25;$$

$$P\{X=4 \mid Y=1\}=\frac{1}{16}\bigg/\frac{25}{48}=3/25.$$

在 $Y=1$ 的条件下，X 的条件分布律如表 3-13 所示.

表 **3-13**

$X=i$	1	2	3	4
$P\{X=i\|Y=1\}$	12/25	6/25	4/25	3/25

（2）同理，可求得在 $X=2$ 的条件下，Y 的条件分布律如表 3-14 所示.

表 **3-14**

$Y=j$	1	2	3
$P\{Y=j\|X=2\}$	1/2	1/2	0

例 3.7 一射手进行射击，击中的概率为 p（$0<p<1$），射击到击中目标两次为止. 记 X 表示首次击中目标时的射击次数，Y 表示射击的总次数. 试求 X,Y 的联合分布律与条件分布律.

解 依题意，$X=m$，$Y=n$ 表示前 $m-1$ 次不中，第 m 次击中，接着又 $n-1-m$ 次不中，第 n 次击中. 因各次射击是独立的，故 X,Y 的联合分布律为

$$P\{X=m,Y=n\}=p^2(1-p)^{n-2}, \qquad m=1,2,\cdots,n-1, \qquad n=2,3\cdots.$$

又因 $P\{X=m\}=\sum_{n=m+1}^{+\infty}P\{X=m,Y=n\}=\sum_{n=m+1}^{+\infty}p^2(1-p)^{n-2}$

$$= p^2 \sum_{n=m+1}^{+\infty} (1-p)^{n-2} = p (1-p)^{m-1}, \qquad m=1,2,\cdots;$$

$$P\{Y=n\} = (n-1) p^2 (1-p)^{n-2}, \qquad n=2,3,\cdots,$$

因此，所求的条件分布律如下.

当 $n=2,3,\cdots$时，

$$P\{X=m \mid Y=n\} = \frac{P\{X=m,Y=n\}}{P\{Y=n\}} = \frac{1}{n-1}, \qquad m=1,2,\cdots,n-1;$$

当 $m=1,2,\cdots$时，

$$P\{Y=n \mid X=m\} = \frac{P\{X=m,Y=n\}}{P\{X=m\}} = p(1-p)^{n-m-1}, \qquad n=m+1,m+2,\cdots.$$

4．多元离散型分布

容易把二元情形推广到多个离散型随机变量的联合概率分布、边缘分布和条件分布．$n(n\geq2)$个随机变量的联合分布的边缘分布，包括任意 $m(1\leq m\leq n)$个变量的概率分布和联合概率分布．

§3.3　二维连续型随机变量

与一元情形类似，二元连续型随机变量的概率分布，通过一个非负二元函数——联合概率密度来表示．

1．联合概率密度

定义 3.8　设随机变量 (X,Y) 的分布函数为 $F(x,y)$，如果存在一个非负可积函数 $f(x,y)$，使得对任意实数 x,y，有

$$F(x,y)=P\{X\leq x, Y\leq y\}=\int_{-\infty}^{y}\int_{-\infty}^{x} f(u,v)\mathrm{d}u\mathrm{d}v, \tag{3.13}$$

则称 (X,Y) 为二维连续型随机变量，称 $f(x,y)$ 为 (X,Y) 的**联合分布密度**或**联合概率密度**．

按定义，联合概率密度 $f(x,y)$ 具有如下性质．

（1）$f(x,y)\geq0$ $(-\infty<x,y<+\infty)$；

（2）$\int_{-\infty}^{+\infty}\int_{-\infty}^{+\infty} f(x,y)\mathrm{d}x\mathrm{d}y=1$；

（3）若 $f(x,y)$ 在点 (x,y) 处连续，则有

$$\frac{\partial^2 F(x,y)}{\partial x\partial y}=f(x,y);$$

（4）设 G 为 xOy 平面上的任一区域，随机点 (X,Y) 落在 G 内的概率为

$$P\{(X,\ Y)\in G\}=\iint\limits_{G}f(x,y)\mathrm{d}x\mathrm{d}y\ . \tag{3.14}$$

在几何上，$z=f(x,y)$ 表示空间一曲面，介于它和 xOy 平面的空间区域的立体体积等于 1，$P\{(X,\ Y)\in G\}$ 的值等于以 G 为底，以曲面 $z=f(x,\ y)$ 为顶的曲顶柱体体积.

例 3.8　设 (X,Y) 的概率密度函数为

$$f(x,y)=\begin{cases}A\mathrm{e}^{-(2x+3y)}, & x\geqslant 0, y\geqslant 0,\\ 0, & 其他.\end{cases}$$

求：（1）常数 A；

（2）(X,Y) 的联合分布函数 $F(x,y)$；

（3）$P(-1<X\leqslant 1,\ -2<Y\leqslant 2)$.

解　（1）由于

$$1=\int_{-\infty}^{+\infty}\int_{-\infty}^{+\infty}f(x,y)\mathrm{d}x\mathrm{d}y=\int_{0}^{+\infty}\mathrm{d}x\int_{0}^{+\infty}A\mathrm{e}^{-(2x+3y)}\mathrm{d}y=\frac{A}{6}\ ,$$

故得 $A=6$.

（2）因为 $F(x,y)=\int_{-\infty}^{y}\int_{-\infty}^{x}f(u,v)\mathrm{d}u\mathrm{d}v$. 当 $x\geqslant 0$，$y\geqslant 0$ 时，

$$F(x,\ y)=\int_{-\infty}^{y}\int_{-\infty}^{x}f(u,\ v)\mathrm{d}u\mathrm{d}v=\int_{0}^{y}\int_{0}^{x}6\mathrm{e}^{-(2u+3v)}\mathrm{d}u\mathrm{d}v=(1-\mathrm{e}^{-2x})(1-\mathrm{e}^{-3y})\ ;$$

当 $x<0$ 或 $y<0$ 时，$f(x,y)=0$，于是

$$F(x,y)=\int_{-\infty}^{y}\int_{-\infty}^{x}f(u,v)\mathrm{d}u\mathrm{d}v=0\ .$$

综合上述两种情况，得

$$F(x,\ y)=\begin{cases}(1-\mathrm{e}^{-2x})(1-\mathrm{e}^{-3y}), & x\geqslant 0, y\geqslant 0,\\ 0, & 其他.\end{cases}$$

（3）$P(-1<X\leqslant 1,-2<Y\leqslant 2)=\int_{-1}^{1}\mathrm{d}x\int_{-2}^{2}f(x,\ y)\mathrm{d}y$

$$=\int_{0}^{1}\int_{0}^{2}6\mathrm{e}^{-(2x+3y)}\mathrm{d}x\mathrm{d}y=(1-\mathrm{e}^{-2})(1-\mathrm{e}^{-6})\ .$$

注意，本例已知分布函数 $F(x,y)$，因此 $P(-1\leqslant X\leqslant 1,-2<Y\leqslant 2)$ 也可用分布函数 $F(x,y)$ 求得：

$$P(-1\leqslant X\leqslant 1,-2<y\leqslant 2)=F(1,2)-F(-1,2)-F(1,-2)+F(-1,-2)=$$
$$(1-\mathrm{e}^{-2})(1-\mathrm{e}^{-6})\ .$$

2. 边缘分布密度

若已知二维连续随机向量 (X,Y) 的联合概率密度 $f(x,y)$，那么由式（3.3）及式（3.4），有

$$F_X(x) = F(x, +\infty) = \int_{-\infty}^{x}\left[\int_{-\infty}^{+\infty} f(u, y)\,\mathrm{d}y\right]\mathrm{d}u, \tag{3.15}$$

$$F_Y(y) = F(+\infty, y) = \int_{-\infty}^{y}\left[\int_{-\infty}^{+\infty} f(x, v)\,\mathrm{d}x\right]\mathrm{d}v. \tag{3.16}$$

根据概率密度的定义或根据 $f_X(x) = \dfrac{\mathrm{d}F_X(x)}{\mathrm{d}x}$ 与 $f_Y(y) = \dfrac{\mathrm{d}F_Y(y)}{\mathrm{d}y}$，可分别得到

$$f_X(x) = \int_{-\infty}^{+\infty} f(x, y)\,\mathrm{d}y, \tag{3.17}$$

$$f_Y(y) = \int_{-\infty}^{+\infty} f(x, y)\,\mathrm{d}x. \tag{3.18}$$

分别称 $f_X(x)$，$f_Y(y)$ 为 (X, Y) 关于 X 和关于 Y 的**边缘分布密度**或**边缘概率密度**.

例 3.9 设随机变量 X 和 Y 具有联合概率密度

$$f(x, y) = \begin{cases} 6, & x^2 \leqslant y \leqslant x, \\ 0, & 其他. \end{cases}$$

求边缘概率密度 $f_X(x)$，$f_Y(y)$.

解

$$f_X(x) = \int_{-\infty}^{+\infty} f(x, y)\,\mathrm{d}y = \begin{cases} \int_{x^2}^{x} 6\mathrm{d}y = 6(x - x^2), & 0 \leqslant x \leqslant 1, \\ 0, & 其他. \end{cases}$$

$$f_Y(y) = \int_{-\infty}^{+\infty} f(x, y)\,\mathrm{d}x = \begin{cases} \int_{y}^{\sqrt{y}} 6\mathrm{d}x = 6(\sqrt{y} - y), & 0 \leqslant y \leqslant 1, \\ 0, & 其他 \end{cases}$$

与一维随机变量相似，有如下常用的二维均匀分布和二维正态分布.

设 G 是平面上的有界区域，其面积为 A，若二维随机变量 (X, Y) 具有概率密度

$$f(x, y) = \begin{cases} \dfrac{1}{A}, & (x, y) \in G, \\ 0, & 其他, \end{cases} \tag{3.19}$$

则称 (X, Y) 在 G 上服从均匀分布.

类似设 G 为空间上的有界区域，其体积为 A，若三维随机变量 (X, Y, Z) 具有概率密度

$$f(x, y, z) = \begin{cases} \dfrac{1}{A}, & (x, y, z) \in G, \\ 0, & 其他, \end{cases} \tag{3.20}$$

则称（X, Y, Z）在 G 上服从均匀分布.

例 3.10 设二维随机变量 (X,Y) 服从区域 G 上的均匀分布，其中 $G = \{0 < x < 1, |y| < x\}$，求 (X,Y) 的联合密度函数 $f(x,y)$ 与边缘概率密度 $f_X(x)$，$f_Y(y)$.

解 区域 G 如图 3-4 所示，易见区域 G 的面积 A 为 $\frac{1}{2} \times 1 \times 2 = 1$，所以 (X,Y) 的联合密度函数为

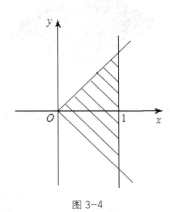

图 3-4

$$f(x,y) = \begin{cases} 1, & 0 < x < 1, |y| < x, \\ 0, & \text{其他.} \end{cases}$$

X 的边缘概率密度为

$$f_X(x) = \int_{-\infty}^{+\infty} f(x,y)\mathrm{d}y = \begin{cases} \int_{-x}^{x} 1\mathrm{d}y, & 0 < x < 1 \\ 0, & \text{其他} \end{cases} = \begin{cases} 2x, & 0 < x < 1, \\ 0, & \text{其他.} \end{cases}$$

Y 的边缘概率密度为

$$f_Y(y) = \int_{-\infty}^{+\infty} f(x,y)\mathrm{d}x = \begin{cases} \int_{-y}^{1} 1\mathrm{d}x, & -1 < y \leqslant 0 \\ \int_{y}^{1} 1\mathrm{d}x, & 0 \leqslant y < 1 \\ 0, & \text{其他} \end{cases} = \begin{cases} 1+y, & -1 < y \leqslant 0 \\ 1-y, & 0 \leqslant y < 1 \\ 0, & \text{其他} \end{cases} = \begin{cases} 1-|y|, & |y| < 1, \\ 0, & \text{其他.} \end{cases}$$

设二维随机变量（X, Y）具有分布密度

$$f(x,y) = \frac{1}{2\pi\sigma_1\sigma_2\sqrt{1-\rho^2}} \exp\left\{ -\frac{1}{2(1-\rho^2)} \left[\frac{(x-\mu_1)^2}{\sigma_1^2} - 2\rho\frac{(x-\mu_1)(y-\mu_2)}{\sigma_1\sigma_2} + \frac{(y-\mu_2)^2}{\sigma_2^2} \right] \right\}$$

$(-\infty < x < +\infty, -\infty < y < +\infty)$，

(3.21)

其中 μ_1, μ_2, $\sigma_1\sigma_2$, ρ 均为常数，且 $\sigma_1 > 0$，$\sigma_2 > 0$，$-1 < \rho < 1$，则称（X, Y）为具有参数 μ_1, μ_2, σ_1, σ_2, ρ 的二维正态随机变量，记作（X, Y）$\sim N$（μ_1, μ_2, σ_1^2,

σ_2^2，ρ).

二维正态分布的图形就好像一个古钟或草帽（见图 3-5）．例如打靶时，弹着点在靶子平面上位置的坐标(X,Y)服从二维正态分布．

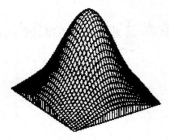

图 3-5

例 3.11 设随机向量$(X,Y) \sim N(\mu_1,\mu_2,\sigma_1^2,\sigma_2^2,\rho)$，求关于$X$，$Y$的边缘概率密度．

解 $f_X(x) = \int_{-\infty}^{+\infty} f(x,y)\mathrm{d}y$，由于

$$\frac{(x-\mu_1)^2}{\sigma_1^2} - \frac{2\rho(x-\mu_1)(y-\mu_2)}{\sigma_1\sigma_2} + \frac{(y-\mu_2)^2}{\sigma_2^2} = (1-\rho^2)\frac{(x-\mu_1)^2}{\sigma_1^2} + \left[\frac{y-\mu_2}{\sigma_2} - \rho\frac{x-\mu_1}{\sigma_1}\right]^2,$$

于是

$$f_X(x) = \frac{1}{2\pi\sigma_1\sigma_2\sqrt{1-\rho^2}}\mathrm{e}^{-\frac{(x-\mu_1)^2}{2\sigma_1^2}} \cdot \int_{-\infty}^{+\infty} \mathrm{e}^{-\frac{1}{2(1-\rho^2)}\left[\frac{y-\mu_2}{\sigma_2} - \rho\frac{x-\mu_1}{\sigma_1}\right]^2}\mathrm{d}y$$

作变量替换$t = \frac{1}{\sqrt{1-\rho^2}}\left(\frac{y-\mu_2}{\sigma_2} - \rho\frac{x-\mu_1}{\sigma_1}\right)$，得关于$X$的边缘概率密度为

$$f_X(x) = \frac{1}{2\pi\sigma_1}\mathrm{e}^{-\frac{(x-\mu_1)^2}{2\sigma_1^2}} \int_{-\infty}^{+\infty} \mathrm{e}^{-\frac{t^2}{2}}\mathrm{d}t = \frac{1}{2\pi\sigma_1}\mathrm{e}^{-\frac{(x-\mu_1)^2}{2\sigma_1^2}} \cdot \sqrt{2\pi}$$

$$= \frac{1}{\sqrt{2\pi}\sigma_1}\mathrm{e}^{-\frac{(x-\mu_1)^2}{2\sigma_1^2}}, -\infty < x < +\infty.$$

同理，可得关于Y的边缘概率密度为

$$f_Y(y) = \frac{1}{\sqrt{2\pi}\sigma_2}\mathrm{e}^{-\frac{(y-\mu_2)^2}{2\sigma_2^2}}, \quad -\infty < y < +\infty.$$

从本例可以看到：

（1）二维正态分布确定的两个边缘分布都是一维正态分布，即此例证明了以下重要事实．

若$(X,Y) \sim N(\mu_1,\mu_2,\sigma_1^2,\sigma_2^2,\rho)$，则$X \sim N(\mu_1,\sigma_1^2)$，$Y \sim N(\mu_2,\sigma_2^2)$．

（2）正态分布的联合密度与 ρ 有关，而边缘密度都不依赖于参数 ρ，可见边缘密度不能唯一确定联合密度．因此由联合概率密度可以确定其边缘概率密度；反之，则不然．下面就是这样一个例子．

令 (X,Y) 的联合密度函数为

$$f(x,y) = \frac{1}{2\pi} e^{-\frac{x^2+y^2}{2}} (1 + \sin x \sin y),$$

显然 (X,Y) 不服从正态分布，但是边缘分布

$$f_X(x) = \frac{1}{\sqrt{2\pi}} e^{-\frac{x^2}{2}}, \quad f_Y(y) = \frac{1}{\sqrt{2\pi}} e^{-\frac{y^2}{2}},$$

却都为正态分布．

3．条件分布密度

对于连续型随机变量 (X, Y)，因为 $P\{X=x, Y=y\}=0$ 及 $P\{Y=y\}=0$，所以不能直接计算 $P\{X \leqslant x | Y = y\}$，但 $P\{X \leqslant x | Y = y\}$ 可看成当 y 为定值，对于任给的 $\Delta y > 0$ 且概率值 $P\{y < Y \leqslant y + \Delta y\} > 0$ 时的极限 $\lim\limits_{\Delta y \to 0^+} P\{X \leqslant x | y < Y \leqslant y + \Delta y\}$，即

$$P\{X \leqslant x | Y = y\} = \lim_{\Delta y \to 0^+} P\{X \leqslant x | y < Y \leqslant y + \Delta y\} = \lim_{\Delta y \to 0^+} \frac{P\{X \leqslant x, y < Y \leqslant y + \Delta y\}}{P\{y < Y \leqslant y + \Delta y\}}$$

$$= \lim_{\Delta y \to 0^+} \frac{F(x, y + \Delta y) - F(x, y)}{F_Y(y + \Delta y) - F_Y(y)} = \frac{\lim\limits_{\Delta y \to 0^+} \{[F(x, y + \Delta y) - F(x, y)] / \Delta y\}}{\lim\limits_{\Delta y \to 0^+} \{[F_Y(y + \Delta y) - F_Y(y)] / \Delta y\}}$$

$$= \frac{\dfrac{\partial}{\partial y} F(x, y)}{\dfrac{\mathrm{d}}{\mathrm{d}y} F_Y(y)} = \frac{\dfrac{\partial}{\partial y} \int_{-\infty}^{y} [\int_{-\infty}^{x} f(u,v)\mathrm{d}u]\mathrm{d}v}{\dfrac{\mathrm{d}}{\mathrm{d}y} F_Y(y)} = \frac{\int_{-\infty}^{x} f(u,y)\mathrm{d}u}{f_Y(y)} = \int_{-\infty}^{x} \frac{f(u,y)}{f_Y(y)}\mathrm{d}u.$$

所以 $P\{X \leqslant x | Y = y\} = \int_{-\infty}^{x} \dfrac{f(u,y)}{f_Y(y)}\mathrm{d}u$．

为此我们可以定义连续型随机变量的条件分布如下．

定义 3.9　设二维连续型随机变量 (X, Y) 的概率密度函数为 $f(x, y)$，关于 Y 边缘分布密度函数 $f_Y(y) > 0$，则在 $Y=y$ 的条件下 X 的**条件分布函数与条件概率密度**分别为

$$F_{X|Y}(x \mid y) = P\{X \leqslant x | Y = y\} = \int_{-\infty}^{x} \frac{f(u,y)}{f_Y(y)}\mathrm{d}u. \tag{3.22}$$

$$f_{X|Y}(x \mid y) = \frac{f(x, y)}{f_Y(y)}. \tag{3.23}$$

类似地，若关于 X 的边缘分布密度函数 $f_X(x) > 0$，则在 $X=x$ 的条件下 Y 的**条件分布函数与条件概率密度**分别为

$$F_{Y|X}(y \mid x) = P\{Y \leqslant y | X = x\} = \int_{-\infty}^{y} \frac{f(x,v)}{f_X(x)} \mathrm{d}v. \tag{3.24}$$

$$f_{Y|X}(y \mid x) = \frac{f(x,y)}{f_X(x)}. \tag{3.25}$$

由条件分布函数和条件概率密度的表达式得

$$f(x,y) = f_X(x) f_{Y|X}(y|x) = f_Y(y) f_{X|Y}(x|y). \tag{3.26}$$

例 3.12 设 $(X, Y) \sim N(0, 0, 1, 1, \rho)$，求 $f_{X|Y}(x|y)$ 与 $f_{Y|X}(y|x)$.

解 易知 $f(x, y) = \dfrac{1}{2\pi\sqrt{1-\rho^2}} \mathrm{e}^{-\frac{x^2-2\rho xy+y^2}{2(1-\rho^2)}}$ $(-\infty < x, y < +\infty)$，所以

$$f_{X|Y}(x \mid y) = \frac{f(x,y)}{f_Y(x)} = \frac{1}{\sqrt{2\pi(1-\rho^2)}} \mathrm{e}^{-\frac{(x-\rho y)^2}{2(1-\rho^2)}};$$

$$f_{Y|X}(y \mid x) = \frac{f(x,y)}{f_X(x)} = \frac{1}{\sqrt{2\pi(1-\rho^2)}} \mathrm{e}^{-\frac{(y-\rho x)^2}{2(1-\rho^2)}}.$$

例 3.13 设数 X 在区间 $(0,1)$ 内均匀随机地取值，当观察到 $X = x(0<x<1)$ 时，数 Y 在区间 $(x,1)$ 内均匀随机地取值，求 Y 的概率密度 $f_Y(y)$.

解 由题设，X 的概率密度为

$$f_X(x) = \begin{cases} 1, & 0<x<1, \\ 0, & \text{其他}. \end{cases}$$

对于任意给定的 $x(0<x<1)$，当 $X = x$ 时，Y 的条件概率密度为

$$f_{Y|X}(y|x) = \begin{cases} \dfrac{1}{1-x}, & x<y<1, \\ 0, & \text{其他}. \end{cases}$$

由式 (3.26)，可得 (X,Y) 的联合概率密度为

$$f(x,y) = f_{Y|X}(y|x) f_X(x) = \begin{cases} \dfrac{1}{1-x}, & 0<x<1, x<y<1, \\ 0, & \text{其他}. \end{cases}$$

于是，有

$$f_Y(y) = \int_{-\infty}^{+\infty} f(x,y)\mathrm{d}x = \begin{cases} \displaystyle\int_0^y \frac{1}{1-x}\mathrm{d}x, & 0<y<1 \\ 0, & \text{其他} \end{cases} = \begin{cases} -\ln(1-y), & 0<y<1, \\ 0, & \text{其他}. \end{cases}$$

4．多元联合密度

类似地，可以引进多个连续型随机变量的联合密度、边缘密度和条件密度．因为很容易由二元密度 $f(x_1, x_2)$ 推广到多元密度 $f(x_1, x_2, \cdots, x_n)$（留给读者完成）．

注意，$n(n \geq 2)$ 个随机变量的联合密度的边缘密度，包括任意 $m(1 \leq m \leq n)$ 个变量的概率密度和联合密度．

§3.4 随机变量的独立性

独立性是许多概率和统计问题的前提条件．第 1 章引进了事件的独立性概念，研究了独立事件的性质．本节主要研究随机变量之间的独立性：随机变量的独立性是通过与其联系的事件的独立性引进的，而随机变量独立性的研究也是通过事件的独立性展开的．下面将给出随机变量独立性的定义及其一些等价的独立性条件．

定义 3.10 设 X 和 Y 为两个随机变量，若对于任意的 x 和 y，有

$$P\{X \leq x, \ Y \leq y\} = P\{X \leq x\} P\{Y \leq y\}, \tag{3.27}$$

则称 X 和 Y 是相互独立（Mutually independent）的．

若二维随机变量 (X, Y) 的分布函数为 $F(x, y)$，其边缘分布函数分别为 $F_X(x)$ 和 $F_Y(y)$，则上述独立性条件等价于对所有 x 和 y，有

$$F(x, y) = F_X(x) F_Y(y). \tag{3.28}$$

对于二维离散型随机变量，上述独立性条件等价于对于 (X, Y) 的任何可能取的值 (x_i, y_j)，有

$$P\{X = x_i, \ Y = y_j\} = P\{X = x_i\} P\{Y = y_j\}. \tag{3.29}$$

对于二维连续型随机变量，独立性条件的等价形式是对一切 x 和 y，有

$$f(x, y) = f_X(x) f_Y(y), \tag{3.30}$$

这里，$f(x, y)$ 为 (X, Y) 的概率密度函数，而 $f_X(x)$ 和 $f_Y(y)$ 分别是边缘概率密度函数．

例 3.14 设随机变量 X 和 Y 相互独立，表 3-15 列出了二维离散型随机向量 (X, Y) 的联合分布律及关于 X 和关于 Y 的边缘分布律的部分数值，试将其余数值填入表中的空白处．

表 3-15

X ＼ Y	y_1	y_2	y_3	$P\{X = x_i\} = p_{i \cdot}$
x_1		$\dfrac{1}{8}$		

续表

X \ Y	y_1	y_2	y_3	$P\{X = x_i\} = p_{i\cdot}$
x_2	$\dfrac{1}{8}$			
$P\{Y = y_j\} = p_{\cdot j}$	$\dfrac{1}{6}$			1

解 由于

$$P\{X = x_1, Y = y_1\} = P\{Y = y_1\} - P\{X = x_2, Y = y_1\}$$
$$= \frac{1}{6} - \frac{1}{8} = \frac{1}{24}.$$

考虑到 X 与 Y 相互独立,有

$$P\{X = x_1\}P\{Y = y_1\} = P\{X = x_1, Y = y_1\},$$

所以

$$P\{X = x_1\} = \frac{\dfrac{1}{24}}{\dfrac{1}{6}} = \frac{1}{4}.$$

同理,可以得到其他数值. 因此 (X, Y) 的联合分布律和边缘分布律如表 3-16 所示.

表 3-16

X \ Y	y_1	y_2	y_3	$P\{X = x_i\} = p_{i\cdot}$
x_1	$\dfrac{1}{24}$	$\dfrac{1}{8}$	$\dfrac{1}{12}$	$\dfrac{1}{4}$
x_2	$\dfrac{1}{8}$	$\dfrac{3}{8}$	$\dfrac{1}{4}$	$\dfrac{3}{4}$
$P\{Y = y_j\} = p_{\cdot j}$	$\dfrac{1}{6}$	$\dfrac{1}{2}$	$\dfrac{1}{3}$	1

例 3.15 随机变量 X 和 Y 的分布律分别如表 3-17 和表 3-18 所示,且 $P\{XY = 0\} = 1$.

(1)求 X 与 Y 的联合分布;

(2)X 与 Y 是否独立?

表 3-17

X	-1	0	1
p	$\dfrac{1}{4}$	$\dfrac{1}{2}$	$\dfrac{1}{4}$

表 3-18

Y	0	1
p	$\dfrac{1}{2}$	$\dfrac{1}{2}$

解 （1）由 $P\{XY=0\}=1$，可见

$$P\{X=-1,Y=1\}=P\{X=1,Y=1\}=0,$$

因此，X 与 Y 的联合分布有如表 3-19 所示的结构.

表 3-19

X ＼ Y	0	1	$p_{i\cdot}$
-1	p_{11}	0	$\dfrac{1}{4}$
0	p_{21}	p_{22}	$\dfrac{1}{2}$
1	p_{31}	0	$\dfrac{1}{4}$
$p_{\cdot j}$	$\dfrac{1}{2}$	$\dfrac{1}{2}$	1

由表 3-19 可得，$p_{22}=\dfrac{1}{2}$，$p_{11}=\dfrac{1}{4}$，$p_{31}=\dfrac{1}{4}$，$p_{21}+p_{22}=\dfrac{1}{2}$，$p_{21}=0$，因此求得 X 与 Y 的联合分布如表 3-20 所示.

表 3-20

X ＼ Y	0	1	$p_{i\cdot}$
-1	$\dfrac{1}{4}$	0	$\dfrac{1}{4}$
0	0	$\dfrac{1}{2}$	$\dfrac{1}{2}$
1	$\dfrac{1}{4}$	0	$\dfrac{1}{4}$
$p_{\cdot j}$	$\dfrac{1}{2}$	$\dfrac{1}{2}$	1

（2）由以上结果可知

$$P\{X=0,Y=0\}=0,$$

$$P\{X=0\}P\{Y=0\}=\frac{1}{2}\times\frac{1}{2}=\frac{1}{4}.$$

即有 $$P\{X=0,Y=0\}\neq P\{X=0\}P\{Y=0\},$$

于是，X 与 Y 不独立.

例 3.16 设 (X, Y) 在圆域 $x^2+y^2\leqslant1$ 上服从均匀分布，问 X 和 Y 是否相互独立？

解 (X, Y) 的联合分布密度为

$$f(x, y)=\begin{cases}\dfrac{1}{\pi}, & x^2+y^2\leqslant1,\\ 0, & 其他.\end{cases}$$

由此可得

$$f_X(x)=\int_{-\infty}^{+\infty}f(x,y)\mathrm{d}y=\begin{cases}\dfrac{2}{\pi}\sqrt{1-x^2}, & -1\leqslant x\leqslant1,\\ 0, & 其他.\end{cases}$$

$$f_Y(y)=\int_{-\infty}^{+\infty}f(x,y)\mathrm{d}x=\begin{cases}\dfrac{2}{\pi}\sqrt{1-y^2}, & -1\leqslant y\leqslant1,\\ 0, & 其他.\end{cases}$$

可见在圆域 $x^2+y^2\leqslant1$ 上，$f(x, y)\neq f_X(x)f_Y(y)$，故 X 和 Y 不相互独立.

例 3.17 设 X 和 Y 分别表示两个元件的寿命（单位：小时），又设 X 与 Y 相互独立，且它们的概率密度分别为

$$f_X(x)=\begin{cases}\mathrm{e}^{-x}, & x>0,\\ 0, & 其他;\end{cases}\quad f_Y(y)=\begin{cases}\mathrm{e}^{-y}, & y>0,\\ 0, & 其他.\end{cases}$$

求 X 和 Y 的联合概率密度 $f(x, y)$.

解 由 X 和 Y 相互独立可知

$$f(x, y)=f_X(x)f_Y(y)=\begin{cases}\mathrm{e}^{-(x+y)}, & x>0,y>0,\\ 0, & 其他.\end{cases}$$

定理 设二维随机向量 (X,Y) 服从二维正态分布，即 $(X,Y)\sim N\left(\mu_1,\mu_2,\sigma_1^2,\sigma_2^2,\rho\right)$，则 X 与 Y 相互独立的充要条件是 $\rho=0$.

证 二维正态分布的联合概率密度为

$$f(x,y)=\frac{1}{2\pi\sigma_1\sigma_2\sqrt{1-\rho^2}}\exp\left\{-\frac{1}{2(1-\rho^2)}\left[\frac{(x-\mu_1)^2}{\sigma_1^2}-2\rho\frac{(x-\mu_1)(y-\mu_2)}{\sigma_1\sigma_2}+\frac{(y-\mu_2)^2}{\sigma_2^2}\right]\right\}$$

$(-\infty<x<+\infty,-\infty<y<+\infty).$

由例 3.11 的结果可知，X，Y 的边缘概率密度分别为

$$f_X(x) = \frac{1}{\sqrt{2\pi}\sigma_1} \mathrm{e}^{-\frac{(x-\mu_1)^2}{2\sigma_1^2}} \ (-\infty < x < +\infty),$$

$$f_Y(y) = \frac{1}{\sqrt{2\pi}\sigma_2} \mathrm{e}^{-\frac{(y-\mu_2)^2}{2\sigma_2^2}} \ (-\infty < y < +\infty).$$

必要性：若 X 与 Y 相互独立，对于任意的实数 x，y，必有

$$f(x,y) = f_X(x)f_Y(y),$$

由于 $f_X(x)f_Y(y) = \dfrac{1}{2\pi\sigma_1\sigma_2}\exp\left\{-\dfrac{1}{2}\left[\dfrac{(x-\mu_1)^2}{\sigma_1^2} + \dfrac{(y-\mu_2)^2}{\sigma_2^2}\right]\right\}$，取 $x=\mu_1$，$y=\mu_2$，从

而 $\sqrt{1-\rho^2} = 1$，$\rho = 0$.

充分性：显然，在 $f(x,y)$ 中 $\rho = 0$ 时，对任意的实数 x，y 必有

$$f(x,y) = f_X(x)f_Y(y),$$

即 X 与 Y 相互独立.

§3.5　两个随机变量函数的分布

第 2 章已经讨论过一维随机变量的函数的分布，本节讨论二维随机变量的函数的分布，即如果已知二维随机变量 (X,Y) 的联合分布，怎样求随机变量 X 和 Y 的函数 $Z = g(X,Y)$ 的分布. 我们就离散型与连续型函数的分布来讨论.

1. 离散型随机向量函数的分布

设 (X,Y) 是二维随机向量，$g(x,y)$ 是二元函数，则 $g(X,Y)$ 作为 (X,Y) 的函数是一个随机变量，如果 (X,Y) 的联合分布律为

$$P\{X = x_i, Y = y_j\} = p_{ij}\ (i,j = 1,2,\cdots).$$

设 $Z = g(X,Y)$ 的所有可能取值为 z_k，$k = 1,2,\cdots$，则 Z 的分布律为

$$P\{Z = z_k\} = P\{g(X,Y) = z_k\} = \sum_{g(x_i,y_j)=z_k} P\{X = x_i, Y = y_j\} = \sum_{g(x_i,y_j)=z_k} p_{ij}$$

$$(k = 1,2,\cdots). \tag{3.31}$$

例 3.18　设随机向量 X，Y 的概率分布如表 3-21 所示.

表 3-21

X ＼ Y	−1	0	1	2
−1	0.2	0.15	0.1	0.3
2	0.1	0	0.1	0.05

求二维随机向量的函数 Z 的分布：（1） $Z = X + Y$；（2） $Z = XY$；（3） $Z = \min(X,Y)$；（4） $Z = \max(X,Y)$.

解 由 X，Y 的概率分布可以得到表 3-22 所列值.

表 3-22

p_{ij}	0.2	0.15	0.1	0.3	0.1	0	0.1	0.05
(X,Y)	$(-1,-1)$	$(-1,0)$	$(-1,1)$	$(-1,2)$	$(2,-1)$	$(2,0)$	$(2,1)$	$(2,2)$
$Z = X + Y$	-2	-1	0	1	1	2	3	4
$Z = XY$	1	0	-1	-2	-2	0	2	4
$Z = \min(X,Y)$	-1	-1	-1	-1	-1	0	1	2
$Z = \max(X,Y)$	-1	0	1	2	2	2	2	2

把 Z 值相同项对应的概率值合并即可.

（1） $Z = X + Y$ 的概率分布如表 3-23 所示.

表 3-23

Z	-2	-1	0	1	2	3	4
p_k	0.2	0.15	0.1	0.4	0	0.1	0.05

（2） $Z = XY$ 的概率分布如表 3-24 所示.

表 3-24

Z	-2	-1	0	1	2	4
p_k	0.4	0.1	0.15	0.2	0.1	0.05

（3） $Z = \min(X,Y)$ 的概率分布如表 3-25 所示.

表 3-25

Z	-1	0	1	2
p_k	0.85	0	0.1	0.05

（4） $Z = \max(X,Y)$ 的概率分布如表 3-26 所示.

表 3-26

Z	-1	0	1	2
p_k	0.2	0.15	0.1	0.55

例 3.19 设 X，Y 相互独立，且 X 与 Y 分别服从参数为 λ_1，λ_2 的泊松分布，

$Z = X + Y$，求 Z 的分布律.

解　由题设知

$$P\{X = i\} = \frac{\lambda_1^i e^{-\lambda_1}}{i!} \ (i = 0, 1, 2, \cdots),$$

$$P\{Y = j\} = \frac{\lambda_2^j e^{-\lambda_2}}{j!} \ (j = 0, 1, 2, \cdots),$$

那么 $Z = X + Y$ 的可能取值为 0，1，2，$\cdots$. 因 X 与 Y 相互独立，则有

$$
\begin{aligned}
P\{Z = k\} &= P\{X + Y = k\} \\
&= \sum_{i=0}^{k} P\{X = i, Y = k - i\} \\
&= \sum_{i=0}^{k} P\{X = i\} P\{Y = k - i\} \\
&= \sum_{i=0}^{k} \frac{\lambda_1^i e^{-\lambda_1}}{i!} \cdot \frac{\lambda_2^{k-i} e^{-\lambda_2}}{(k-i)!} \\
&= \frac{1}{k!} e^{-(\lambda_1 + \lambda_2)} \sum_{i=1}^{k} \frac{k!}{i!(k-i)!} \lambda_1^i \lambda_2^{k-i} \\
&= \frac{(\lambda_1 + \lambda_2)^k e^{-(\lambda_1 + \lambda_2)}}{k!} (k = 0, 1, 2, \ldots).
\end{aligned}
$$

这个结果表明 $Z = X + Y$ 仍服从泊松分布，其参数为 $\lambda_1 + \lambda_2$.

本例说明，若 X, Y 相互独立，且 $X \sim \pi(\lambda_1)$，$Y \sim \pi(\lambda_2)$，则 $X + Y \sim \pi(\lambda_1 + \lambda_2)$. 这种性质称为分布的可加性，泊松分布是一个可加性分布. 类似地可以证明二项分布也是一个可加性分布，即若 X，Y 相互独立，且 $X \sim b(n_1, p)$，$Y \sim b(n_2, p)$，则 $X + Y \sim b(n_1 + n_2, p)$.

2. 连续型随机向量函数的分布

（1）$Z = X + Y$ 的分布

设 X 和 Y 的联合概率密度为 $f(x, y)$，则 $Z = X + Y$ 的密度为

$$f_Z(z) = \int_{-\infty}^{+\infty} f(x, z - x) \mathrm{d}x = \int_{-\infty}^{+\infty} f(z - y, y) \mathrm{d}y. \qquad (3.32)$$

证　为求和函数 Z 的概率密度，先考虑 Z 的分布函数 $F_Z(z)$，

$$F_Z(z) = P\{Z \leqslant z\} = P\{X + Y \leqslant z\} = \iint\limits_{x+y \leqslant z} f(x, y) \mathrm{d}x\mathrm{d}y,$$

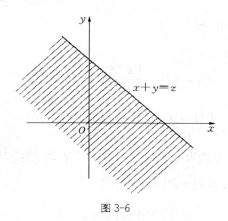

图 3-6

这里积分区域为直线 $x+y=z$ 的左下半平面（见图 3-6）. 将上述积分化为累次积分，有

$$F_Z(z) = \int_{-\infty}^{+\infty} \mathrm{d}x \int_{-\infty}^{z-x} f(x,y)\mathrm{d}y .$$

令 $y=v-x$ ，于是

$$F_Z(z) = \int_{-\infty}^{+\infty}\left[\int_{-\infty}^{z} f(x,v-x)\mathrm{d}v\right]\mathrm{d}x = \int_{-\infty}^{z}\left[\int_{-\infty}^{+\infty} f(x,v-x)\mathrm{d}x\right]\mathrm{d}v .$$

由概率密度的定义，可得 Z 的概率密度为

$$f_Z(z) = \int_{-\infty}^{+\infty} f(x,z-x)\mathrm{d}x .$$

类似地，也有

$$f_Z(z) = \int_{-\infty}^{+\infty} f(z-y,y)\mathrm{d}y .$$

特别地，当 X 与 Y 相互独立时，则有

$$f_Z(z) = \int_{-\infty}^{+\infty} f_X(x)f_Y(z-x)\mathrm{d}x , \tag{3.33}$$

$$f_Z(z) = \int_{-\infty}^{+\infty} f_X(z-y)f_Y(y)\mathrm{d}y . \tag{3.34}$$

式（3.33）与式（3.34）称为**卷积公式**，记为 $f_X * f_Y$ ，即

$$f_X * f_Y = \int_{-\infty}^{+\infty} f_X(z-y)f_Y(y)\mathrm{d}y = \int_{-\infty}^{+\infty} f_X(x)f_Y(z-x)\mathrm{d}x . \tag{3.35}$$

例 3.20 设 X，Y 是相互独立的随机变量，且它们服从相同分布 $N(0,1)$，其概率密度为

$$f_X(x) = \frac{1}{\sqrt{2\pi}}\mathrm{e}^{-\frac{x^2}{2}} , -\infty < x < +\infty , f_Y(y) = \frac{1}{\sqrt{2\pi}}\mathrm{e}^{-\frac{y^2}{2}} , -\infty < y < +\infty .$$

证明 $Z=X+Y$ 服从 $N(0,2)$.

证 利用卷积公式可得

$$f_Z(z) = \int_{-\infty}^{+\infty} f_X(x)f_Y(z-x)\mathrm{d}x = \frac{1}{2\pi}\int_{-\infty}^{+\infty} \mathrm{e}^{-\frac{x^2}{2}} \mathrm{e}^{-\frac{(z-x)^2}{2}}\mathrm{d}x$$

$$= \frac{1}{\sqrt{2\pi}}\int_{-\infty}^{+\infty} \frac{1}{\sqrt{2\pi}}\mathrm{e}^{-\frac{\left(\sqrt{2}x-\frac{z}{\sqrt{2}}\right)^2+\frac{z^2}{2}}{2}}\mathrm{d}x .$$

作变量替换，令 $\sqrt{2}x - \dfrac{z}{\sqrt{2}} = t$，有

$$f_Z(z) = \frac{1}{\sqrt{2\pi}\sqrt{2}}\mathrm{e}^{-\frac{z^2}{4}}\int_{-\infty}^{+\infty}\frac{1}{\sqrt{2\pi}}\mathrm{e}^{-\frac{t^2}{2}}\mathrm{d}t = \frac{1}{\sqrt{2\pi}\sqrt{2}}\mathrm{e}^{-\frac{z^2}{2(\sqrt{2})^2}}, \quad -\infty \leqslant z \leqslant +\infty .$$

即

$$Z = X + Y \sim N(0,2) .$$

一般地，若 X, Y 相互独立且依次服从正态分布 $N(\mu_1, \sigma_1^2)$ 与 $N(\mu_2, \sigma_2^2)$，则

$$Z = X + Y \sim N(\mu_1 + \mu_2, \sigma_1^2 + \sigma_2^2) . \tag{3.36}$$

这个结果称为正态分布的可加性.

上述结果还可推广到多个变量的情况，如果 $X_1, X_2, \cdots, X_n$ 是相互独立的正态随机变量，且 $X_k \sim N(\mu_k, \sigma_k^2), k = 1, 2, \cdots, n$. 则它们的和 $Z = X_1 + X_2 + \cdots + X_n$ 仍服从正态分布，且有

$$Z \sim N(\mu_1 + \mu_2 + \cdots + \mu_n, \sigma_1^2 + \sigma_2^2 + \cdots + \sigma_n^2) . \tag{3.37}$$

更一般地，可以证明，有限个相互独立的正态随机变量的线性组合仍然服从正态分布，这个结论十分重要，将在今后的讨论中多次用到.

例 3.21 设 X 和 Y 是两个相互独立的随机变量，其概率密度分别为

$$f_X(x) = \begin{cases} 1, & 0 \leqslant x \leqslant 1, \\ 0, & \text{其他}; \end{cases} \qquad f_Y(y) = \begin{cases} \mathrm{e}^{-y}, & y > 0, \\ 0, & \text{其他}. \end{cases}$$

求随机变量 $Z = X + Y$ 的分布密度.

解 X, Y 相互独立，所以由卷积公式知

$$f_Z(z) = \int_{-\infty}^{+\infty} f_X(x)f_Y(z-x)\mathrm{d}x.$$

由题设可知 $f_X(x)f_Y(y)$ 只有当 $0 \leqslant x \leqslant 1$, $y > 0$，即当 $0 \leqslant x \leqslant 1$ 且 $z-x > 0$ 时才不等于零. 现在所求的积分变量为 x, z 当作参数，当积分变量满足 x 的不等式组 $0 \leqslant x \leqslant 1$, $x < z$ 时，被积函数 $f_X(x)f_Y(z-x) \neq 0$. 下面针对参数 z 的不同取值范围来计算积分.

当 $z < 0$ 时，上述不等式组无解，故 $f_X(x)f_Y(z-x) = 0$. 当 $0 \leqslant z \leqslant 1$ 时，不等式组的解为 $0 \leqslant x < z$. 当 $z > 1$ 时，不等式组的解为 $0 \leqslant x \leqslant 1$. 所以

$$f_Z(z) = \begin{cases} \int_0^z e^{-(z-x)}dx = 1 - e^{-z}, & 0 \leqslant z \leqslant 1, \\ \int_0^1 e^{-(z-x)}dx = e^{-z}(e-1), & z > 1, \\ 0, & \text{其他.} \end{cases}$$

例 3.22 设 (X,Y) 的概率密度为

$$f(x,y) = \begin{cases} 1, & 0 < x < 1, 0 < y < 2(1-x), \\ 0, & \text{其他,} \end{cases}$$

求 $Z = X + Y$ 的概率密度.

解 本例可考虑先求 Z 的分布函数，再求 Z 的概率密度.

由于 $f(x,y)$ 分区域表达，故需对 Z 分区域来计算 $F_Z(z)$，如图 3-7 所示.

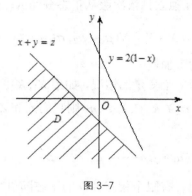

图 3-7

当 $z < 0$ 时，

$$F_Z(z) = P(X + Y \leqslant z) = \iint\limits_{x+y \leqslant z} f(x,y)dxdy = \iint\limits_{x+y \leqslant z} 0 dxdy = 0,$$

其中积分区域 $D = \{(x,y) | x + y \leqslant z\}$ 为直线 $l_1 : x + y = z$ 的左下半平面.

当 $0 \leqslant z < 1$ 时，

$$F_Z(z) = \iint\limits_D f(x,y)dxdy = \int_0^z dx \int_0^{z-x} dy = \frac{1}{2}z^2,$$

其中 $D = \{(x,y) | x + y \leqslant z\}$ 为直线 $l_2 : x + y = z$ 的左下半平面，而只在由直线 $x = 0, y = 0$ 和 $x + y = z$ 所围成的区域上，$f(x,y) = 1$.

当 $1 \leqslant z < 2$ 时，

$$F_Z(z) = \iint\limits_D f(x,y)dxdy = \int_0^{2-z} dx \int_0^{z-x} dy + \int_{2-z}^1 dx \int_0^{2(1-x)} dy$$

$$= z(2-z) - \frac{1}{2}(2-z)^2 + (z-1)^2,$$

其中 $D = \{(x,y)\mid x+y \leqslant z\}$ 为直线 $l_3: x+y=z$ 的左下半平面，而只在由直线 $x=0, y=0, 2x+y=2, x+y=z$ 所围成的区域上，$f(x,y)=1$.

当 $z \geqslant 2$ 时，

$$F_Z(z) = \iint\limits_D f(x,y)\mathrm{d}x\mathrm{d}y = \int_0^1 \mathrm{d}x \int_0^{2(1-x)} \mathrm{d}y = 1,$$

其中积分区域 $D = \{(x,y)\mid x+y \leqslant z\}$ 为直线 $l_4: x+y=z$ 的左下半平面，而只在由直线 $x=0$，$y=0$，$2x+y=2$ 所围成的区域上，$f(x,y)=1$.

于是 $Z=X+Y$ 的分布函数为

$$F_Z(z) = \begin{cases} \dfrac{z^2}{2}, & 0 \leqslant z < 1, \\ z(2-z)-\dfrac{(2-z)^2}{2}+(z-1)^2, & 1 \leqslant z < 2, \\ 1, & z \geqslant 2. \end{cases}$$

求导得 Z 的概率密度为

$$f_Z(z) = \begin{cases} z, & 0 \leqslant z < 1, \\ 2-z, & 1 \leqslant z < 2, \\ 0, & 其他. \end{cases}$$

注意，求连续型随机变量 $Z=X+Y$ 的概率密度时，若在 xOy 平面上 $f(x,y)$ 是初等函数，则利用式（3.32）计算比较方便；若 $f(x,y)$ 是分段函数，则一般先求 $F_Z(z)$，再求导计算 $f_Z(z)$ 则比较容易.

（2）$Z=X/Y$ 的分布

设 (X,Y) 的概率密度为 $f(x,y)$，则 $Z=X/Y$ 的分布函数为

$$F_Z(z) = P(Z \leqslant z) = P\left(\frac{X}{Y} \leqslant z\right) = \iint\limits_{\frac{x}{y} \leqslant z} f(x,y)\mathrm{d}x\mathrm{d}y$$

$$= \int_0^{+\infty} \int_{-\infty}^{zy} f(x,y)\mathrm{d}x\mathrm{d}y + \int_{-\infty}^0 \int_{zy}^{+\infty} f(x,y)\mathrm{d}x\mathrm{d}y$$

$$= \int_{-\infty}^{zy} \int_0^{+\infty} f(x,y)\mathrm{d}y\mathrm{d}x + \int_{zy}^{+\infty} \int_{-\infty}^0 f(x,y)\mathrm{d}y\mathrm{d}x.$$

从而有

$$f_Z(z) = \int_0^{+\infty} y f(zy,y)\mathrm{d}y + \int_{-\infty}^0 (-y)f(zy,y)\mathrm{d}y$$

$$= \int_{-\infty}^{+\infty} |y| f(zy,y)\mathrm{d}y.$$

这就是说，随机变量 Z 的密度函数为

$$f_Z(z) = \int_{-\infty}^{+\infty} |y| f(zy,y)\mathrm{d}y. \tag{3.38}$$

特别地，当 X 和 Y 独立时，有

$$f_Z(z) = \int_{-\infty}^{+\infty} |y| f_X(zy) f_Y(y) \mathrm{d}y, \qquad (3.39)$$

其中 $f_X(x)$，$f_Y(y)$ 分别为 (X, Y) 关于 X 和关于 Y 的边缘概率密度.

例 3.23 设 X，Y 分别表示两只不同型号的灯泡的寿命，X，Y 相互独立，它们的概率密度依次为

$$f(x) = \begin{cases} \mathrm{e}^{-x}, & x > 0, \\ 0, & \text{其他;} \end{cases} \qquad g(y) = \begin{cases} 2\mathrm{e}^{-2y}, & y > 0, \\ 0, & \text{其他.} \end{cases}$$

求 $Z=X/Y$ 的概率密度函数.

解 当 $z>0$ 时，Z 的概率密度为

$$f_Z(z) = \int_0^{+\infty} y\mathrm{e}^{-yz} \cdot 2\mathrm{e}^{-2y} \mathrm{d}y = \int_0^{+\infty} 2y\mathrm{e}^{-(2+z)y} \mathrm{d}y = \frac{2}{(2+z)^2};$$

当 $z\leqslant 0$ 时，$f_Z(z)=0$. 于是

$$f_Z(z) = \begin{cases} \dfrac{2}{(2+z)^2}, & z > 0, \\ 0, & z \leqslant 0. \end{cases}$$

（3）最大值 $M=\max(X,Y)$ 与最小值 $N=\min(X,Y)$ 的分布

设随机变量 X，Y 相互独立，且分布函数分别为 $F_X(x)$ 和 $F_Y(y)$. 现在求 $M=\max(X,Y)$ 和 $N=\min(X,Y)$ 的分布函数.

由于 $\{\max(X,Y)\leqslant z\}$ 等价于 $\{X$ 与 Y 都不大于 $z\}$，即

$$P(M\leqslant z) = P(X\leqslant z, Y\leqslant z),$$

又由于 X 和 Y 相互独立，得到 $M=\max(X,Y)$ 的分布函数为

$$F_{\max}(z) = P(M\leqslant z) = P(X\leqslant z, Y\leqslant z) = P(X\leqslant z)P(Y\leqslant z),$$

即

$$F_{\max}(z) = F_X(z)F_Y(z). \qquad (3.40)$$

类似地，可得 $N=\min(X,Y)$ 的分布函数为

$$\begin{aligned} F_{\min}(z) &= P(N\leqslant z) = 1-P(N>z) = 1-P(X>z, Y>z) \\ &= 1-P(X>z)P(Y>z), \end{aligned}$$

即

$$F_{\min}(z) = 1-[1-F_X(z)][1-F_Y(z)]. \qquad (3.41)$$

以上结果容易推广到 n 个相互独立的随机变量的情况. 设 $X_1,X_2,\cdots,X_n$ 是 n 个相互独立的随机变量，它们的分布函数分别为 $F_{X_i}(x_i)(i=1,2,\cdots,n)$，则 $M=\max(X_1,X_2,\cdots,X_n)$ 以及 $N=\min(X_1,X_2,\cdots,X_n)$ 的分布函数分别为

$$F_{\max}(z) = F_{X_1}(z)F_{X_2}(z)\cdots F_{X_n}(z), F_{\min}(z) = 1-[1-F_{X_1}(z)][1-F_{X_2}(z)]\cdots[1-F_{X_n}(z)].$$

$$(3.42)$$

特别地，当 $X_1,X_2,\cdots,X_n$ 相互独立且具有相同分布函数 $F(x)$ 时，有

$$F_{\max}(z)=\big[F(z)\big]^n,\ F_{\min}(z)=1-\big[1-F(z)\big]^n. \tag{3.43}$$

例 3.24 设某种型号的电子元件的寿命（以小时计）近似服从 $N(160,20^2)$ 分布，随机地选取 4 只，求其中没有一只寿命小于 180 小时的概率.

解 将随机选出的 4 只电子元件的寿命分别记为 T_1,T_2,T_3,T_4.

按题意，$T_i\sim N(160,20^2),i=1,2,3,4$, 其分布函数为 $F(t)$. 令 $T=\min(T_1,T_2,T_3,T_4)$，则

$$F_T(t)=P(T\leqslant t)=1-\big[1-F(t)\big]^4,$$

于是

$$P(T\geqslant 180)=1-P(T<180)=\big[1-F(180)\big]^4,$$

又有 $F(180)=\varPhi\left(\dfrac{180-160}{20}\right)=\varPhi(1)$，

故所求的概率为 $P(T\geqslant 180)=[1-\varPhi(1)]^4=(1-0.8413)^4=0.1587^4$.

（4）其他常用函数的分布

例 3.25 某人向平面靶射击，假设靶心位于坐标原点，若弹着点 M 的坐标 (X,Y) 服从二维正态分布

$$f(x,y)=\frac{1}{2\pi\sigma^2}\mathrm{e}^{-\frac{x^2+y^2}{2\sigma^2}},$$

试确定弹着点到靶心距离的概率密度.

解 依题意，$Z=\sqrt{X^2+Y^2}$，先求 Z 的分布函数. 显然，当 $z\leqslant 0$ 时 $F_Z(z)=0$. 当 $z>0$ 时，

$$F_Z(z)=P\{Z\leqslant z\}=P\{\sqrt{X^2+Y^2}\leqslant z\}=\frac{1}{2\pi\sigma^2}\iint\limits_{\sqrt{x^2+y^2}\leqslant z}\mathrm{e}^{-\frac{x^2+y^2}{2\sigma^2}}\mathrm{d}x\mathrm{d}y$$

$$=\frac{1}{2\pi\sigma^2}\int_0^{2\pi}\mathrm{d}\theta\int_0^z \mathrm{e}^{-\frac{r^2}{2\sigma^2}}r\mathrm{d}r=\frac{1}{\sigma^2}\int_0^z r\mathrm{e}^{-\frac{r^2}{2\sigma^2}}\mathrm{d}r=1-\mathrm{e}^{-\frac{z^2}{2\sigma^2}},$$

因此

$$F_Z(z)=\begin{cases}1-\mathrm{e}^{-\frac{z^2}{2\sigma^2}}, & z>0,\\ 0, & z\leqslant 0.\end{cases}$$

对 z 求导，即得 Z 的概率密度

$$f_Z(z)=\begin{cases}\dfrac{z}{\sigma^2}\mathrm{e}^{-\frac{z^2}{2\sigma^2}}, & z>0,\\ 0, & z\leqslant 0.\end{cases}$$

我们称 Z 服从参数为 $\sigma\,(\sigma>0)$ 的瑞利分布.

瑞利分布很有用. 例如，弹着点的坐标为 (X,Y)，设横向偏差 $X\sim N(0,\sigma^2)$，纵向偏差 $Y\sim N(0,\sigma^2)$，X,Y 相互独立，那么弹着点到原点的距离 D 便服从瑞

利分布. 瑞利分布还在噪声、海浪等理论中得到应用.

【知识结构图】

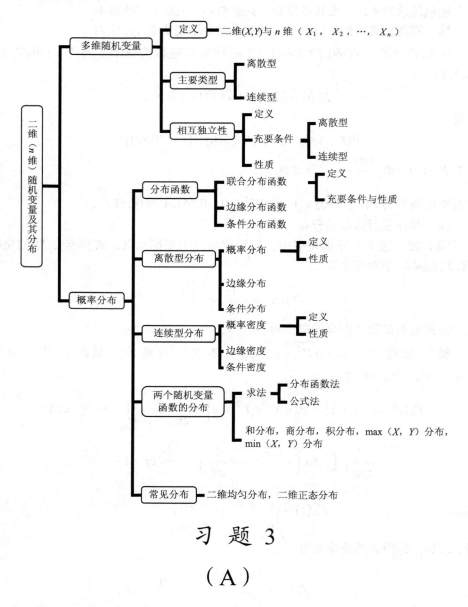

习 题 3

（A）

1. 设二维随机变量 (X, Y) 的联合分布函数为

$$F(x, y) = \begin{cases} \sin x \sin y, & 0 \leqslant x \leqslant \dfrac{\pi}{2}, 0 \leqslant y \leqslant \dfrac{\pi}{2}, \\ 0, & \text{其他.} \end{cases}$$

求二维随机变量 (X, Y) 在长方形域 $\left\{ 0 < X \leqslant \dfrac{\pi}{4}, \dfrac{\pi}{6} < Y \leqslant \dfrac{\pi}{3} \right\}$ 内的概率.

2. 设二维随机变量 (X, Y) 只能取下列数组中的值：$(0, 0)$，$(-1, 1)$，$\left(-1, \dfrac{1}{3} \right)$，$(2, 0)$，且取这几组的概率依次为 $\dfrac{1}{6}$，$\dfrac{1}{3}$，$\dfrac{1}{12}$，$\dfrac{5}{12}$. 求二维随机变量 (X, Y) 的分布律.

3. 将一硬币抛掷三次，以 X 表示在三次中出现正面的次数，以 Y 表示三次中出现正面次数与出现反面次数之差的绝对值. 求：

（1） X 和 Y 的联合分布律；

（2）(X, Y) 关于 X 和 Y 的边缘分布律.

4. 盒子中装有 3 只黑球、2 只红球、2 只白球，在其中任取 4 只球，以 X 表示取到黑球的只数，以 Y 表示取到红球的只数. 求：

（1） X 和 Y 的联合分布律；

（2）(X, Y) 关于 X 和 Y 的边缘分布律.

5. 在例 3.3 中，求：

（1） $X = 1$ 时，Y 的条件分布律；

（2） $Y = 2$ 时，X 的条件分布律.

6. 设随机变量 (X, Y) 的分布密度为

$$f(x, y) = \begin{cases} A\mathrm{e}^{-(3x+4y)}, & x > 0, y > 0, \\ 0, & \text{其他.} \end{cases}$$

求：（1）常数 A；

（2）随机变量 (X, Y) 的分布函数；

（3）$P\{0 < X \leqslant 1,\ 0 < Y \leqslant 2\}$.

7. 设二维随机变量 (X, Y) 的联合分布函数为

$$F(x, y) = \begin{cases} (1 - \mathrm{e}^{-4x})(1 - \mathrm{e}^{-2y}), & x > 0, y > 0, \\ 0, & \text{其他.} \end{cases}$$

求 (X, Y) 的联合分布密度.

8. 设 (X, Y) 在圆域 $x^2 + y^2 \leqslant 4$ 上服从均匀分布，求：

（1）(X, Y) 的概率密度；

（2）$P\{0 < X < 1,\ 0 < Y < 1\}$.

9. 设二维随机变量 (X, Y) 的概率密度为

$$f(x, y) = \begin{cases} 4.8y(2 - x), & 0 \leqslant x \leqslant 1, 0 \leqslant y \leqslant x, \\ 0, & \text{其他.} \end{cases}$$

求边缘概率密度.

10. 设二维随机变量 (X, Y) 有如下联合密度函数:

$$f(x, y) = \frac{A}{\pi^2(16 + x^2)(25 + y^2)}, -\infty < x < +\infty, \quad -\infty < y < +\infty.$$

(1) 确定 A;

(2) 写出 (X, Y) 的联合分布函数;

(3) 写出 X 与 Y 的边缘分布函数.

11. 求例 3.10 中的条件概率密度 $f_{Y|X}(y|x)$, $f_{X|Y}(x|y)$.

注: 随机变量 (X, Y) 的概率密度为

$$f(x, y) = \begin{cases} 1, & |y| < x, 0 < x < 1, \\ 0, & \text{其他.} \end{cases}$$

12. 设二维随机变量 (X, Y) 在单位圆 $x^2 + y^2 \leqslant 1$ 内均匀分布. 求条件密度 $f_{X|Y}(x|y)$, $f_{X|Y}(x|y=0)$, $f_{X|Y}\left(x\left|y = \frac{1}{2}\right.\right)$.

13. 袋中有五个号码 1, 2, 3, 4, 5, 从中任取三个, 记这三个号码中最小的号码为 X, 最大的号码为 Y.

(1) 求 X 与 Y 的联合概率分布;

(2) X 与 Y 是否相互独立?

14. 设 X 和 Y 是两个相互独立的随机变量, 其概率密度分别为

$$f_X(x) = \begin{cases} 1, & 0 \leqslant x \leqslant 1, \\ 0, & \text{其他;} \end{cases} \qquad f_Y(y) = \begin{cases} \mathrm{e}^{-y}, & y > 0, \\ 0, & \text{其他.} \end{cases}$$

求随机变量 $Z = X + Y$ 的概率密度.

15. 设 X, Y 均服从指数分布且 X 和 Y 相互独立, 其概率密度分别为

$$f_X(x) = \begin{cases} \alpha \mathrm{e}^{-\alpha x}, & x > 0, \\ 0, & x \leqslant 0, \end{cases} \qquad f_Y(y) = \begin{cases} \beta \mathrm{e}^{-\beta y}, & y > 0, \\ 0, & y \leqslant 0, \end{cases}$$

其中 $\alpha > 0$, $\beta > 0$, $\alpha \neq \beta$. 求:

(1) $Z = \min\{X, Y\}$ 的概率密度;

(2) $Z = \max\{X, Y\}$ 的概率密度.

16. 设 X 和 Y 分别表示两个不同电子器件的寿命 (以小时计), 并设 X 和 Y 相互独立, 且服从同一分布, 其概率密度为

$$f(x) = \begin{cases} \dfrac{1000}{x^2}, & x > 1000, \\ 0, & \text{其他.} \end{cases}$$

求 $Z = X/Y$ 的概率密度.

17. 随机变量 (X, Y) 的分布律如表 3-27 所示.

表 3-27

Y \ X	0	1	2	3	4	5
0	0	0.01	0.03	0.05	0.07	0.09
1	0.01	0.02	0.04	0.05	0.06	0.08
2	0.01	0.03	0.05	0.05	0.05	0.06
3	0.01	0.02	0.04	0.06	0.06	0.05

（1）求 $V=\max(X, Y)$ 的分布律；

（2）求 $U=\min(X, Y)$ 的分布律；

（3）求 $W=X+Y$ 的分布律.

（B）

1．填空题

（1）设随机变量 X 和 Y 是两个相互独立同分布，X 的分布律如表 3-28 所示.

表 3-28

X	0	1
p_k	$\dfrac{1}{3}$	$\dfrac{2}{3}$

则 $Z = \max\{X,Y\}$ 的分布律为_____.

（2）随机变量 (X,Y) 的分布函数 $F(x,y)=$_____.

（ ）若二维随机变量 (X, Y) 在区域 $\{(x,y)\mid x^2 + y^2 \leqslant R^2\}$ 上服从均匀分布，则 (X, Y) 的密度函数为_____.

（4）设随机变量 X 与 Y 相互独立，且均服从区间[0,3]上的均匀分布，则 $P\{\max\{X,Y\}\leqslant 1\}=$ _____.

（5）设 X,Y 相互独立，且 $P\{X\leqslant 1\}=1/2$，$P\{Y\leqslant 1\}=1/3$，则

$P\{X\leqslant 1,\ Y\leqslant 1\}=$ _____.

（6）设随机变量 X 在 1，2，3，4 四个整数中等可能地取值，另一个随机变量 Y 在 1~X 中等可能地取一整数值，则 $P\{Y = 2\} =$ _____.

2．选择题

（1）若 $F(x,y)$ 为 (X,Y) 的分布函数，则（   ）.

A．$F(x,-\infty)=1$ B．$F(-\infty,-\infty)=1$ C．$F(x,+\infty)=1$ D．$F(+\infty,+\infty)=1$

（2）设二维随机向量的联合分布律如表 3-29 所示，则 $P\{Y=0\}=$（　　）.

A. $\dfrac{1}{12}$ 　　　B. $\dfrac{2}{12}$ 　　　C. $\dfrac{3}{12}$ 　　　D. $\dfrac{4}{12}$

表 3-29

X＼Y	0	1	2
0	$\dfrac{1}{12}$	$\dfrac{2}{12}$	$\dfrac{2}{12}$
1	$\dfrac{1}{12}$	$\dfrac{1}{12}$	0
2	$\dfrac{2}{12}$	$\dfrac{1}{12}$	$\dfrac{2}{12}$

（3）在下列二元函数中，可以作为连续随机变量的联合概率密度的是（　　）.

A. $f_1(x,y)=\begin{cases}\cos x, & x\in\left[-\dfrac{\pi}{2},\dfrac{\pi}{2}\right], \quad y\in[0,1]\\ 0, & \text{其他}\end{cases}$

B. $f_2(x,y)=\begin{cases}\cos x, & x\in\left[-\dfrac{\pi}{2},\dfrac{\pi}{2}\right], \quad y\in\left[0,\dfrac{1}{2}\right]\\ 0, & \text{其他}\end{cases}$

C. $f_3(x,y)=\begin{cases}\cos x, & x\in[0,\pi], \quad y\in[0,1]\\ 0, & \text{其他}\end{cases}$

D. $f_4(x,y)=\begin{cases}\cos x, & x\in[0,\pi], \quad y\in\left[0,\dfrac{1}{2}\right]\\ 0, & \text{其他}\end{cases}$

（4）随机变量 $X_i\,(i=1,2)$ 的分布律如表 3-30 所示.

表 3-30

X_i	-1	0	1
p	$\dfrac{1}{4}$	$\dfrac{1}{2}$	$\dfrac{1}{4}$

且满足 $P\{X_1X_2=0\}=1$,则 $P\{X_1=X_2\}=$（　　）.

A. 0 　　　B. $\dfrac{1}{4}$ 　　　C. $\dfrac{1}{2}$ 　　　D. 1

（5）若 $f(x,y)$ 是二维随机变量 (X,Y) 的密度函数，则 (X,Y) 关于 X 的边缘分布密度函数为（　　）.

A. $\int_{-\infty}^{+\infty} f(x,y)\mathrm{d}x$　B. $\int_{-\infty}^{+\infty} f(x,y)\mathrm{d}y$　C. $\int_{-\infty}^{y} f(x,y)\mathrm{d}x$　D. $\int_{-\infty}^{x} f(x,y)\mathrm{d}x$

（6）若 $f(x,y)$ 是二维随机变量 (X,Y) 的密度函数，则 (X,Y) 关于 Y 的边缘分布密度函数为（　　）.

A. $\int_{-\infty}^{+\infty} f(x,y)\mathrm{d}x$　B. $\int_{-\infty}^{+\infty} f(x,y)\mathrm{d}y$　C. $\int_{-\infty}^{y} f(x,y)\mathrm{d}y$　D. $\int_{-\infty}^{y} f(x,y)\mathrm{d}x$

（7）二维随机变量 (X,Y) 的分布律如表 3-31 所示.

表 3-31

X \ Y	0	1
0	0.4	a
1	b	0.1

若随机事件 $\{X=0\}$ 与 $\{X+Y=1\}$ 相互独立，则（　　）.

A. $a=0.2, b=0.3$ 　　　　　　B. $a=0.1, b=0.4$

C. $a=0.3, b=0.2$ 　　　　　　D. $a=0.4, b=0.1$

（8）设两个独立的随机变量 X 和 Y 分别服从正态分布 $N(0,1)$ 和 $N(1,1)$，则（　　）.

A. $P\{X+Y \leqslant 0\} = \dfrac{1}{2}$ 　　　　　　B. $P\{X+Y \leqslant 1\} = \dfrac{1}{2}$

C. $P\{X-Y \leqslant 0\} = \dfrac{1}{2}$ 　　　　　　D. $P\{X-Y \leqslant 1\} = \dfrac{1}{2}$

（9）设 X 和 Y 是两个独立的随机变量，$X \sim N(\mu_1, \sigma_1^2)$，$Y \sim N(\mu_2, \sigma_2^2)$，则 $Z = X + Y$ 仍服从正态分布，且有（　　）.

A. $Z \sim N(\mu_1 + \mu_2, \sigma_1^2 + \sigma_2^2)$ 　　　B. $Z \sim N(\mu_1 + \mu_2, \sigma_1^2 - \sigma_2^2)$

C. $Z \sim N(\mu_1 - \mu_2, \sigma_1^2 - \sigma_2^2)$ 　　　D. $Z \sim N(\mu_1 - \mu_2, \sigma_1^2 + \sigma_2^2)$

（10）设 X 和 Y 是两个随机变量，且 $P\{X \geqslant 0, Y \geqslant 0\} = \dfrac{3}{7}$，$P\{X \geqslant 0\} = P\{Y \geqslant 0\} = \dfrac{4}{7}$，则 $P\{\max(X,Y) \geqslant 0\} = $（　　）.

A. $\dfrac{16}{49}$ 　　　　B. $\dfrac{5}{7}$ 　　　　C. $\dfrac{3}{7}$ 　　　　D. $\dfrac{40}{49}$

（11）设 X 和 Y 是两个独立的随机变量，它们的分布函数分别为 $F_X(x), F_Y(y)$，则 $Z = \max\{X,Y\}$ 的分布函数为（　　）.

A. $F_Z(z) = \max\{F_X(z), F_Y(z)\}$ B. $F_Z(z) = \max\{|F_X(z)|, |F_Y(z)|\}$

C. $F_Z(z) = F_X(z)F_Y(z)$ D. $F_Z(z) = 1 - \max\{F_X(z), F_Y(z)\}$

（12）已知 (X, Y) 的分布函数为 $F(x, y)$，关于 X 和 Y 的边缘分布函数分别是 $F_X(x), F_Y(y)$，则 $P\{X > x_0, Y > y_0\}$ 可表示为（   ）.

A. $F(x_0, y_0)$ B. $1 - F(x_0, y_0)$

C. $[1 - F_X(x_0)][1 - F_Y(y_0)]$ D. $1 - F_X(x_0) - F_Y(y_0) + F(x_0, y_0)$

第 **4** 章 随机变量的数字特征

我们知道分布函数全面地描述了随机变量的统计特性,但在许多实际问题中,一方面由于求分布函数并非易事;另一方面,往往不需要去全面考察随机变量的变化情况,而只需知道随机变量的某些特征就够了. 例如,在考察一个班级学生的学习成绩时, 只要知道这个班级的平均成绩及其分散程度就可以对该班的学习情况作出比较客观的判断了, 这样的平均值及表示分散程度的数字虽然不能完整地描述随机变量, 但能更突出地描述随机变量在某些方面的重要特征. 在概率统计中,把描述随机变量某种特征的数(如平均数与离散程度),称为随机变量的数字特征.

本章将介绍随机变量的常用数字特征:数学期望、方差、相关系数和矩.

§4.1 数学期望

1. 离散型随机变量的数学期望

我们先举个例子.

例 4.1 设射手甲与乙在同样条件下进行射击,他们各自的命中环数是随机变量, 分别记为 X_1, X_2,其分布律如表 4-1、表 4-2 所示.

表 4-1

X_1	8	9	10
p	0.3	0.1	0.6

表 4-2

X_2	8	9	10
p	0.2	0.5	0.3

试问哪一个射手本领较好?

解 若两个射手各射 N 枪,则他们命中的环数大约如下.

甲:$8 \times 0.3N + 9 \times 0.1N + 10 \times 0.6N = 9.3N$,

乙:$8 \times 0.2N + 9 \times 0.5N + 10 \times 0.3N = 9.1N$.

平均起来甲每枪射中 9.3 环，乙射中 9.1 环，因此认为甲射手的本领要好些.

受上面问题的启发，我们引入如下定义.

定义 4.1 设离散型随机变量 X 可能取值为 x_k $(k=1,2,\cdots)$，其分布律为

$$p_k = P(X = x_k), \quad k = 1, 2, \cdots,$$

若级数 $\sum\limits_{k=1}^{\infty} x_k p_k$ 绝对收敛，则称此级数的和为随机变量 X 的数学期望（或均值），记为 $E(X)$，即

$$E(X) = \sum_{k=1}^{\infty} x_k p_k . \tag{4.1}$$

为简单地解释数学期望的意义，我们暂设随机变量 X 仅取有限个值 $x_1, x_2, \cdots, x_n$. 先考虑特殊情形，即

$$P\{X = x_i\} = \frac{1}{n}, \quad i = 1, 2, \cdots, n .$$

这时

$$E(X) = \frac{1}{n} \sum_{i=1}^{n} x_i .$$

这表明，在这种特殊情形下，数学期望 $E(X)$ 即为通常意义下的算术平均值.

例 4.2 甲乙两工人每天生产出相同数量同种类型的产品，用 X_1, X_2 分别表示甲、乙两人某天生产的次品数，经统计得表 4-3 和表 4-4 的数据.

表 4-3

次品数 X_1	0	1	2	3
p_k	0.3	0.3	0.2	0.2

表 4-4

次品数 X_2	0	1	2	3
p_k	0.2	0.5	0.3	0

试比较他们的技术水平的高低.

解 根据定义，X_1 的数学期望为

$$E(X_1) = 0 \times 0.3 + 1 \times 0.3 + 2 \times 0.2 + 3 \times 0.2 = 1.3 ,$$

由 $E(X_1)$ 知甲工人平均一天生产出 1.3 件次品，而

$$E(X_2) = 0 \times 0.2 + 1 \times 0.5 + 2 \times 0.3 + 3 \times 0 = 1.1 .$$

所以甲的技术水平比乙低.

2. 连续型随机变量的数学期望

定义 4.2 设连续型随机变量 X 的概率密度为 $f(x)$，若积分 $\int_{-\infty}^{+\infty} |x| f(x) \mathrm{d}x$ 收

敛，则积分

$\int_{-\infty}^{+\infty} xf(x)\mathrm{d}x$ 称为 X 的数学期望（或均值），记为 $E(X)$，即

$$E(X) = \int_{-\infty}^{+\infty} xf(x)\mathrm{d}x . \tag{4.2}$$

从几何意义来说，连续型随机变量 X 的数学期望 $E(X)$ 就是概率分布曲线 $y = f(x)$ 与 x 轴之间的平面图形的重心的横坐标，这是因为上述平面图形的面积 为 $\int_{-\infty}^{+\infty} f(x)\mathrm{d}x = 1$.

例 4.3 设随机变量 X 的概率密度是

$$f(x) = \begin{cases} 2x, & 0 \leqslant x \leqslant 1, \\ 0, & \text{其他,} \end{cases}$$

求 X 的数学期望 $E(X)$.

解 $E(X) = \int_{-\infty}^{+\infty} xf(x)\mathrm{d}x = \int_0^1 x \cdot 2x \mathrm{d}x = \int_0^1 2x^2 \mathrm{d}x = \frac{2}{3}x^3 \Big|_0^1 = \frac{2}{3}$.

3. 随机变量函数的数学期望

我们经常需要求随机变量的函数的数学期望，例如飞机机翼受到压力 $W = Rv^2$（v 是风速，$r > 0$ 是常数）的作用，需要求 W 的数学期望，这里 W 是随机变 量 v 的函数，这时，可以通过下面的定理来求 W 的数学期望.

定理 4.1 设随机变量 X 的函数为 $Y = g(X)$（$g(x)$ 是连续函数）.

（1）X 是离散型随机变量，其分布律是

$$p_k = P(X = x_k), \quad k = 1, 2, \cdots,$$

若 $\sum_{k=1}^{\infty} |g(x_k)| p_k$ 收敛，则 Y 的数学期望为

$$E(Y) = E[g(X)] = \sum_{k=1}^{\infty} g(x_k) p_k . \tag{4.3}$$

（2）X 是连续型随机变量，其概率密度为 $f(x)$，若 $\int_{-\infty}^{+\infty} |g(x)| f(x)\mathrm{d}x$ 收敛，

则 Y 的数学期望为

$$E(Y) = E[g(X)] = \int_{-\infty}^{+\infty} g(x) f(x)\mathrm{d}x . \tag{4.4}$$

定理 4.1 的重要意义在于当我们求 $E(Y)$ 时，不必要算出 Y 的分布律或概率密 度，而只需利用 X 的分布律或概率密度就可以了，定理的证明超出了本书的范围， 略去.

例 4.4 设随机变量 X 的分布律如表 4-5 所示.

表 4-5

X	−1	0	2	3
p	1/8	1/4	3/8	1/4

求 $E(X^2)$，$E(-2X+1)$.

解 由式（4.3）得

$$E(X^2)=(-1)^2 \times \frac{1}{8}+0^2 \times \frac{1}{4}+2^2 \times \frac{3}{8}+3^2 \times \frac{1}{4}=\frac{31}{8} ,$$

$$E(-2X+1)=[-2 \times (-1)+1] \times \frac{1}{8}+(-2 \times 0+1) \times \frac{1}{4}+(-2 \times 2+1) \times \frac{3}{8}+(-2 \times 3+1) \times \frac{1}{4}=-\frac{7}{4}.$$

例 4.5 对球的直径作近似测量，设其值均匀分布在区间 $[a, b]$ 内，求球体积的数学期望.

解 设随机变量 X 表示球的直径，Y 表示球的体积，依题意，X 的概率密度为

$$f(x)=\begin{cases} \dfrac{1}{b-a}, & a \leqslant x \leqslant b, \\ 0, & \text{其他.} \end{cases}$$

球体积 $Y=\dfrac{1}{6}\pi X^3$，由式（4.4）得

$$E(Y)=E\left(\frac{1}{6}\pi X^3\right)=\int_a^b \frac{1}{6}\pi x^3 \frac{1}{b-a}\mathrm{d}x$$

$$=\frac{\pi}{6(b-a)}\int_a^b x^3 \mathrm{d}x=\frac{\pi}{24}(a+b)(a^2+b^2).$$

下面讨论二维随机变量的数学期望.

定理 4.2 设 Z 是随机变量 X，Y 的函数，$Z=g(X,Y)$（g 是连续函数）.

（1）若 (X,Y) 为离散型随机变量，其分布律为 $P\{X=x_i,Y=y_j\}=p_{ij}$，$i,j=1,2,\cdots$，则有

$$E(Z)=E[g(X,Y)]=\sum_{j=1}^{\infty}\sum_{i=1}^{\infty}g(x_i,y_i)p_{ij}, \qquad (4.5)$$

这里设上式右边的级数绝对收敛.

（2）若 (X,Y) 为连续型随机变量，其联合概率密度为 $f(x,y)$，则有

$$E(Z)=E[g(X,Y)]=\int_{-\infty}^{+\infty}\int_{-\infty}^{+\infty}g(x,y)f(x,y)\mathrm{d}x\mathrm{d}y, \qquad (4.6)$$

这里设上式右边的积分绝对收敛.

特别设 (X,Y) 是二维连续型随机变量，其概率密度为 $f(x,y)$，则

$$E(X)=\int_{-\infty}^{+\infty}\int_{-\infty}^{+\infty}xf(x,y)\mathrm{d}y\mathrm{d}x=\int_{-\infty}^{+\infty}xf_X(x)\mathrm{d}x, \qquad (4.7)$$

$$E(Y) = \int_{-\infty}^{+\infty} \int_{-\infty}^{+\infty} y f(x, y) \mathrm{d}x \mathrm{d}y = \int_{-\infty}^{+\infty} y f_Y(y) \mathrm{d}y . \qquad (4.8)$$

例 4.6　设二维随机变量 (X, Y) 在区域 A 上服从均匀分布，其中 A 为 x 轴、y 轴及直线 $x + \dfrac{y}{2} = 1$ 所围成的三角区域，求 $E(X)$，$E(Y)$，$E(XY)$．

解　由于 (X, Y) 在 A 内服从均匀分布，所以其概率密度为

$$f(x, y) = \begin{cases} \dfrac{1}{A\text{的面积}}, & (x, y) \in A, \\ 0, & (x, y) \notin A, \end{cases} = \begin{cases} 1, & (x, y) \in A, \\ 0, & (x, y) \notin A. \end{cases}$$

$$E(X) = \int_{-\infty}^{+\infty} \int_{-\infty}^{+\infty} x f(x, y) \mathrm{d}x \mathrm{d}y = \iint_A x \mathrm{d}x \mathrm{d}y = \int_0^1 \mathrm{d}x \int_0^{2(1-x)} x \mathrm{d}y = \frac{1}{3};$$

$$E(Y) = \int_{-\infty}^{+\infty} \int_{-\infty}^{+\infty} y f(x, y) \mathrm{d}x \mathrm{d}y = \iint_A y \mathrm{d}x \mathrm{d}y = \int_0^2 y \mathrm{d}y \int_0^{1-\frac{y}{2}} \mathrm{d}x = \frac{2}{3};$$

$$E(XY) = \int_{-\infty}^{+\infty} \int_{-\infty}^{+\infty} xy f(x, y) \mathrm{d}x \mathrm{d}y = \int_0^1 x \mathrm{d}x \int_0^{2(1-x)} y \mathrm{d}y = 2 \int_0^1 x(1-x)^2 \mathrm{d}x = \frac{1}{6} .$$

4．数学期望的性质

以下假设所遇到的随机变量的数学期望存在．

性质 1　若 C 为常数，则有　$E(C) = C$．

性质 2　若 k 为常数，则有　$E(kX) = kE(X)$．

性质 3　设 X, Y 是任意两个随机变量，则有

$$E(X + Y) = E(X) + E(Y) .$$

这一性质可以推广到任意有限个随机变量之和的情况．

设 $X_1, X_2, \cdots, X_n$ 是任意 n 个随机变量，则有

$$E(X_1 + X_2 + \cdots + X_n) = E(X_1) + E(X_2) + \cdots + E(X_n) .$$

性质 4　设 X, Y 是任意两个相互独立的随机变量，则有

$$E(XY) = E(X)E(Y) .$$

这一性质可以推广到任意有限个相互独立的随机变量之积的情况．

设 $X_1, X_2, \cdots, X_n$ 是任意 n 个随机变量，则有

$$E(X_1 X_2 \cdots X_n) = E(X_1)E(X_2) \cdots E(X_n).$$

性质 1 和性质 2 由读者自己证明，我们用连续情形来证明性质 3 和性质 4．

证　设二维随机变量 (X, Y) 的概率密度为 $f(x, y)$，其边缘概率密度为 $f_X(x), f_Y(y)$，

则有

$$E(X+Y) = \int_{-\infty}^{+\infty} \int_{-\infty}^{+\infty} (x+y)f(x,y)\mathrm{d}x\mathrm{d}y$$

$$= \int_{-\infty}^{+\infty} \int_{-\infty}^{+\infty} xf(x,y)\mathrm{d}x\mathrm{d}y + \int_{-\infty}^{+\infty} \int_{-\infty}^{+\infty} yf(x,y)\mathrm{d}x\mathrm{d}y$$

$$= \int_{-\infty}^{+\infty} xf_X(x)\mathrm{d}x + \int_{-\infty}^{+\infty} yf_Y(y)\mathrm{d}y$$

$$= E(X) + E(Y).$$

性质 3 得证.

又若 X 和 Y 相互独立，则

$$E(XY) = \int_{-\infty}^{+\infty} \int_{-\infty}^{+\infty} xyf(x,y)\mathrm{d}x\mathrm{d}y$$

$$= \int_{-\infty}^{+\infty} \int_{-\infty}^{+\infty} xyf_X(x)f_Y(y)\mathrm{d}x\mathrm{d}y$$

$$= \left[\int_{-\infty}^{+\infty} xf_X(x)\mathrm{d}x \right]\left[\int_{-\infty}^{+\infty} yf_Y(y)\mathrm{d}y \right] = E(X)E(Y).$$

性质 4 得证.

例 4.7 一民航送客车载有 20 位旅客自机场开出，旅客有 10 个车站可以下车，如到达一个车站没有旅客下车就不停车，以 X 表示停车的次数，求 $E(X)$（设每位旅客在各个车站下车是等可能的，并设各旅客是否下车相互独立）.

解 引入随机变量

$$X_i = \begin{cases} 0, & \text{在第}i\text{站没有人下车,} \\ 1, & \text{在第}i\text{站有人下车,} \end{cases} \quad i=1,2,\cdots,10.$$

易知 $\qquad X = X_1 + X_2 + \cdots + X_{10}.$
现在来求 $E(X)$.

按题意，任一旅客在第 i 站不下车的概率为 $\dfrac{9}{10}$，因此 20 位旅客都不在第 i 站下车的概率为 $\left(\dfrac{9}{10}\right)^{20}$，在第 i 站有人下车的概率为 $1-\left(\dfrac{9}{10}\right)^{20}$，也就是

$$P\{X_i=0\} = \left(\frac{9}{10}\right)^{20}, P\{X_i=1\} = 1-\left(\frac{9}{10}\right)^{20}, \quad i=1,2,\cdots,10.$$

由此 $\qquad E(X_i) = 1-\left(\dfrac{9}{10}\right)^{20}, \quad i=1,2,\cdots,10.$

进而 $\qquad E(X) = E(X_1+X_2+\cdots+X_{10})$

$$= E(X_1)+E(X_2)+\cdots+E(X_{10})$$

$$= 10\left[1-\left(\frac{9}{10}\right)^{20}\right] = 8.784.$$

本题是将 X 分解成数个随机变量之和，然后利用随机变量和的数学期望等于随机变量数学期望之和来求数学期望的，这种处理方法具有一定的普遍意义.

§4.2 方 差

1. 方差的定义

数学期望描述了随机变量取值的"平均". 有时仅知道这个平均值还不够. 例如, 有 A, B 两名射手, 他们每次射击命中的环数分别为 X, Y, 已知 X, Y 的分布律分别如表 4-6 和表 4-7 所示.

表 4-6

X	8	9	10
P（$X=k$）	0.2	0.6	0.2

表 4-7

Y	8	9	10
$P(Y=k)$	0.1	0.8	0.1

由于 E（X）$=E$（Y）$=9$（环）, 可见从均值的角度是分不出谁的射击技术更高, 故还需考虑其他的因素. 通常的想法是: 在射击的平均环数相等的条件下进一步衡量谁的射击技术更稳定些. 也就是看谁命中的环数比较集中于平均值的附近, 通常人们会采用命中的环数 X 与它的平均值 E（X）之间的离差 $|X–E$（X）$|$ 的均值 E $[$ $|X–E$（X）$|$ $]$ 来度量, E $[$ $|X–E$（X）$|$ $]$ 愈小, 表明 X 的值愈集中于 E（X）的附近, 即技术稳定; E $[$ $|X–E$（X）$|$ $]$ 愈大, 表明 X 的值愈分散, 技术不稳定. 但由于 E $[$ $|X–E$（X）$|$ $]$ 带有绝对值, 运算不便, 故通常采用 X 与 E（X）的离差 $|X–E$（X）$|$ 的平方平均值 E $[X–E$（X）$]^2$ 来度量随机变量 X 取值的分散程度. 此例中, 由于

$$E [X–E（X）]^2=0.2\times(8–9)^2+0.6\times(9–9)^2+0.2\times(10–9)^2=0.4,$$
$$E [Y–E(Y)]^2=0.1\times(8–9)^2+0.8\times(9–9)^2+0.1\times(10–9)^2=0.2.$$

由此可见 B 的技术更稳定些.

下面给出一般的定义.

定义 4.3 对于随机变量 X, 若 $E[X – E(X)]^2$ 存在, 则称它为 X 的方差, 记作 $D(X)$ 或 $\mathrm{Var}(X)$, 即

$$D(X) = \mathrm{Var}(X) = E[X - E(X)]^2. \tag{4.9}$$

在应用上, 还引入与随机变量 X 具有相同量纲的量 $\sqrt{D(X)}$, 记为 $\sigma(X)$, 称为 X 的标准差或均方差.

按定义, 随机变量 X 的方差表达了 X 的取值与其数学期望的偏离程度. 若 X 取值比较集中, 则 $D(X)$ 较小; 反之, 若 X 取值比较分散, 则 $D(X)$ 较大. 因此, $D(X)$ 是刻画 X 取值分散程度的一个量, 它是衡量 X 取值分散程度的一个尺度.

2．方差的计算公式

由定义知，方差实际上就是随机变量 X 的函数 $g(X)=(X-E(X))^2$ 的数学期望，于是对离散型随机变量或连续型随机变量可分别计算如下．

（1）若 X 为离散型随机变量，分布律为

$$p_k = P(X=x_k)，\quad k=1,2,\cdots,$$

则式（4.9）可写为

$$D(X)=E[X-E(X)]^2=\sum_{k=1}^{\infty}[x_k-E(X)]^2 p_k . \tag{4.10}$$

（2）若 X 为连续型随机变量，概率密度为 $f(x)$，则式（4.9）可写为

$$D(X)=E[X-E(X)]^2=\int_{-\infty}^{+\infty}[x-E(X)]^2 f(x)\mathrm{d}x . \tag{4.11}$$

（3）$D(X)=E(X^2)-[E(X)]^2 .$ \qquad(4.12)

证
$$D(X)=E[X-E(X)]^2=E\{X^2-2X\cdot E(X)+[E(X)]^2\}$$
$$=E(X^2)-2E(X)\cdot E(X)+[E(X)]^2=E(X^2)-[E(X)]^2 .$$

例 4.8 掷一颗均匀的骰子，以 X 表示掷出的点数，求 X 的数学期望与方差．

解 X 的分布律 $P\{X=k\}=1/6$，$k=1$，2，$\cdots$，6，于是

$$E(X)=\sum_{k=1}^{6}k\frac{1}{6}=\frac{7}{2},$$
$$E(X^2)=\sum_{k=1}^{6}k^2\frac{1}{6}=\frac{91}{6},$$
$$D(X)=E(X^2)-E^2(X)=\frac{91}{6}-\frac{49}{4}=\frac{35}{12} .$$

例 4.9 随机变量 X 的概率密度为

$$f(x)=\begin{cases}1+x, & -1\leqslant x<0,\\ 1-x, & 0\leqslant x<1,\\ 0, & 其他,\end{cases}$$

求 $D(X)$．

解
$$E(X)=\int_{-1}^{0}x(1+x)\mathrm{d}x+\int_{0}^{1}x(1-x)\mathrm{d}x=0,$$
$$E(X^2)=\int_{-1}^{0}x^2(1+x)\mathrm{d}x+\int_{0}^{1}x^2(1-x)\mathrm{d}x=\frac{1}{6},$$

于是
$$D(X)=E(X^2)-E^2(X)=\frac{1}{6} .$$

3．方差的性质

假设下面的随机变量的方差存在．

性质 1 若 C 为常数，则 $D(C) = 0$．

性质 2 若 k 为常数，X 为随机变量，则有

$$D(kX) = k^2 D(X).$$

性质 3 若 X 与 Y 是两个随机变量，则有

$$D(X \pm Y) = D(X) + D(Y) \pm 2E[(X - E(X))(Y - E(Y))];$$

特别地，若 X, Y 相互独立，则有

$$D(X \pm Y) = D(X) + D(Y).$$

这一性质可以推广到任意有限多个相互独立的随机变量之和的情况．

性质 4 对任意的常数 $c \neq E(X)$，有

$$D(X) < E[(X-c)^2].$$

证 下面我们来证明性质 1,2,3,4．

性质 1 $D(C) = E\left\{ \left[C - E(C) \right]^2 \right\} = 0$．

性质 2 $D(kX) = E\left\{ \left[kX - E(kX) \right]^2 \right\} = k^2 E\left\{ \left[X - E(X) \right]^2 \right\}$

$$= k^2 D(X).$$

性质 3 $D(X \pm Y) = E[(X \pm Y) - E(X \pm Y)]^2 = E[(X - E(X)) \pm (Y - E(Y))]^2$

$$= E[X - E(X)]^2 \pm 2E[(X - E(X))(Y - E(Y))] + E[Y - E(Y)]^2$$

$$= D(X) + D(Y) \pm 2E[(X - E(X))(Y - E(Y))].$$

当 X 与 Y 相互独立时，$X - E(X)$ 与 $Y - E(Y)$ 也相互独立，由数学期望的性质有

$$E[(X - E(X))(Y - E(Y))] = E[X - E(X)] E[Y - E(Y)] = 0.$$

因此有 $D(X \pm Y) = D(X) + D(Y)$．

性质 4 对任意常数 c，有

$$E[(X-c)^2] = E[(X - E(X) + E(X) - c)^2]$$

$$= E[X - E(X)]^2 + 2(E(X) - c)E[X - E(X)] + (E(X) - c)^2$$

$$= D(X) + (E(X) - c)^2.$$

故对任意常数 $c \neq EX$，有 $D(X) < E[(X-c)^2]$．

4．常用随机变量分布的数学期望与方差

（1）（0-1）分布

设 X 的分布律如表 4-8 所示．

表 4-8

X	0	1
P	$1-p$	p

则 X 的数学期望为

$$E(X)=0\times(1-p)+1\times p=p.$$

由于 $E(X)=p$，则

$$D(X)=(0-p)^2\times(1-p)+(1-p)^2\times p=p(1-p).$$

（2）二项分布

设 X_1，X_2，$\cdots$，X_n 相互独立，且都服从（0-1）分布，分布律为

$$P\{X_i=0\}=1-p,$$
$$P\{X_i=1\}=p, i=1,2,\cdots,n.$$

X 所有可能取值为 0，1，$\cdots$，n，故 $X=\sum_{i=1}^{n}X_i$．由独立性知 X 以特定的方式（例如前 k 个取 1，后 $n-k$ 个取 0）取 k（$0\leqslant k\leqslant n$）的概率为 p^k（$1-p$）$^{n-k}$，而 X 取 k 的两两互不相容的方式共有 C_n^k 种，故

$$P\{X=k\}=C_n^k p^k(1-p)^{n-k}, \quad k=0,1,2,\cdots,n,$$

即 X 服从参数为 n，p 的二项分布．

由于 $E(X_i)=p$，$D(X_i)=p(1-p)$，$i=1,2,\cdots,n$，故有

$$E(X)=E\left(\sum_{i=1}^{n}X_i\right)=\sum_{i=1}^{n}E(X_i)=np.$$

由于 X_1，X_2，$\cdots$，X_n 相互独立，得

$$D(X)=D\left(\sum_{i=1}^{n}X_i\right)=\sum_{i=1}^{n}D(X_i)=np(1-p).$$

（3）泊松分布

设 X 服从泊松分布，其分布律为

$$P\{X=k\}=\frac{\lambda^k}{k!}e^{-\lambda}, \quad (k=0,1,2,\cdots), \quad (\lambda>0).$$

则 X 的数学期望为

$$E(X)=\sum_{k=0}^{\infty}k\frac{\lambda^k}{k!}e^{-\lambda}=\lambda e^{-\lambda}\sum_{k=1}^{\infty}\frac{\lambda^{k-1}}{(k-1)!},$$

令 $k-1=t$，则有

$$E(X)=\lambda e^{-\lambda}\sum_{k=0}^{\infty}\frac{\lambda^t}{t!}=\lambda e^{-\lambda}\cdot e^{\lambda}=\lambda.$$

因为 $E(X)=\lambda$，又

$$E(X^2)=E[X(X-1)+X]=E[X(X-1)]+E(X)$$

$$=\sum_{k=0}^{\infty}k(k-1)\frac{\lambda^k}{k!}\mathrm{e}^{-\lambda}+\lambda=\lambda^2\mathrm{e}^{-\lambda}\sum_{k=2}^{\infty}\frac{\lambda^{k-2}}{(k-2)!}+\lambda$$

$$=\lambda^2\mathrm{e}^{-\lambda}\cdot\mathrm{e}^{\lambda}+\lambda=\lambda^2+\lambda,$$

从而有

$$D(X)=E(X^2)-[E(X)]^2=\lambda^2+\lambda-\lambda^2=\lambda.$$

（4）均匀分布

设 X 服从 $[a,b]$ 上的均匀分布，其概率密度函数为

$$f(x)=\begin{cases}\dfrac{1}{b-a}, & a\leqslant x\leqslant b, \\ 0, & \text{其他.}\end{cases}$$

则 X 的数学期望为

$$E(X)=\int_{-\infty}^{+\infty}xf(x)\mathrm{d}x=\int_{a}^{b}\frac{x}{b-a}\mathrm{d}x=\frac{a+b}{2}.$$

因为 $E(X)=\dfrac{a+b}{2}$，又

$$E(X^2)=\int_{a}^{b}\frac{x^2}{b-a}\mathrm{d}x=\frac{a^2+ab+b^2}{3},$$

所以

$$D(X)=E(X^2)-[E(X)]^2=\frac{1}{3}(a^2+ab+b^2)-\frac{1}{4}(a+b)^2=\frac{(b-a)^2}{12}.$$

（5）指数分布

设 X 服从指数分布，其分布密度为

$$f(x)=\begin{cases}\lambda\mathrm{e}^{-\lambda x}, & x\geqslant 0, \\ 0, & x<0.\end{cases}$$

则 X 的数学期望为

$$E(X)=\int_{-\infty}^{+\infty}xf(x)\mathrm{d}x=\int_{0}^{+\infty}x\lambda\mathrm{e}^{-\lambda x}\mathrm{d}x=\frac{1}{\lambda}.$$

因为 $E(X)=\dfrac{1}{\lambda}$，又

$$E(X^2)=\int_{0}^{+\infty}x^2\lambda\mathrm{e}^{-\lambda x}\mathrm{d}x=\frac{2}{\lambda^2},$$

所以

$$D(X)=E(X^2)-[E(X)]^2=\frac{2}{\lambda^2}-\left(\frac{1}{\lambda}\right)^2=\frac{1}{\lambda^2}.$$

（6）正态分布

设 $X \sim N(\mu, \sigma^2)$，其分布密度为 $f(x) = \dfrac{1}{\sqrt{2\pi}\sigma} \mathrm{e}^{-\frac{(x-\mu)^2}{2\sigma^2}}$，则 X 的数学期望为

$$E(X) = \int_{-\infty}^{+\infty} x f(x) \mathrm{d}x = \frac{1}{\sqrt{2\pi}\sigma} \int_{-\infty}^{+\infty} x \mathrm{e}^{-\frac{(x-\mu)^2}{2\sigma^2}} \mathrm{d}x,$$

令 $\dfrac{x-\mu}{\sigma} = t$，则

$$E(X) = \frac{1}{\sqrt{2\pi}} \int_{-\infty}^{+\infty} (\mu + \sigma t) \mathrm{e}^{-\frac{t^2}{2}} \mathrm{d}t,$$

注意到

$$\frac{\mu}{\sqrt{2\pi}} \int_{-\infty}^{+\infty} \mathrm{e}^{-\frac{t^2}{2}} \mathrm{d}t = \mu, \qquad \frac{1}{\sqrt{2\pi}} \int_{-\infty}^{+\infty} \sigma t \mathrm{e}^{-\frac{t^2}{2}} \mathrm{d}t = 0,$$

故有
$$E(X) = \mu.$$

因为 $E(X) = \mu$，从而

$$D(X) = \int_{-\infty}^{+\infty} [x - E(X)]^2 f(x) \mathrm{d}x = \int_{-\infty}^{+\infty} (x-\mu)^2 \frac{1}{\sqrt{2\pi}\sigma} \mathrm{e}^{-\frac{(x-\mu)^2}{2\sigma^2}} \mathrm{d}x,$$

令 $\dfrac{x-\mu}{\sigma} = t$，则

$$D(X) = \frac{\sigma^2}{\sqrt{2\pi}} \int_{-\infty}^{+\infty} t^2 \mathrm{e}^{-\frac{t^2}{2}} \mathrm{d}t = \frac{\sigma^2}{\sqrt{2\pi}} \left(-t \mathrm{e}^{-\frac{t^2}{2}} \Big|_{-\infty}^{+\infty} + \int_{-\infty}^{+\infty} \mathrm{e}^{-\frac{t^2}{2}} \mathrm{d}t \right)$$

$$= \frac{\sigma^2}{\sqrt{2\pi}} (0 + \sqrt{2\pi}) = \sigma^2.$$

由此可见，正态分布 $N(\mu, \sigma^2)$ 中参数 μ 为数学期望，参数 σ^2 为方差.

正态分布的概率密度中的两个参数 μ 和 σ 分别是该分布的数学期望和均方差，因而正态分布完全可由它的数学期望和方差所确定. 再者，由第 3 章知道，若 $X_i \sim N(\mu_i, \sigma_i^2), i=1,2,\cdots,n$，且它们相互独立，则它们的线性组合 $c_1 X_1 + c_2 X_2 + \cdots + c_n X_n$（$c_1$, c_2, $\cdots$, c_n 是不全为零的常数）仍然服从正态分布. 于是由数学期望和方差的性质知道：

$$c_1 X_1 + c_2 X_2 + \cdots + c_n X_n \sim N\left(\sum_{i=1}^{n} c_i \mu_i, \sum_{i=1}^{n} c_i^2 \sigma_i^2 \right).$$

这是一个重要的结果.

例 4.10 设活塞的直径（以 cm 计）$X \sim N(22.40, 0.03^2)$，气缸的直径 $Y \sim N(22.50, 0.04^2)$，X，Y 相互独立，任取一只活塞，任取一只汽缸，求活塞能装入汽缸的概率.

解 按题意需求 $P\{X < Y\} = P\{X - Y < 0\}$.

令 $Z=X-Y$，则

$$E（Z）=E（X）-E（Y）=22.40-22.50=-0.10,$$
$$D(Z)=D(X)+D(Y)=0.03^2+0.04^2=0.05^2,$$

即 $Z\sim N（-0.10,0.05^2）$,

故有

$$P\{X<Y\}=P\{Z<0\}=P\left\{\frac{Z-(-0.10)}{0.05}<\frac{0-(-0.10)}{0.05}\right\}=\Phi\left(\frac{0.10}{0.05}\right)$$
$$=\Phi(2)=0.9772.$$

为了使用方便，我们列出常见分布及其数学期望和方差，如表 4-9 所示.

表 **4-9**

分布名称	分布律或概率密度	数学期望	方差	参数范围
两点分布	$P\{X=1\}=p,\quad P\{X=0\}=q$	P	pq	$0<p<1$ $q=1-p$
二项分布 $X\sim b(n,p)$	$P\{X=k\}=\mathrm{C}_n^k p^k q^{n-k}$ $(k=0,1,2,\cdots,n)$	np	npq	$0<p<1$ $q=1-p$ n 为自然数
泊松分布 $X\sim P(\lambda)$	$P\{X=k\}=\dfrac{\lambda^k}{k!}\mathrm{e}^{-\lambda}\quad(k=0,1,2,\cdots)$	λ	λ	$\lambda>0$
均匀分布 $X\sim U(a,b)$	$f(x)=\begin{cases}\dfrac{1}{b-a},a\leqslant x\leqslant b,\\0,\qquad 其他\end{cases}$	$\dfrac{a+b}{2}$	$\dfrac{(b-a)^2}{12}$	$b>a$
指数分布 $X\sim E(\lambda)$	$f(x)=\begin{cases}\lambda\mathrm{e}^{-\lambda x},x\geqslant 0,\\0,\quad x<0\end{cases}$	$\dfrac{1}{\lambda}$	$\dfrac{1}{\lambda^2}$	$\lambda>0$
正态分布 $X\sim N(\mu,\sigma^2)$	$f(x)=\dfrac{1}{\sqrt{2\pi}\sigma}\mathrm{e}^{-\frac{(x-\mu)^2}{2\sigma^2}}$ $x\in\mathbf{R}$	μ	σ^2	μ 任意 $\sigma>0$

§4.3 协方差及相关系数

对于二维随机变量各分量的数学期望及方差只反映了各分量的均值及与均值的离散程度，不能反映出两个分量之间的关系. 因而还需要讨论两个随机变量之间相互联系的数字特征.

1. 协方差

定义 4.4 对于随机变量 X，Y，如果 $E\left[\big(X-E(X)\big)\big(Y-E(Y)\big)\right]$ 存在，则

称其为随机变量 X 与 Y 的协方差，记为 $\text{Cov}(X,Y)$，即

$$\text{Cov}(X,Y) = E\left[\left(X - E(X)\right)\left(Y - E(Y)\right)\right], \tag{4.13}$$

由式（4.13）可得 $\text{Cov}(X,Y)$ 的计算公式为

$$\text{Cov}(X,Y) = E(XY) - E(X)E(Y). \tag{4.14}$$

若 (X,Y) 是离散型随机向量，联合分布律为 $P\{X = x_i, Y = y_j\} = p_{ij}$，$i,j = 1,$ 2，$\cdots$，则由式（4.5）有

$$\text{Cov}(X,Y) = \sum_i \sum_j \left[x_i - E(X)\right]\left[y_j - E(Y)\right]p_{ij}. \tag{4.15}$$

若 (X,Y) 是连续型随机向量，联合概率密度为 $f(x,y)$，则由式（4.6）有

$$\text{Cov}(X,Y) = \int_{-\infty}^{+\infty} \int_{-\infty}^{+\infty} \left[x - E(X)\right]\left[y - E(Y)\right]f(x,y)\mathrm{d}x\mathrm{d}y. \tag{4.16}$$

协方差具有以下性质.

性质 1 $\text{Cov}(X,Y) = \text{Cov}(Y,X)$；

性质 2 $\text{Cov}(aX,bY) = ab\text{Cov}(X,Y)$，其中 a，b 是常数；

性质 3 $\text{Cov}(X_1 + X_2, Y) = \text{Cov}(X_1, Y) + \text{Cov}(X_2, Y)$；

性质 4 设 X，Y 是任意两个随机变量，则 $D(X \pm Y) = D(X) + D(Y) \pm 2\text{Cov}(X,Y)$；

性质 5 若 X 与 Y 相互独立，则 $\text{Cov}(X,Y) = 0$.

证 仅证性质 3，其余留给读者.

$$\begin{aligned}
\text{Cov}(X_1 + X_2, Y) &= E\left[(X_1 + X_2)Y\right] - E(X_1 + X_2)E(Y) \\
&= E(X_1 Y) + E(X_2 Y) - E(X_1)E(Y) - E(X_2)E(Y) \\
&= \left[E(X_1 Y) - E(X_1)E(Y)\right] + \left[E(X_2 Y) - E(X_2)E(Y)\right] \\
&= \text{Cov}(X_1, Y) + \text{Cov}(X_2, Y).
\end{aligned}$$

注意，性质 4 可推广到有限个随机变量之和的情况，例如对三个随机变量，有

$$D(X + Y + Z) = D(X) + D(Y) + D(Z) + 2\text{Cov}(X,Y) + 2\text{Cov}(X,Z) + 2\text{Cov}(Y,Z).$$

在独立性条件下，公式化为如下简单形式：

$$D(X + Y + Z) = D(X) + D(Y) + D(Z).$$

2. 相关系数

定义 4.5 设随机变量 X 与 Y 的方差存在，并且均不为零，称 $\dfrac{\text{Cov}(X,Y)}{\sqrt{D(X)}\sqrt{D(Y)}}$ 为 X 与 Y 的相关系数，记作 ρ_{XY}，或简记为 ρ，即

$$\rho_{XY} = \frac{\text{Cov}(X,Y)}{\sqrt{D(X)}\sqrt{D(Y)}} = \frac{E\left\{\left[X - E(X)\right]\left[Y - E(Y)\right]\right\}}{\sqrt{D(X)}\sqrt{D(Y)}}. \tag{4.17}$$

ρ_{XY} 是一个无量纲的量.

相关系数具有以下性质.

性质 1　如果 X，Y 相互独立，则 $\rho_{XY}=0$.

证　由协方差的性质 5 及相关系数的定义可知性质 1 成立.

性质 2　$|\rho_{XY}|\leqslant 1$.

证　对任意实数 t，有

$$
\begin{aligned}
D(Y-tX) &= E\left[(Y-tX)-E(Y-tX)\right]^2 \\
&= E\left[(Y-E(Y))-t(X-E(X))\right]^2 \\
&= E[Y-E(Y)]^2 - 2tE\left[(Y-E(Y))(X-E(X))\right] + t^2 E\left[X-E(X)\right]^2 \\
&= t^2 D(X) - 2t\mathrm{Cov}(X,Y) + D(Y) \\
&= D(X)\left[t-\frac{\mathrm{Cov}(X,Y)}{D(X)}\right]^2 + D(Y) - \frac{\left[\mathrm{Cov}(X,Y)\right]^2}{D(X)}.
\end{aligned}
$$

令 $t=\dfrac{\mathrm{Cov}(X,Y)}{D(X)}=b$，于是

$$
D(Y-bX) = D(Y) - \frac{\left[\mathrm{Cov}(X,Y)\right]^2}{D(X)} = D(Y)\left[1-\frac{\left[\mathrm{Cov}(X,Y)\right]^2}{D(X)D(Y)}\right] = D(Y)(1-\rho_{XY}^2).
$$

由于方差不能为负，所以 $1-\rho_{XY}^2 \geqslant 0$，从而

$$
|\rho_{XY}|\leqslant 1.
$$

性质 3　$|\rho_{XY}|=1$ 的充要条件是存在常数 a，b 使 $P\{Y=aX+b\}=1$ （$a\neq 0$）.

性质 3 的证明较复杂，从略.

定理 4.3　如果随机变量 Y 是 X 的线性函数，即 $Y=aX+b\ (a\neq 0)$，则

$$
\rho_{XY} = \begin{cases} 1, & \text{当} a>0 \text{时}, \\ -1, & \text{当} a<0 \text{时}. \end{cases}
$$

证
$$
\begin{aligned}
\mathrm{Cov}(X,Y) &= E\left\{\left[X-E(X)\right]\left[Y-E(Y)\right]\right\} \\
&= E\left\{\left[X-E(X)\right]\left[aX+b-aE(X)-b\right]\right\} \\
&= aE\left[X-E(X)\right]^2 = aD(X).
\end{aligned}
$$

$$
\rho_{XY} = \frac{\mathrm{Cov}(X,Y)}{\sqrt{D(X)}\sqrt{D(Y)}} = \frac{aD(X)}{|a|D(X)} = \frac{a}{|a|} = \begin{cases} 1, & a>0, \\ -1, & a<0. \end{cases}
$$

由上可知，相关系数是表示两个随机变量之间的线性相关程度的数值.

3．随机变量的相关性

定义 4.6　随机变量 X 与 Y 的相关系数为 ρ_{XY}.

（1）若 $\rho_{XY}=0$，称 X 与 Y 不相关；

（2）若 $\rho_{XY} \neq 0$，称 X 与 Y 为相关的.

对于任意随机变量 X，Y，ρ_{XY} 总是在–1 与 1 之间. 当 ρ_{XY} 越接近于 0 时，X 与 Y 越接近于线性无关；当 $|\rho_{XY}|$ 越接近于 1 时，X 与 Y 线性相关程度越好；$|\rho_{XY}| = 1$ 时，线性相关程度最好.

定理 4.4 对于随机变量 X 与 Y，下面事实是等价的.

（1）X 与 Y 不相关；

（2）$\mathrm{Cov}(X, Y) = 0$；

（3）$\rho_{XY} = 0$；

（4）$E(XY) = E(X)E(Y)$；

（5）$D(X \pm Y) = D(X) + D(Y)$.

请读者自己证明.

由相关系数性质 1 可知，当 X 与 Y 相互独立时，$\rho_{XY}=0$，即 X 与 Y 不相关. 反之不一定成立，即 X 与 Y 不相关，X 与 Y 却不一定相互独立.

例 4.11 设 (X, Y) 的分布律如表 4-10 所示.

表 4-10

Y \ X	–2	–1	1	2	$P\{Y=i\}$
1	0	1/4	1/4	0	1/2
4	1/4	0	0	1/4	1/2
$P\{X=i\}$	1/4	1/4	1/4	1/4	1

易知 $E(X) = 0, E(Y) = 5/2, E(XY) = 0$，于是 $\rho_{XY} = 0, X, Y$ 不相关. 这表示 X, Y 不存在线性关系. 但 $P\{X = -2, Y = 1\} = 0 \neq P\{X = -2\}P\{Y = 1\}$，知 X, Y 不是相互独立的. 事实上，X, Y 具有关系：$Y = X^2$，Y 的值完全可由 X 的值所确定.

这个例子说明：当两个随机变量不相关时，它们并不一定相互独立. 不过，下例表明当 (X, Y) 是二维正态随机变量时，X 和 Y 不相关与 X 和 Y 相互独立是等价的.

例 4.12 (X, Y) 服从二维正态分布，它的概率密度为

$$f(x, y) = \frac{1}{2\pi\sigma_1\sigma_2\sqrt{1-\rho^2}} \times$$

$$\exp\left\{-\frac{1}{2(1-\rho^2)}\left[\frac{(x-\mu_1)^2}{\sigma_1^2} - 2\rho\frac{(x-\mu_1)(y-\mu_2)}{\sigma_1\sigma_2} + \frac{(y-\mu_2)^2}{\sigma_2^2}\right]\right\},$$

求 $\mathrm{Cov}(X, Y)$ 和 ρ_{XY}.

解 可以计算得 (X, Y) 的边缘概率密度为

$$f_X(x) = \frac{1}{\sqrt{2\pi}\sigma_1} \mathrm{e}^{-\frac{(x-\mu_1)^2}{2\sigma_1^2}}, \quad -\infty < x < +\infty,$$

$$f_Y(y) = \frac{1}{\sqrt{2\pi}\sigma_2} \mathrm{e}^{-\frac{(y-\mu_2)^2}{2\sigma_2^2}}, \quad -\infty < y < +\infty,$$

故 $E(X) = \mu_1$，$E(Y) = \mu_2$，$D(X) = \sigma_1^2$，$D(Y) = \sigma_2^2$.

而 $\mathrm{Cov}(X, Y) = \int_{-\infty}^{+\infty}\int_{-\infty}^{+\infty}(x-\mu_1)(y-\mu_2)f(x,y)\mathrm{d}x\mathrm{d}y = \dfrac{1}{2\pi\sigma_1\sigma_2\sqrt{1-\rho^2}} \times$

$$\int_{-\infty}^{+\infty}\int_{-\infty}^{+\infty}(x-\mu_1)(y-\mu_2)\mathrm{e}^{-\frac{(x-\mu_1)^2}{2\sigma_1^2}}\mathrm{e}^{-\frac{1}{2(1-\rho^2)}\left[\frac{y-\mu_2}{\sigma_2}-\rho\frac{x-\mu_1}{\sigma_1}\right]^2}\mathrm{d}x\mathrm{d}y,$$

令 $t = \dfrac{1}{\sqrt{1-\rho^2}}\left(\dfrac{y-\mu_2}{\sigma_2} - \rho\dfrac{x-\mu_1}{\sigma_1}\right)$，$u = \dfrac{x-\mu_1}{\sigma_1}$，则

$$\mathrm{Cov}(X, Y) = \frac{1}{2\pi}\int_{-\infty}^{+\infty}\int_{-\infty}^{+\infty}(\sigma_1\sigma_2\sqrt{1-\rho^2}\,tu + \rho\sigma_1\sigma_2 u^2)\mathrm{e}^{-\frac{u^2}{2}-\frac{t^2}{2}}\mathrm{d}t\mathrm{d}u$$

$$= \frac{\sigma_1\sigma_2\rho}{2\pi}\left(\int_{-\infty}^{+\infty}u^2\mathrm{e}^{-\frac{u^2}{2}}\mathrm{d}u\right)\left(\int_{-\infty}^{+\infty}\mathrm{e}^{-\frac{t^2}{2}}\mathrm{d}t\right)$$

$$+ \frac{\sigma_1\sigma_2\sqrt{1-\rho^2}}{2\pi}\left(\int_{-\infty}^{+\infty}u\mathrm{e}^{-\frac{u^2}{2}}\mathrm{d}u\right)\left(\int_{-\infty}^{+\infty}t\mathrm{e}^{-\frac{t^2}{2}}\mathrm{d}t\right)$$

$$= \frac{\rho\sigma_1\sigma_2}{2\pi}\sqrt{2\pi}\cdot\sqrt{2\pi} = \rho\sigma_1\sigma_2.$$

于是 $\rho_{XY} = \dfrac{\mathrm{Cov}(X,Y)}{\sqrt{D(X)}\sqrt{D(Y)}} = \rho$.

这就是说，二维正态随机变量 (X,Y) 的概率密度中的参数 ρ 就是 X 和 Y 的相关系数，因而二维正态随机变量的分布完全可由 X,Y 各自的数学期望、方差以及它们的相关系数所确定.

由上一章讨论可知，若 (X,Y) 服从二维正态分布，那么 X 和 Y 相互独立的充要条件是 $\rho=0$，即 X 与 Y 不相关. 因此，对于二维正态随机变量 (X,Y) 来说，X 和 Y 不相关与 X 和 Y 相互独立是等价的. 因此可得

定理 4.5　设随机向量 (X,Y) 服从二维正态分布，则 X 与 Y 不相关的充要条件是 X 与 Y 相互独立.

例 4.13　已知随机变量 X，Y 分别服从 $N(1,3^2)$，$N(0,4^2)$，它们的相关系数 $\rho_{XY} = -1/2$，设 $Z = X/3 + Y/2$.

（1）求 Z 的数学期望和方差；

（2）求 X 与 Z 的相关系数；

（3）问 X 与 Z 是否相互独立，为什么？

解 （1）依题意，有

$$E(X)=1,\quad D(X)=9,\quad E(Y)=0\quad D(Y)=16.$$

$$E(Z)=E\left(\frac{X}{3}+\frac{Y}{2}\right)=\frac{1}{3}E(X)+\frac{1}{2}E(Y)=\frac{1}{3}.$$

利用协方差性质 4 的公式，有

$$D(Z)=D\left(\frac{X}{3}+\frac{Y}{2}\right)=D\left(\frac{X}{3}\right)+D\left(\frac{Y}{2}\right)+2\mathrm{Cov}\left(\frac{X}{3},\frac{Y}{2}\right)$$

$$=\frac{1}{9}D(X)+\frac{1}{4}D(Y)+\frac{1}{3}\mathrm{Cov}(X,Y)$$

$$=\frac{1}{9}D(X)+\frac{1}{4}D(Y)+\frac{1}{3}\rho_{XY}\sqrt{D(X)}\sqrt{D(Y)}=1+4-2=3.$$

（2）$\mathrm{Cov}(X,Z)=\mathrm{Cov}\left(X,\frac{X}{3}+\frac{Y}{2}\right)=\frac{1}{3}\mathrm{Cov}(X,X)+\frac{1}{2}\mathrm{Cov}(X,Y)$

$$=\frac{1}{3}D(X)+\frac{1}{2}\rho_{XY}\sqrt{D(X)}\sqrt{D(Y)}=3-3=0,$$

故

$$\rho_{XZ}=\frac{\mathrm{Cov}(X,Z)}{\sqrt{D(X)}\sqrt{D(Z)}}=0.$$

（3）X 与 Z 相互独立，因为由 X，Y 服从正态分布知 $Z=\frac{X}{3}+\frac{Y}{2}$ 也服从正态分布，而两个正态变量相互独立与不相关是等价的，故由 $\rho_{XY}=0$ 即 X 与 Z 不相关可推出 X 与 Z 相互独立.

§4.4 矩、协方差矩阵

数学期望、方差、协方差是随机变量最常用的数字特征，它们都是特殊的**矩**. 矩是更广泛的数字特征. 本节仅介绍矩的一些基本概念及协方差矩阵的一些简单知识.

定义 4.7 设 X 和 Y 是随机变量，若

$$E\left(X^k\right),\quad k=1,2,\cdots$$

存在，称它为 X 的 k 阶原点矩，简称 k 阶矩.

若

$$E\left\{\left[X-E(X)\right]^k\right\},\quad k=2,3,\cdots$$

存在，称它为 X 的 k 阶中心矩.

若

$$E\left(X^kY^l\right),\quad k,l=1,2,\cdots$$

存在，称它为 X 和 Y 的 $k+l$ 阶混合原点矩，简称混合矩.

若

$$E\left\{\left[X-E(X)\right]^k\left[Y-E(Y)\right]^l\right\},k,l=1,2,\cdots$$

存在，称它为 X 和 Y 的 $k+l$ 阶混合中心矩.

显然，X 的数学期望 $E(X)$ 是 X 的一阶原点矩. 方差 $D(X)$ 是 X 的二阶中心矩，协方差 $\mathrm{Cov}(X,Y)$ 是 X 和 Y 的二阶混合中心矩.

定义 4.8　设 n 维随机变量 $(X_1, X_2, \cdots, X_n)$ 的二阶混合中心矩

$$C_{ij} = \mathrm{Cov}(X_i, X_j) = E\left\{\left[X_i - E(X_i)\right]\left[X_j - E(X_j)\right]\right\}, \quad i, j = 1, 2, \cdots, n$$

都存在，则称矩阵

$$C = \begin{bmatrix} c_{11} & c_{12} & \cdots & c_{1n} \\ c_{21} & c_{22} & \cdots & c_{2n} \\ \vdots & \vdots & \vdots & \vdots \\ c_{n1} & c_{n2} & \cdots & c_{nn} \end{bmatrix}$$

为 n 维随机变量 $(X_1, X_2, \cdots, X_n)$ 的协方差矩阵. 由于 $c_{ij} = c_{ji}$ ($i \neq j$, $i, j = 1, 2, \cdots, n$)，因而上述矩阵是一个对称矩阵.

当 $n = 2$ 时，

$$C = \begin{pmatrix} D(X_1) & \mathrm{Cov}(X_1, X_2) \\ \mathrm{Cov}(X_1, X_2) & D(X_2) \end{pmatrix} = \begin{bmatrix} C_{11} & C_{12} \\ C_{21} & C_{22} \end{bmatrix}.$$

例 4.14　随机变量 X 与 Y 的联合分布律如表 4-11 所示.

表 4-11

X ＼ Y	−2	0	1	$p_{i\cdot}$
−1	0.30	0.12	0.18	0.60
1	0.10	0.18	0.12	0.40
$p_{\cdot j}$	0.40	0.30	0.30	

求 (X, Y) 的协方差矩阵.

解　$E(X) = (-1) \times 0.6 + 1 \times 0.4 = -0.2$，　$E(Y) = -0.5$，

$E(X^2) = (-1)^2 \times 0.6 + 1^2 \times 0.4 = 1$，　$E(Y^2) = 1.9$，

$C_{11} = D(X) = 1 - 0.04 = 0.96$，

$C_{22} = D(Y) = 1.9 - 0.25 = 1.65$，

$E(XY) = (-1)(-2) \times 0.3 + (-1) \times 1 \times 0.18 + 1 \times (-2) \times 0.1 + 1 \times 1 \times 0.12 = 0.34$，

$C_{12} = C_{21} = \mathrm{Cov}(X, Y) = E(XY) - E(X)E(Y) = 0.24$，

因此

$$C = \begin{pmatrix} 0.96 & 0.24 \\ 0.24 & 1.65 \end{pmatrix}.$$

【知识结构图】

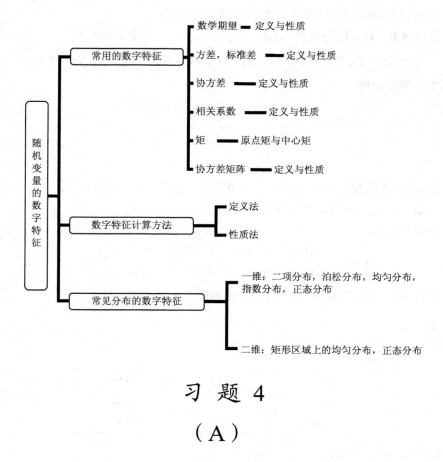

习 题 4

（A）

1. 袋中装有 10 个球，3 个白球，7 个红球，现从中任意取出 2 个球，求这 2 个球中白球数的数学期望.

2. 一批零件中有 9 个正品，3 个废品，现从中任取 1 个，如果每次取出的废品不再放回，再取 1 个，直到取出正品为止，求在取得正品以前已取出的废品数的数学期望.

3. 设随机变量 X 的密度函数为

$$f(x) = \begin{cases} \dfrac{1}{\pi\sqrt{1-x^2}}, & |x| < 1, \\ 0, & |x| \geqslant 1. \end{cases}$$

求 $E(X)$.

4. 设随机变量 X 的分布律如表 4-12 所示.

表 4-12

X	-1	0	1	2
p	1/8	1/2	1/8	1/4

求 $E(X)$, $E(X^2)$, $E(2X+3)$.

5. 设随机变量 X 的分布密度为

$$f(x) = \begin{cases} Ae^{-x}, & x \geqslant 0, \\ 0, & x < 0. \end{cases}$$

求：（1）常数 A；

（2）$Y_1 = 2X$, $Y_2 = e^{-2X}$ 的数学期望.

6. 设随机变量 X 的概率密度为

$$f(x) = \begin{cases} x, & 0 \leqslant x < 1, \\ 2-x, & 1 \leqslant x \leqslant 2, \\ 0, & 其他. \end{cases}$$

求 $E(X)$, $E(X^2)$.

7. 设 (X,Y) 的分布律如表 4-13 所示.

表 4-13

Y \ X	1	2	3
-1	0.2	0.1	0
0	0.1	0	0.3
1	0.1	0.1	0.1

求：（1）$E(X)$, $E(Y)$；

（2）$E(X-Y)^2$.

8. 设随机变量 X, Y, Z 相互独立，且 $E(X)=5$, $E(Y)=11$, $E(Z)=8$, 求下列随机变量的数学期望.

（1）$U=2X+3Y+1$；

（2）$V=YZ-4X$.

9. 设随机变量 X, Y 相互独立，且 $E(X)=E(Y)=3$, $D(X)=12$, $D(Y)=16$, 求：

（1）$E(3X-2Y)$；

（2）$D(2X-3Y)$.

10. 证明：若 X 与 Y 相互独立，则

$$D(XY) = D(X)D(Y) + [E(X)]^2 D(Y) + [E(Y)]^2 D(X).$$

11. 设连续型随机变量 X 和 Y 相互独立，其概率密度分别为

$$f_X(x) = \begin{cases} 2e^{-2x}, x > 0, \\ 0, x \leqslant 0; \end{cases} \qquad f_Y(y) = \begin{cases} 4e^{-4y}, y > 0, \\ 0, y \leqslant 0. \end{cases}$$

求：（1）$E(X+Y)$；

（2）$E(2X - 3Y^2)$；

（3）$D(-3X + 4Y)$.

12. 对随机变量 X 和 Y，已知 $D(X) = 2$，$D(Y) = 3$，$\text{Cov}(X,Y) = -1$.
计算 $\text{Cov}(3X - 2Y + 1, X + 4Y - 3)$.

13. 设随机变量 X 和 Y 的联合概率分布如表 4-14 所示.

表 4-14

X \ Y	−1	0	1
0	0.07	0.18	0.15
1	0.08	0.32	0.20

试求 X 和 Y 的相关系数 ρ_{XY}.

14. 将一枚硬币重复掷 n 次，以 X 和 Y 表示正面向上和反面向上的次数. 试求 X 和 Y 的相关系数 ρ_{XY}.

15. 设随机变量 (X,Y) 的概率密度为

$$f(x,y) = \begin{cases} \dfrac{1}{8}(x+y), & 0 \leqslant x \leqslant 2, 0 \leqslant y \leqslant 2, \\ 0, & \text{其他}. \end{cases}$$

求 $E(X)$，$E(Y)$，$\text{Cov}(X,Y)$，ρ_{XY}，$D(X+Y)$.

16. 已知二维随机变量 (X, Y) 的协方差矩阵为 $\begin{bmatrix} 1 & 1 \\ 1 & 4 \end{bmatrix}$，试求 $Z_1 = X - 2Y$ 和 $Z_2 = 2X - Y$ 的相关系数.

（B）

1. 填空题

（1）已知随机变量 X 服从参数为 2 的泊松分布，且随机变量 $Z = 2X - 2$，则 $E(Z) = $ _____ .

（2）设 X, Y 相互独立，且 $D(X) = 9$，$D(Y) = 16$，则 $D(X-Y) = $ _____ .

（3）设 $X \sim N(1,4)$，则 $E(X) = $ _____ ，$D(X) = $ _____ .

（4）设 $D(X) = 9, D(Y) = 16$，$\rho_{XY} = 0.5$，则 $D(X+Y) = $ _____ .

（5）设 X,Y 为两个随机变量，且 $Y=3X+1$，则 X，Y 的相关系数 $\rho_{XY}=\underline{\qquad}$.

（6）设随机变量 X，Y 相互独立，$D(X)=4,D(Y)=5$，则 $D(2X+3Y)=\underline{\qquad}$.

（7）设随机变量 X 服从参数为 λ 的指数分布，则 $P\{X>\sqrt{D(X)}\}=\underline{\qquad}$.

2. 选择题

（1）下列选项错误的是（ ）.

A．$E(C)=C$（C 为常数）   B．$E(kX)=kE(X)$（k 为常数）

C．$E(XY)=E(X)E(Y)$ D．$E(X+Y)=E(X)+E(Y)$

（2）设 X 为随机变量，则 $E(2X-3)=$（ ）.

A．$2E(X)$ B．$4E(X)-3$ C．$2E(X)+3$ D．$2E(X)-3$

（3）设 $X\sim N(\mu,\sigma^2)$，且 $E(X)=3,D(X)=1$，则 $P\{-1<X<1\}=$（ ）.

A．$2\Phi(1)-1$ B．$\Phi(4)-\Phi(2)$ C．$\Phi(-4)-\Phi(-2)$ D．$\Phi(2)-\Phi(4)$

（4）设随机变量 $X\sim N(1,2)$，$Y\sim N(2,4)$，且 X 与 Y 相互独立，则（ ）.

A．$2X-Y\sim N(0,1)$ B．$\dfrac{2X-Y}{2\sqrt{3}}\sim N(0,1)$

C．$2X-Y+1\sim N(1,9)$ D．$\dfrac{2X-Y+1}{2\sqrt{3}}\sim N(0,1)$

（5）若随机变量 X,Y 相互独立，则下列等式中不成立的是（ ）.

A．$D(XY)=D(X)D(Y)$ B．$D(X+Y)=D(X)+D(Y)$

C．$\mathrm{Cov}(X,Y)=0$ D．$E(XY)=E(X)E(Y)$

（6）设 $X\sim N(1.5,4)$，且 $\Phi(1.25)=0.8944$，$\Phi(1.75)=0.9599$，则 $P\{-2<X<4\}=$（ ）.

A．0.1457   B．0.8543   C．0.3541   D．0.2543

（7）设随机变量 $X\sim N(0,1),Y=2X+1$，则 Y 服从（ ）.

A．$N(1,4)$ B．$N(0,1)$ C．$N(1,1)$ D．$N(1,2)$

（8）已知随机变量 X 服从二项分布，且 $E(X)=2.4,D(X)=1.68$，则二项分布的参数 n,p 的值为（ ）.

A．$n=4,p=0.6$ B．$n=8,p=0.3$

C．$n=7,p=0.3$ D．$n=5,p=0.6$

（9）设两个随机变量 X 与 Y 的方差分别为 25 和 16，相关系数为 0.2，则 $D(X-Y)=$（ ）.

A．33   B．44   C．76   D．84

（10）如果随机变量 X 与 Y 的相关系数 $\rho_{XY}=0$，则必有（ ）.

A．X 与 Y 独立   B．$E(XY)=E(X)E(Y)$

C．$D(Y)=0$ D．$D(X)D(Y)=0$

第 **5** 章 大数定律与中心极限定理

概率论的基本任务是研究随机现象的统计规律性. 引进随机变量之后, 这种随机变量取值的统计规律性需要在相同条件下进行大量的重复试验才能体现出来. 这一般表现在以下两个方面.

首先, 人们经过长期实践认识到, 在大量重复试验中, 事件发生的频率呈现某种稳定性, 其平均结果实际上与个别随机现象无关, 其极限已几乎不再随机. 同时, 人们通过实践发现大量测量值的算术平均值也具有稳定性. 这就是大数定律所要表达的内容.

其次, 一种随机现象可能会受到许多不确定因素的影响, 如果这些因素彼此没有依存关系, 且单个因素没有特别突出的影响, 那么, 这些影响的"累积效应"将会使现象近似地服从正态分布. 这就是中心极限定理所要描述的规律. 本章介绍一些关于大数定律与中心极限定理最基本的内容.

§5.1 大数定律

1. 契比雪夫不等式

在引入大数定律之前, 我们先证一个重要的不等式——**契比雪夫**(Chebyshev)不等式.

设随机变量 X 存在有限方差 $D(X)$, 则对任意 $\varepsilon > 0$, 有

$$P\{ \mid X - E(X) \mid \geqslant \varepsilon \} \leqslant \frac{D(X)}{\varepsilon^2}. \tag{5.1}$$

证 如果 X 是连续型随机变量, 设 X 的概率密度为 $f(x)$, 则有

$$P\{|X - E(X)| \geqslant \varepsilon\} = \int_{|x - E(X)| \geqslant \varepsilon} f(x)\mathrm{d}x \leqslant \int_{|x - E(X)| \geqslant \varepsilon} \frac{|x - E(X)|^2}{\varepsilon^2} f(x)\mathrm{d}x$$

$$\leqslant \frac{1}{\varepsilon^2} \int_{-\infty}^{+\infty} [x - E(X)]^2 f(x)\mathrm{d}x = \frac{D(X)}{\varepsilon^2}.$$

请读者自己证明 X 是离散型随机变量的情况.

契比雪夫不等式也可表示成

$$P\{|X-E(X)| < \varepsilon\} \geqslant 1 - \frac{D(X)}{\varepsilon^2}. \tag{5.2}$$

这个不等式给出了在随机变量 X 的分布未知的情况下事件 $\{|X-E(X)| < \varepsilon\}$ 的概率的下限估计. 例如, 在契比雪夫不等式中, 令 $\varepsilon = 3\sqrt{D(X)}$, $\varepsilon = 4\sqrt{D(X)}$ 分别可得到

$$P\{|X-E(X)| < 3\sqrt{D(X)}\} \geqslant 0.8889,$$
$$P\{|X-E(X)| < 4\sqrt{D(X)}\} \geqslant 0.9375.$$

例 5.1 已知正常男性成人血液中, 每一毫升白细胞数平均是 7300, 均方差是 700, 利用契比雪夫不等式估计每毫升血液含白细胞数在 5200~9400 之间的概率.

解 设 X 为每毫升血液中所含的白细胞数, 则 $E(X) = 7300, D(X) = 700^2$, 由式 (5.2) 得

$$P\{5200 < X < 9400\} = P\{|X - 7300| < 2100\} \geqslant 1 - \frac{700^2}{2100^2} = \frac{8}{9}.$$

例 5.2 一颗骰子连续掷 4 次, 点数总和记为 X. 试用契比雪夫不等式估计 $P\{10 < X < 18\}$.

解 设 X_i 表示每次掷的点数, 则 $X = \sum_{i=1}^{4} X_i$.

$$E(X_i) = 1 \times \frac{1}{6} + 2 \times \frac{1}{6} + 3 \times \frac{1}{6} + 4 \times \frac{1}{6} + 5 \times \frac{1}{6} + 6 \times \frac{1}{6} = \frac{7}{2},$$
$$E(X_i^2) = 1^2 \times \frac{1}{6} + 2^2 \times \frac{1}{6} + 3^2 \times \frac{1}{6} + 4^2 \times \frac{1}{6} + 5^2 \times \frac{1}{6} + 6^2 \times \frac{1}{6} = \frac{91}{6},$$

从而 $$D(X_i) = E(X_i^2) - [E(X_i)]^2 = \frac{91}{6} - \left(\frac{7}{2}\right)^2 = \frac{35}{12}.$$

又 X_1, X_2, X_3, X_4 独立同分布, 从而

$$E(X) = E\left(\sum_{i=1}^{4} X_i\right) = \sum_{i=1}^{4} E(X_i) = 4 \times \frac{7}{2} = 14,$$
$$D(X) = D\left(\sum_{i=1}^{4} X_i\right) = \sum_{i=1}^{4} D(X_i) = 4 \times \frac{35}{12} = \frac{35}{3}.$$

所以 $$P\{10 < X < 18\} = P\{|X - 14| < 4\} \geqslant 1 - \frac{35/3}{4^2} \approx 0.271.$$

例 5.3 用机器包装食盐, 每袋净重为随机变量, 规定每袋质量为 500g, 标

准差为 10g，一箱内装 100 袋，试估计一箱机装食盐净重在 49750g 与 50250g 之间的概率.

解 设一箱机装食盐净重为 X g，箱中第 $i(i=1,2,\cdots,100)$ 袋食盐净重为 X_i g，显然，$X_1,X_2,\cdots,X_{100}$ 为相互独立的随机变量，且 $E(X_i)=500$，$\sqrt{D(X_i)}=10$，$i=1,2,\cdots,100$，$X=\sum_{i=1}^{100}X_i$. 所以 $E(X)=50000$，$D(X)=10000$，则

$$P\{49750<X<50250\}=P\{|X-E(X)|<250\}$$

$$\geqslant 1-\frac{D(X)}{250^2}=0.84.$$

故一箱机装食盐净重在 49750g 与 50250g 之间的概率不小于 0.84.

契比雪夫不等式作为一个理论工具，在大数定律证明中，可使证明非常简洁.

2. 大数定律

定义 5.1 设 Y_1，Y_2，$\cdots$，Y_n，$\cdots$是一个随机变量序列，a 是一个常数，若对于任意正数 ε 有

$$\lim_{n\to\infty}P\{|Y_n-a|<\varepsilon\}=1,$$

则称序列 Y_1，Y_2，$\cdots$，Y_n，$\cdots$依概率收敛于 a，记为 $Y_n\overset{P}{\longrightarrow}a$.

定理 5.1（契比雪夫大数定律） 设 X_1，X_2，$\cdots$是相互独立的随机变量序列，各有数学期望 E（X_1），E（X_2），$\cdots$及方差 D（X_1），D（X_2），$\cdots$，并且对于所有 $i=1,2,\cdots$都有 D（X_i）$<l$，其中 l 是与 i 无关的常数，则对任给 $\varepsilon>0$，有

$$\lim_{n\to\infty}P\left\{\left|\frac{1}{n}\sum_{i=1}^{n}X_i-\frac{1}{n}\sum_{i=1}^{n}E(X_i)\right|<\varepsilon\right\}=1. \tag{5.3}$$

证 因 X_1，X_2，$\cdots$相互独立，所以

$$D\left(\frac{1}{n}\sum_{i=1}^{n}X_i\right)=\frac{1}{n^2}\sum_{i=1}^{n}D(X_i)<\frac{1}{n^2}\cdot nl=\frac{l}{n}.$$

又因

$$E\left(\frac{1}{n}\sum_{i=1}^{n}X_i\right)=\frac{1}{n}\sum_{i=1}^{n}E(X_i),$$

由式（5.2），对于任意 $\varepsilon>0$，有

$$P\left\{\left|\frac{1}{n}\sum_{i=1}^{n}X_i-\frac{1}{n}\sum_{i=1}^{n}E(X_i)\right|<\varepsilon\right\}\geqslant 1-\frac{l}{n\varepsilon^2},$$

但是任何事件的概率都不超过 1，即

$$1-\frac{l}{n\varepsilon^2}\leqslant P\left\{\left|\frac{1}{n}\sum_{i=1}^{n}X_i-\frac{1}{n}\sum_{i=1}^{n}E(X_i)\right|<\varepsilon\right\}\leqslant 1,$$

因此

$$\lim_{n \to \infty} P\left\{\left|\frac{1}{n}\sum_{i=1}^{n}X_i - \frac{1}{n}\sum_{i=1}^{n}E(X_i)\right| < \varepsilon\right\} = 1.$$

这个结果早在 1866 年就被俄国著名数学家契比雪夫所证明,它是关于大数定律的一个相当普遍的结论.

契比雪夫大数定律说明:在定理的条件下,当 n 充分大时,n 个独立随机变量的平均数这个随机变量的离散程度是很小的.这意味着,经过算术平均以后得到的随机变量 $\dfrac{\sum\limits_{i=1}^{n}X_i}{n}$ 将比较密地聚集在它的数学期望 $\dfrac{\sum\limits_{i=1}^{n}E(X_i)}{n}$ 的附近. 这就从理论上证明了,独立随机变量的平均值具有稳定性.

定理 5.2(契比雪夫大数定律的特殊情况) 设随机变量 X_1,X_2,$\cdots$,X_n,$\cdots$ 相互独立,且具有相同的数学期望和方差:$E(X_k) = \mu$,$D(X_k) = \sigma^2$($k=1,2,\cdots$). 作前 n 个随机变量的算术平均 $Y_n = \dfrac{1}{n}\sum\limits_{k=1}^{n}X_k$,则对于任意正数 ε,有

$$\lim_{n \to \infty} P\{|Y_n - \mu| < \varepsilon\} = 1. \tag{5.4}$$

定理 5.3(贝努利大数定律) 设 n_A 是 n 次独立重复试验中事件 A 发生的次数,p 是事件 A 在每次试验中发生的概率,则对于任意正数 $\varepsilon > 0$,有

$$\lim_{n \to \infty} P\left\{\left|\frac{n_A}{n} - p\right| < \varepsilon\right\} = 1, \tag{5.5}$$

或

$$\lim_{n \to \infty} P\left\{\left|\frac{n_A}{n} - p\right| \geqslant \varepsilon\right\} = 0.$$

证 引入随机变量

$$X_k = \begin{cases} 0, & \text{若在第}k\text{次试验中}A\text{不发生}, \\ 1, & \text{若在第}k\text{次试验中}A\text{发生}, \end{cases} \quad k=1,2,\cdots,$$

显然

$$n_A = \sum_{k=1}^{n}X_k.$$

由于 X_k 只依赖于第 k 次试验,而各次试验是独立的,于是 X_1,X_2,$\cdots$ 是相互独立的;又由于 X_k 服从(0-1)分布,故有

$$E(X_k) = p, \quad D(X_k) = p(1-p), \quad k=1,2,\cdots.$$

由定理 5.2 有

$$\lim_{n \to \infty} P\left\{\left|\frac{1}{n}\sum_{k=1}^{n}X_k - p\right| < \varepsilon\right\} = 1,$$

即

$$\lim_{n \to \infty} P\left\{\left|\frac{n_A}{n} - p\right| < \varepsilon\right\} = 1.$$

贝努利大数定律以严格的数字形式表述了频率的稳定性, 即事件 A 发生的频率 $\frac{n_A}{n}$ 依概率收敛于事件 A 发生的概率 p, 因而当试验次数 n 很大时, 可用频率作为概率的估计, 即 $\frac{n_A}{n} \approx p$.

比如, 抛一枚硬币出现正面的概率 $P = 0.5$. 若把这枚硬币连抛 10 次, 则因为 n 较小, 发生大偏差的可能性有时会大一些, 有时会小一些. 若把这枚硬币连抛 n 次, 当 n 很大时, 由契比雪夫不等式知, 正面出现的频率与 0.5 的偏差大于预先给定精度 ε (若取精度 $\varepsilon = 0.01$) 的可能性

$$P\left\{\left|\frac{m}{n} - 0.5\right| > 0.01\right\} \leqslant \frac{0.5 \times 0.5}{n 0.01^2} = \frac{10^4}{4n}.$$

当 $n = 10^5$ 时, 大偏差发生的可能性小于 $1/40 = 2.5\%$. 当 $n = 10^6$ 时, 大偏差发生的可能性小于 $1/400 = 0.25\%$. 可见试验次数愈多, 大偏差发生的可能性愈小.

贝努利大数定律提供了用频率来确定概率的理论依据. 比如估计某种产品的不合格品率 p, 则可以从该种产品中随机抽取 n 件, 当 n 很大时, 这 n 件产品中的不合格品的比例可作为不合格品率 p 的估计值.

定理 5.2 中要求随机变量 $X_k (k = 1, 2, \cdots, n)$ 的方差存在. 但在随机变量服从同一分布的场合, 并不需要这一要求, 我们有以下定理.

定理 5.4 (辛钦 (Khinchin) 大数定律) 设随机变量 X_1, X_2, $\cdots$, X_n, $\cdots$ 相互独立, 服从同一分布, 且具有数学期望 $E(X_k) = \mu$ $(k = 1, 2, \cdots)$, 则对于任意正数 ε, 有

$$\lim_{n \to \infty} P\left\{\left|\frac{1}{n}\sum_{k=1}^{n} X_k - \mu\right| < \varepsilon\right\} = 1. \tag{5.6}$$

这一定律使算术平均值的法则有了理论根据. 如要测定某一物理量 a, 在不变的条件下重复测量 n 次, 得观测值 X_1, X_2, $\cdots$, X_n, 求得实测值的算术平均值 $\frac{1}{n}\sum_{i=1}^{n} X_i$, 根据此定理, 当 n 足够大时, 取 $\frac{1}{n}\sum_{i=1}^{n} X_i$ 作为 a 的近似值, 可以认为所发生的误差是很小的, 所以实际上往往用某物体的某一指标值的一系列实测值的算术平均值来作为该指标值的近似值.

我们已经知道, 一个随机变量的方差存在, 则其数学期望必定存在; 但反之不成立, 即一个随机变量的数学期望存在, 其方差不一定存在. 定理 5.1、定理 5.2、定理 5.3 均假设随机变量序列 $\{X_n\}$ 的方差存在, 而辛钦大数定律去掉了这一假设, 仅设每个 X_i 的数学期望存在, 但同时要求 $\{X_n\}$ 为独立同分布的随机变量序列. 显然, 贝努利大数定律是辛钦大数定律的特殊情况, 辛钦大数定律在实际中应用很广泛.

§5.2　中心极限定理

在客观实际中，许多随机变量是由大量相互独立的偶然因素的综合影响所形成的，而每一个因素在总的影响中所起的作用是很小的，但总起来，却对总和有显著影响，这种随机变量往往近似地服从正态分布，这种现象就是中心极限定理的客观背景.我们把概率论中有关论证独立随机变量的和的极限分布是正态分布的一系列定理称为**中心极限定理**（Central limit theorem），在介绍中心极限定理之前先引入一个随机变量的标准化变量的概念.

定义 5.2　设随机变量 X 具有数学期望 $E(X)=\mu$，方差 $D(X)=\sigma^2\neq 0$，记

$$X^*=\frac{X-\mu}{\sigma},$$

则称 X^* 为 X 的标准化变量.

因为

$$E(X^*)=\frac{1}{\sigma}E(X-\mu)=\frac{1}{\sigma}\big[E(X)-\mu\big]=0\;;$$

$$D(X^*)=E(X^{*2})-\big[E(X^*)\big]^2=E\left[\left(\frac{X-\mu}{\sigma}\right)^2\right]$$

$$=\frac{1}{\sigma^2}E\big[(X-\mu)^2\big]=1\;,$$

故 $X^*=\dfrac{X-\mu}{\sigma}$ 的数学期望为 0，方差为 1.

下面介绍几个常用的中心极限定理.

定理 5.5（独立同分布的中心极限定理）　设随机变量 X_1，X_2，$\cdots$，X_n，$\cdots$ 相互独立,服从同一分布,且具有数学期望和方差 $E(X_k)=\mu$, $D(X_k)=\sigma^2\neq 0(k=1,2,\cdots)$，则随机变量 $\sum\limits_{k=1}^{n}X_k$ 的标准化变量

$$Y_n=\frac{\sum\limits_{k=1}^{n}X_k-E\left(\sum\limits_{k=1}^{n}X_k\right)}{\sqrt{D(\sum\limits_{k=1}^{n}X_k)}}=\frac{\sum\limits_{k=1}^{n}X_k-n\mu}{\sqrt{n}\sigma}$$

的分布函数 $F_n(x)$ 对于任意 x 满足

$$\lim_{n\to\infty}F_n(x)=\lim_{n\to\infty}P\left\{\frac{\sum\limits_{k=1}^{n}X_k-n\mu}{\sqrt{n}\sigma}\leqslant x\right\}=\int_{-\infty}^{x}\frac{1}{\sqrt{2\pi}}\mathrm{e}^{-\frac{t^2}{2}}\mathrm{d}t. \tag{5.7}$$

从定理 5.5 的结论可知，当 n 充分大时，近似地有

$$Y_n = \frac{\sum\limits_{k=1}^{n} X_k - n\mu}{\sqrt{n\sigma^2}} \sim N(0,1).$$

或者说，当 n 充分大时，近似地有

$$\sum_{k=1}^{n} X_k \sim N(n\mu, n\sigma^2). \tag{5.8}$$

也就是说，当 n 充分大时，$\sum\limits_{k=1}^{n} X_k$ 的分布函数 $F(x)$ 近似地等于正态分布 $N(n\mu, n\sigma^2)$ 的分布函数，即

$$F(x) = P\left(\sum_{k=1}^{n} X_k \leqslant x\right) \approx \Phi\left(\frac{x - n\mu}{\sqrt{n}\sigma}\right). \tag{5.9}$$

因此

$$P\left\{a < \sum_{k=1}^{n} X_k \leqslant b\right\} = F(b) - F(a)$$
$$\approx \Phi\left(\frac{b - n\mu}{\sqrt{n}\sigma}\right) - \Phi\left(\frac{a - n\mu}{\sqrt{n}\sigma}\right). \tag{5.10}$$

如果用 X_1，X_2，$\cdots$，X_n 表示相互独立的各随机因素.假定它们都服从相同的分布（不论服从什么分布），且都有有限的数学期望与方差（每个因素的影响有一定限度）.则式（5.8）说明，作为总和 $\sum\limits_{k=1}^{n} X_k$ 这个随机变量，当 n 充分大时，便近似地服从正态分布.

例 5.4 一加法器同时收到 20 个噪声电压 V_k（$k=1$，2，$\cdots$，20），设它们是相互独立的随机变量，且都在区间（0，10）上服从均匀分布.记 $V = \sum\limits_{k=1}^{20} V_k$，求 $P\{V > 105\}$ 的近似值.

解 易知 $E(V_k) = 5, D(V_k) = \dfrac{100}{12}, k = 1, 2, \cdots, 20.$

由定理 5.5 知，随机变量

$$Z = \frac{\sum\limits_{k=1}^{20} V_k - 20 \times 5}{\sqrt{\dfrac{100}{12} \times 20}} = \frac{V - 20 \times 5}{\sqrt{\dfrac{100}{12} \times 20}} \overset{\text{近似地}}{\sim} N(0,1).$$

于是 $P\{V > 105\} = 1 - P\{V \leqslant 105\}$

$$\approx 1 - \Phi \left(\frac{105 - 20 \times 5}{\sqrt{20} \cdot \sqrt{\frac{100}{12}}} \right) = 1 - \Phi(0.387) = 0.348,$$

即有
$$P\{V > 105\} \approx 0.348.$$

例 5.5 对敌人的防御地进行 100 次轰炸，每次轰炸命中目标的炸弹数目是一个随机变量，其期望值是 2，方差是 1.69.求在 100 次轰炸中有 180 颗到 220 颗炸弹命中目标的概率.

解 令第 i 次轰炸命中目标的炸弹数为 X_i，100 次轰炸中命中目标炸弹数 $X = \sum\limits_{i=1}^{100} X_i$，应用定理 5.5，$X$ 渐近服从正态分布，所以

$$P\{180 \leqslant X \leqslant 220\} \approx \Phi \left(\frac{220 - 100 \times 2}{\sqrt{100} \times \sqrt{1.69}} \right) - \Phi \left(\frac{180 - 100 \times 2}{\sqrt{100} \times \sqrt{1.69}} \right)$$
$$= 2\Phi(1.54) - 1 = 0.8764.$$

下面介绍定理 5.5 的一个特殊情形.

定理 5.6（德莫佛-拉普拉斯（De Moivre-Laplace）定理） 设随机变量 X 服从参数为 n，p（$0 < p < 1$）的二项分布，则对于任意的 x，恒有

$$\lim_{n \to \infty} P \left\{ \frac{X - np}{\sqrt{np(1-p)}} \leqslant x \right\} = \int_{-\infty}^{x} \frac{1}{\sqrt{2\pi}} e^{-\frac{t^2}{2}} dt. \tag{5.11}$$

定理 5.6 表明，二项分布以正态分布为极限分布,即当 n 充分大时，$\dfrac{X - np}{\sqrt{np(1-p)}}$ 近似地服从标准正态分布 $N(0,1)$. 也就是说，二项分布的分布函数 $F(x)$ 近似地等于正态分布 $N(np, np(1-p))$ 的分布函数，即

$$F(x) = P(X \leqslant x) \approx \Phi \left(\frac{x - np}{\sqrt{np(1-p)}} \right). \tag{5.12}$$

注意到二项分布是离散型随机变量，因此有

$$P\{a < X \leqslant b\} = F(b) - F(a)$$
$$\approx \Phi \left(\frac{b - np}{\sqrt{np(1-p)}} \right) - \Phi \left(\frac{a - np}{\sqrt{np(1-p)}} \right). \tag{5.13}$$

例 5.6 有一批建筑房屋用的木柱，其中 80% 的长度不小于 3m.现从这批木柱中随机地取出 100 根，问其中至少有 30 根短于 3m 的概率是多少.

解 设 100 根中有 X 根短于 3m，则 $X \sim b(100, 0.2)$，从而

$$P\{X \geqslant 30\} = 1 - P\{X < 30\} \approx 1 - \Phi\left(\frac{30 - 100 \times 0.2}{\sqrt{100 \times 0.2 \times 0.8}}\right)$$
$$= 1 - \Phi(2.5) = 1 - 0.9938 = 0.0062.$$

例 5.7 已知某厂生产的某产品中一等品的概率为 0.8，现从该厂生产的大量该产品中随机地抽取 10000 件. 求一等品在 7940 件到 8040 件之间的概率.

解 以 X 表示取出的 10000 件该产品中一等品的件数，则由题意得 $X \sim b(10000, 0.8)$，$E(X) = np = 10000 \times 0.8 = 8000$，$D(X) = npq = 10000 \times 0.8 \times 0.2 = 1600$. 由德莫佛-拉普拉斯定理，得

$$P\{7940 \leqslant X \leqslant 8040\} \approx \Phi\left(\frac{8040 - 10000 \times 0.8}{\sqrt{10000 \times 0.8 \times (1 - 0.8)}}\right) - \Phi\left(\frac{7940 - 10000 \times 0.8}{\sqrt{10000 \times 0.8 \times (1 - 0.8)}}\right)$$
$$= \Phi(1) - \Phi(-1.5) = \Phi(1) - 1 + \Phi(1.5) = 0.7745.$$

概率论中重要的理论结果是极限定理，在极限定理中，最重要的是"大数定律"和"中心极限定理"."大数定律"是研究若干个随机变量平均值的极限定理，"中心极限定理"是研究标准化随机变量和的分布的极限定理. 在数理统计中我们将看到，中心极限定理是大样本统计推断的理论基础.

【知识结构图】

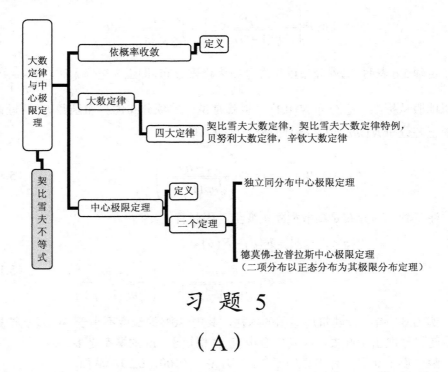

习 题 5

（A）

1. 在每次试验中，事件 A 发生的概率为 0.75，试用契比雪夫不等式求：独

立试验次数 n 至少取何值时，事件 A 发生的频率在 $0.74 \sim 0.76$ 之间的概率至少为 0.9.

2．设 $X_1, X_2, \cdots, X_{48}$ 为独立同分布的随机变量序列，共同分布为 $U(0, 5)$，其算术平均为 $X = \dfrac{1}{48} \sum_{i=1}^{48} X_i$，试求概率 $P\{2 \leqslant X \leqslant 3\}$.

3．一仪器同时收到 50 个信号 $U_i, i = 1, 2, \cdots, 50$. 设 U_i 是相互独立的，且都服从 $(0, 1)$ 内的均匀分布，试求 $P\left\{ \sum_{i}^{50} U_i > 30 \right\}$.

4．某汽车销售点每天出售的汽车数服从参数为 $\lambda = 2$ 的泊松分布，若一年平均 365 天都经营汽车销售，且每天出售的汽车数是相互独立的，求一年中售出 700 辆以上汽车的概率.

5．一复杂系统由 100 个相互独立工作的部件组成，每个部件正常工作的概率为 0.9. 已知整个系统中至少有 85 个部件正常工作，系统工作才正常，试求系统正常工作的概率.

6．对于一个学生而言，来参加家长会的家长人数是一个随机变量，设一个学生无家长、1 名家长、2 名家长来参加会议的概率分别为 $0.05, 0.8, 0.15$. 若学校共有 400 名学生，设各学生参加会议的家长数相互独立，且服从同一分布.

（1）求参加会议的家长数 X 超过 450 的概率？

（2）求有 1 名家长来参加会议的学生数不多于 340 的概率.

7．某产品的合格品率为 99%，问包装箱中应该装多少个此种产品，才能有 95% 的可能性使每箱中至少有 100 个合格产品.

（B）

1．填空题

（1）设随机变量 X 的数学期望 $E(X) = \mu$，方差 $D(X) = \sigma^2$，试利用契比雪夫不等式估计 $P\{|X - \mu| < 5\sigma\} \geqslant \underline{\qquad}$.

（2）$E(X) = \mu, D(X) = \sigma^2$，由契比雪夫不等式知 $P\{\mu - 2\sigma < X < \mu + 2\sigma\} \geqslant \underline{\qquad}$.

（3）设随机变量 X 和 Y 的数学期望分别为 2 和 -2，方差分别为 1 和 4，而相关系数为 -0.5，则根据契比雪夫不等式 $P\{|X + Y| \geqslant 6\} \leqslant \underline{\qquad}$.

（4）一加法器同时收到 20 个噪声电压 V_k（$k = 1, 2, \cdots, 20$），设它们是相互独立的随机变量，且都在区间（0，10）上服从均匀分布. 记 $V = \sum_{k=1}^{20} V_k$，则 $P\{V > 100\}$ 的近似值 $= \underline{\qquad}$.

2. 选择题

（1）设 X 的数学期望 $E(X)$、方差 $D(X)$ 均存在且 $D(X)>0$，利用契比雪夫不等式估计 $P\left\{\left|X-E(X)\right|<3\sqrt{D(X)}\right\}\geqslant$（　　）.

A. $\dfrac{1}{9}$　　　　B. $\dfrac{2}{3}$　　　　C. $\dfrac{8}{9}$　　　　D. $\dfrac{4}{9}$

（2）设 n_A 为 n 次独立重复试验中事件 A 发生的次数，p 是事件 A 在每次试验中发生的概率，则对任意的 $\varepsilon>0$，$\lim\limits_{n\to\infty}P\left\{\left|\dfrac{n_A}{n}-p\right|<\varepsilon\right\}=$（　　）.

A. 0　　　　　　B. 1　　　　　　C. 不确定　　　　D. 0.5

（3）设 $X_1,X_2,\cdots,X_n\ (n\geqslant2)$ 为独立同分布的随机变量列，且均服从参数为 $\lambda\ (\lambda>1)$ 的指数分布，记 $\Phi(x)$ 为标准正态分布函数，则（　　）.

A. $\lim\limits_{n\to\infty}P\left\{\dfrac{\sum\limits_{i=1}^{n}X_i-n\lambda}{\lambda\sqrt{n}}\leqslant x\right\}=\Phi(x)$ 　B. $\lim\limits_{n\to\infty}P\left\{\dfrac{\sum\limits_{i=1}^{n}X_i-n\lambda}{\sqrt{n\lambda}}\leqslant x\right\}=\Phi(x)$

C. $\lim\limits_{n\to\infty}P\left\{\dfrac{\lambda\sum\limits_{i=1}^{n}X_i-n}{\sqrt{n}}\leqslant x\right\}=\Phi(x)$ 　D. $\lim\limits_{n\to\infty}P\left\{\dfrac{\sum\limits_{i=1}^{n}X_i-\lambda}{\sqrt{n\lambda}}\leqslant x\right\}=\Phi(x)$

第6章 数理统计的基本概念

前面 5 章我们讲述了概率论的基本内容，从这一章开始我们将进入数理统计部分的学习．数理统计是应用广泛的一个数学分支，它以概率论为理论基础，根据试验或观察得到的数据，来研究随机现象，对研究对象的客观规律性作出各种合理的估计和判断．

数理统计的内容包括如何收集、整理数据资料；如何对所得的数据资料进行分析、研究，从而对所研究的对象的性质、特点作出推断．后者就是我们所说的统计推断问题．本书只讲述统计推断的基本内容．

本章介绍总体、样本及统计量等概念，并着重介绍几个常用统计量及抽样分布．

§6.1 总体与样本

1．总体

在数理统计中，通常把研究对象的全体称为总体，构成总体的每一个成员称为个体．在实际问题中，我们往往并不研究总体的一切属性，而是研究总体的某项数量指标，因此，也可以把研究对象的某项数值指标取值的全体看作**总体**（Population），把每个数值作为**个体**（Individual）．

例如，要研究某厂所生产的一批电视机显像管的寿命，这些显像管的寿命就是总体，其中每一只显像管则是个体．由于每个显像管的寿命不尽相同，在随机抽样中是随机变量，所以显像管的寿命是随机变量，为了便于数学上处理，我们将总体定义为随机变量．随机变量的分布称为总体分布．

要确定一个总体的分布及其数字特征往往是很困难的．例如，要了解某厂一批显像管的寿命，我们不可能对每一个显像管进行测试，因为一旦测出了某个显像管的寿命，那么这个显像管也就报废了．即使不是破坏性试验，有时也因数量太大，或因经济效益等因素，而不能采用普查的方法. 这就迫使我们只能从总体中抽取一部分个体进行观测试验，以此来推断这个总体的分布情况及其数字特征.

2. 样本

一般地，我们都是从总体中抽取一部分个体进行观察，然后根据所得的数据来推断总体的性质. 被抽出的部分个体，叫作总体的一个样本.

所谓从总体抽取一个个体，就是对总体 X 进行一次观察（即进行一次试验），并记录其结果. 我们在相同的条件下对总体 X 进行 n 次重复的、独立的观察，将 n 次观察结果按试验的次序记为 X_1，X_2，$\cdots$，X_n. 由于 X_1，X_2，$\cdots$，X_n 是对随机变量 X 观察的结果，且各次观察是在相同的条件下独立进行的，于是我们引出以下的样本定义.

定义 6.1 设总体 X 是具有分布函数 $F(x)$ 的随机变量，若 X_1，X_2，$\cdots$，X_n 是与 X 具有同一分布 $F(x)$，且相互独立的随机变量，则称 X_1，X_2，$\cdots$，X_n 为从总体 X 得到的容量为 n 的**简单随机样本**（Random sample），简称为**样本**.

当 n 次观察一经完成，我们就得到一组实数 x_1，x_2，$\cdots$，x_n. 它们依次是随机变量 X_1，X_2，$\cdots$，X_n 的观察值，称为样本值.

从样本的定义中可以知道样本满足下面两个特性.

（1）代表性 每个样本 $X_i (i=1,2,\cdots,n)$ 与总体 X 具有相同的分布；

（2）独立性 各个样本 $X_1,X_2,\cdots,X_n$ 的取值互不影响，即 $X_1,X_2,\cdots,X_n$ 是相互独立的随机变量.

今后如不作特别说明，凡提到的样本都是指简单随机样本. 在实际应用中，如何得到简单随机样本呢？对于有限总体，通常采用有放回的抽样方法，则抽得的样本就是简单随机样本；对于无限总体或个体数目 N 很大的有限总体，可以采用不放回抽样. 在实用上，只要 $n/N < 0.1$，采用不放回抽样得到的样本 $X_1,X_2,\cdots,X_n$ 也可以近似地看作一个简单随机样本.

3. 样本的联合分布

（1）若 X_1，X_2，$\cdots$，X_n 为总体 X 的一个样本，X 的分布函数为 $F(x)$，则 X_1，X_2，$\cdots$，X_n 的联合分布函数为

$$F^*(x_1,x_2,\cdots,x_n) = \prod_{i=1}^{n} F(x_i) . \tag{6.1}$$

（2）若离散型总体 X 的分布律为 $P\{X = b_i\} = p_i, i = 1,2,\cdots$，则样本 $X_1,X_2,\cdots,X_n$ 的联合分布律为

$$P\{X_1 = x_1, X_2 = x_2,\cdots,X_n = x_n\} = \prod_{i=1}^{n} P\{X_i = x_i\} \tag{6.2}$$

其中 $x_1,x_2,\cdots,x_n$ 取 $b_1,b_2,\cdots,b_n,\cdots$ 中任一数.

（3）若 X 具有概率密度 $f(x)$，则 X_1，X_2，$\cdots$，X_n 的联合概率密度为

$$f^*(x_1, x_2, \cdots, x_n) = \prod_{i=1}^{n} f(x_i) . \tag{6.3}$$

例 6.1　设总体 $X \sim b(1, p)$，$X_1, X_2, \cdots, X_n$ 为其一个简单随机样本，求 $X_1, X_2,$ $\cdots, X_n$ 的联合分布律.

解　因为 X 的分布律为 $P\{X = x\} = p^x (1-p)^{1-x}, x = 0, 1$，所以样本的联合分布律为

$$
\begin{aligned}
P\{X_1 &= x_1, X_2 = x_2, \cdots, X_n = x_n\} \\
&= P\{X_1 = x_1\} P\{X_2 = x_2\} \cdots P\{X_n = x_n\} \\
&= p^{x_1} (1-p)^{1-x_1} \, p^{x_2} (1-p)^{1-x_2} \cdots p^{x_n} (1-p)^{1-x_n} \\
&= p^{\sum_{i=1}^{n} x_i} (1-p)^{n - \sum_{i=1}^{n} x_i} ,
\end{aligned}
$$

$x_i = 0, 1, i = 1, 2, \cdots, n.$

§6.2　统计量与抽样分布

1. 统计量

样本是总体的反映，是进行统计推断的依据，但是样本所含的信息不能直接用于解决我们所要研究的问题，而需要把样本所含的信息进行数学上的加工使其浓缩起来，从而解决我们的问题. 这在数理统计中往往是通过构造一个依赖于样本的函数——统计量——来达到的.

定义 6.2　不含任何未知参数的样本（X_1，X_2，$\cdots$，X_n）的连续函数 $g(X_1,$ X_2，$\cdots$，$X_n)$ 称为**统计量**.

例如，设 $X \sim N(\mu, \sigma^2)$，其中 μ 为已知，σ^2 为未知，（X_1，X_2，$\cdots$，X_n）为总体 X 的样本，则 $\dfrac{1}{n} \sum_{i=1}^{n} (X_i - \mu)^2$，$\dfrac{1}{n-1} \sum_{i=1}^{n} (X_i - \mu)^2$ 均为统计量，而 $\dfrac{1}{\sigma^2} \sum_{i=1}^{n} (X_i - \mu)^2$，

$\dfrac{\dfrac{1}{n} \sum_{i=1}^{n} X_i - \mu}{\sigma}$ 均不是统计量.

下面列出一些常用的统计量.

（1）样本平均值

$$\overline{X} = \frac{1}{n} \sum_{i=1}^{n} X_i ; \tag{6.4}$$

（2）样本方差

$$S^2 = \frac{1}{n-1}\sum_{i=1}^{n}(X_i - \overline{X})^2 = \frac{1}{n-1}(\sum_{i=1}^{n}X_i^2 - n\overline{X}^2) ; \qquad (6.5)$$

（3）样本标准差

$$S = \sqrt{S^2} = \sqrt{\frac{1}{n-1}\sum_{i=1}^{n}(X_i - \overline{X})^2} ; \qquad (6.6)$$

（4）样本 k 阶（原点）矩

$$A_k = \frac{1}{n}\sum_{i=1}^{n}X_i^k, k = 1,2,\cdots ; \qquad (6.7)$$

（5）样本 k 阶中心矩

$$B_k = \frac{1}{n}\sum_{i=1}^{n}(X_i - \overline{X})^k, k = 2,3,\cdots . \qquad (6.8)$$

对于以上统计量，若代之以样本观察值 $(x_1, x_2, \cdots, x_n)$，则可得相应的观察值，它们分别为

$$\overline{x} = \frac{1}{n}\sum_{i=1}^{n}x_i ;$$

$$s^2 = \frac{1}{n-1}\sum_{i=1}^{n}(x_i - \overline{x})^2 = \frac{1}{n-1}(\sum_{i=1}^{n}x_i^2 - n\overline{x}^2) ;$$

$$s = \sqrt{s^2} = \sqrt{\frac{1}{n-1}\sum_{i=1}^{n}(x_i - \overline{x})^2} ;$$

$$a_k = \frac{1}{n}\sum_{i=1}^{n}x_i^k, k = 1,2,\cdots ;$$

$$b_k = \frac{1}{n}\sum_{i=1}^{n}(x_i - \overline{x})^k, k = 2,3,\cdots .$$

这些观察值仍分别称为样本均值、样本方差、样本标准差、样本 k 阶（原点）矩以及样本 k 阶中心矩.

显然，当样本容量 n 充分大时，样本方差 s^2 与样本二阶中心距 b_2 是近似相等的.

我们指出，若总体 X 的 k 阶矩 $E(X^k) = \mu_k$ 存在，则当 $n \to \infty$ 时，$A_k \xrightarrow{P} \mu_k, k = 1,2,\cdots$. 这是因为 $X_1, X_2, \cdots, X_n$ 独立且与 X 同分布，所以 $X_1^k, X_2^k, \cdots, X_n^k$ 独立且与 X^k 同分布.

故有

$$E(X_1^k) = E(X_2^k) = \cdots = E(X_n^k) = \mu_k .$$

从而由第 5 章的大数定律知

$$A_k = \frac{1}{n}\sum_{i=1}^{n} X_i{}^k \xrightarrow{P} \mu_k, k = 1, 2, \cdots,$$

进而由第 5 章中关于依概率收敛的序列的性质知道

$$g(A_1, A_2, \cdots, A_k) \xrightarrow{P} g(\mu_1, \mu_2, \cdots, \mu_k),$$

其中 g 为连续函数，这就是下一章所要介绍的矩估计法的理论依据.

2. 抽样分布

统计量是样本的函数，它是一个随机变量. 统计量的分布称为抽样分布. 在使用统计量进行统计推断时常需知道它的分布. 当总体的分布函数已知时，抽样分布是确定的，然而要求出统计量的精确分布，一般来说是困难的. 本节介绍来自正态总体的几个常用的统计量的分布.

（1） χ^2 分布

定义 6.3 设 X_1, X_2, $\cdots$, X_n 是来自总体 $N(0, 1)$ 的样本，则称统计量

$$\chi^2 = X_1{}^2 + X_2{}^2 + \cdots + X_n{}^2 \tag{6.9}$$

服从自由度为 n 的 χ^2 分布（ χ^2 –distribution），记为 $\chi^2 \sim \chi^2(n)$.

$\chi^2(n)$ 分布的概率密度函数为

$$f(y) = \begin{cases} \dfrac{1}{2^{\frac{n}{2}}\Gamma\left(\dfrac{n}{2}\right)} y^{\frac{n}{2}-1} \mathrm{e}^{\frac{-y}{2}}, & y > 0, \\ 0, & \text{其他.} \end{cases}$$

其中 $\Gamma(x) = \int_0^{+\infty} t^{x-1} \mathrm{e}^{-t} \mathrm{d}t \ (x>0)$.

$f(y)$ 的图形如图 6–1 所示.

χ^2 分布具有以下性质.

1° 如果 $\chi_1{}^2 \sim \chi^2(n_1)$, $\chi_2{}^2 \sim \chi^2(n_2)$, 且它们相互独立，则有

$$\chi_1{}^2 + \chi_2{}^2 \sim \chi^2(n_1 + n_2) .$$

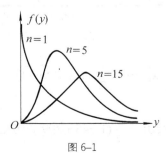

图 6–1

这一性质称为 χ^2 分布的可加性. 此结论可以推广：设 $X_i \sim \chi^2(n_i)(i=1,2,\cdots,k)$ 且相互独立，则

$$\sum_{i=1}^{k} X_i \sim \chi^2(\sum_{i=1}^{k} n_i).$$

2° 如果 $\chi^2 \sim \chi^2(n)$，则有

$$E（\chi^2）= n, \quad D（\chi^2）= 2n.$$

证 只证 2°. 因为 $X_i \sim N（0，1）$，故

$$E（X_i^2）= D（X_i）= 1,$$
$$D（X_i^2）= E（X_i^4）-[E（X_i^2）]^2 = 3-1 = 2, \quad i=1, 2, \cdots, n.$$

于是 $E(\chi^2) = E(\sum_{i=1}^{n} X_i^2) = \sum_{i=1}^{n} E(X_i^2) = n,$

$$D(\chi^2) = D(\sum_{i=1}^{n} X_i^2) = \sum_{i=1}^{n} D(X_i^2) = 2n.$$

对于给定的正数 α，$0<\alpha<1$，称满足条件

$$P\left\{\chi^2 > \chi_\alpha^2(n)\right\} = \int_{\chi_\alpha^2(n)}^{+\infty} f(y)\mathrm{d}y = \alpha$$

的点 $\chi_\alpha^2(n)$ 为 $\chi^2(n)$ 分布的上 α 分位点（Percentile of α），如图 6–2 所示，对于不同的 α，n，上 α 分位点的值已制成表格，可以查用（见附表 E）. 例如对于 $\alpha=0.05$，$n=16$，查附表 5 得 $x_{0.05}^2(16)=26.296$.

又如对于 $\alpha=0.05$，$n=20$，查得 $x_{0.05}^2(20)=31.410$，即

$$P\left(x^2(20) > 31.410\right) = 0.05 .$$

但该表只详列到 $n=45$ 为止.

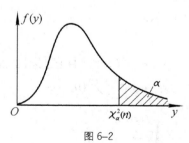

图 6–2

当 $n>45$ 时，近似地有 $x_\alpha^2(n) \approx \frac{1}{2}(z_\alpha + \sqrt{2n-1})^2$，其中 z_α 是标准正态分布的上 α 分位点. 例如

$$x_{0.05}^2(50) \approx \frac{1}{2}(1.645+\sqrt{99})^2 = 67.221 .$$

（2）t 分布

定义 6.4　设 $X \sim N(0，1)$，$Y \sim \chi^2(n)$，并且 $X，Y$ 独立，则称随机变量

$$t = \frac{X}{\sqrt{\dfrac{Y}{n}}} \tag{6.10}$$

服从自由度为 n 的 t 分布（t-distribution），记为 $t \sim t(n)$.

$t(n)$ 分布的概率密度函数为

$$h(t) = \frac{\Gamma[(n+1)/2]}{\sqrt{n\pi}\,\Gamma(n/2)}\left(1 + \frac{t^2}{n}\right)^{-\frac{n+1}{2}}，\qquad -\infty < t < +\infty.$$

证略.

图 6-3 中画出了当 $n=1$，$n=10$ 时 $h(t)$ 的图形. $h(t)$ 的图形关于 $t=0$ 对称，当 n 充分大时其图形类似于标准正态变量概率密度的图形. 但对于较小的 n，t 分布与 $N(0，1)$ 分布相差很大.

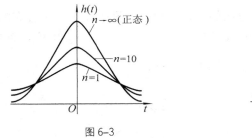

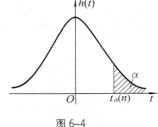

图 6-3　　　　　　　　　　　　　　　　图 6-4

对于给定的 α，$0 < \alpha < 1$，称满足条件

$$P\{t > t_\alpha(n)\} = \int_{t_\alpha(n)}^{+\infty} h(t)\mathrm{d}t = \alpha$$

的点 $t_\alpha(n)$ 为 $t(n)$ 分布的上 α 分位点（见图 6-4）.

由 t 分布的上 α 分位点的定义及 $h(t)$ 图形的对称性知

$$t_{1-\alpha}(n) = -t_\alpha(n).$$

t 分布的上 α 分位点可从附表 D 查得. 例如，对于 $\alpha = 0.05$，$n = 6$，查表可得 $t_{0.05}(6) = 1.9432$，于是 $t_{0.95}(6) = -1.9432$. 当 $n > 45$ 时，就用正态分布近似：

$$t_\alpha(n) \approx z_\alpha \quad （z_\alpha \text{ 是标准正态分布的上 } \alpha \text{ 分位点}）.$$

（3）F 分布

定义 6.5　设 $U \sim \chi^2(n_1)$，$V \sim \chi^2(n_2)$，且 $U，V$ 相互独立，则称随机变量

$$F = \frac{U/n_1}{V/n_2} \tag{6.11}$$

服从自由度为（n_1，n_2）的 F **分布**（F–distribution），记为 $F \sim F$（n_1，n_2）.

F（n_1，n_2）分布的概率密度为

$$\psi(y) = \begin{cases} \dfrac{\Gamma\left(\dfrac{n_1+n_2}{2}\right)\left(\dfrac{n_1}{n_2}\right)^{\frac{n_1}{2}} y^{\frac{n_1}{2}-1}}{\Gamma\left(\dfrac{n_1}{2}\right)\Gamma\left(\dfrac{n_2}{2}\right)\left(1+\dfrac{n_1 y}{n_2}\right)^{\frac{n_1+n_2}{2}}}, & y > 0, \\ 0, & \text{其他}. \end{cases}$$

证略.

$\psi(y)$ 的图形如图 6–5 所示.

F 分布经常被用来对两个样本方差进行比较. 它是方差分析的一个基本分布，也被用于回归分析中的显著性检验.

对于给定的 α，$0 < \alpha < 1$，称满足条件

$$P\{F > F_\alpha(n_1, n_2)\} = \int_{F_\alpha(n_1, n_2)}^{+\infty} \psi(y)\mathrm{d}y = \alpha$$

的点 F_α（n_1，n_2）为 F（n_1，n_2）分布的上 α 分位点（见图 6–6）. F 分布的上 α 分位点有表格可查（见附表 F）. 例如，对于 $n_1 = 15$，$n_2 = 12$，$\alpha = 0.05$，查表可得

$$F_{0.05}(15,12) = 2.62 \ .$$

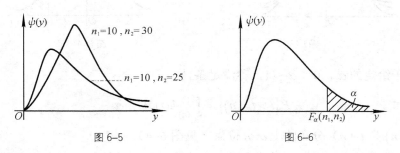

图 6-5   图 6-6

但当 α 取值接近于 1 时，上 α 分位点不能从附表 F 中直接查出，这时可利用 F 分布的性质：

$$F_{1-\alpha}(n_1, n_2) = \frac{1}{F_\alpha(n_2, n_1)} \ .$$

例如，

$$F_{0.95}(12,9) = \frac{1}{F_{0.05}(9,12)} = \frac{1}{2.80} = 0.357 \ .$$

（4）正态总体的抽样分布

定理 6.1　设总体 X（不管服从什么分布，只要均值和方差存在）的均值为

μ，方差为 σ^2，$X_1, X_2, \cdots, X_n$ 是来自 X 的一个样本，$\overline{X}, S^2$ 是样本均值和样本方差，则

$$E(\overline{X}) = \mu, \qquad D(\overline{X}) = \frac{\sigma^2}{n}, \qquad E(S^2) = \sigma^2.$$

证　　$E(\overline{X}) = E\left(\frac{1}{n}\sum_{i=1}^{n} X_i\right) = \frac{1}{n}\sum_{i=1}^{n} E(X_i) = \frac{1}{n} \cdot n \cdot \mu = \mu$,

$$D(\overline{X}) = D\left(\frac{1}{n}\sum_{i=1}^{n} X_i\right) = \frac{1}{n^2}\sum_{i=1}^{n} D(X_i) = \frac{1}{n^2} \cdot n \cdot \sigma^2 = \frac{\sigma^2}{n},$$

$$E(S^2) = E\left[\frac{1}{n-1}\sum_{i=1}^{n}\left(X_i - \overline{X}\right)^2\right] = \frac{1}{n-1}E\left\{\sum_{i=1}^{n}\left[\left(X_i - \mu\right) - \left(\overline{X} - \mu\right)\right]^2\right\}$$

$$= \frac{1}{n-1}E\left[\sum_{i=1}^{n}\left(X_i - \mu\right)^2 - 2\left(\overline{X} - \mu\right) \cdot \sum_{i=1}^{n}\left(X_i - \mu\right) + \sum_{i=1}^{n}\left(\overline{X} - \mu\right)^2\right]$$

$$= \frac{1}{n-1}E\left[\sum_{i=1}^{n}\left(X_i - \mu\right)^2 - 2n\left(\overline{X} - \mu\right)^2 + n\left(\overline{X} - \mu\right)^2\right]$$

$$= \frac{1}{n-1}E\left[\sum_{i=1}^{n}\left(X_i - \mu\right)^2 - n\left(\overline{X} - \mu\right)^2\right]$$

$$= \frac{1}{n-1}\left[n \cdot D(X) - nD(\overline{X})\right] = \frac{1}{n-1}\left[n \cdot \sigma^2 - n \cdot \frac{\sigma^2}{n}\right] = \sigma^2.$$

定理 6.2　设 $X_1, X_2, \cdots, X_n$ 是总体 $N(\mu, \sigma^2)$ 的样本，$\overline{X}, S^2$ 分别是样本均值和样本方差，则有

1°　$\overline{X} \sim N\left(\mu, \dfrac{\sigma^2}{n}\right)$.

2°　$\dfrac{(n-1)S^2}{\sigma^2} \sim \chi^2(n-1)$.

3°　$\overline{X}$ 与 S^2 独立.

4°　$\dfrac{\overline{X} - \mu}{S/\sqrt{n}} \sim t(n-1)$.

只证 4°　因为

$$\frac{\overline{X} - \mu}{\sigma/\sqrt{n}} \sim N(0,1), \qquad \frac{(n-1)S^2}{\sigma^2} \sim \chi^2(n-1),$$

且两者独立，由 t 分布的定义知

$$\frac{\overline{X}-\mu}{\sigma/\sqrt{n}} \bigg/ \sqrt{\frac{(n-1)S^2}{\sigma^2(n-1)}} \sim t(n-1).$$

化简上式左边，即得

$$\frac{\overline{X}-\mu}{S/\sqrt{n}} \sim t(n-1).$$

例 6.2　设总体 $X \sim N(100,16.4^2)$，X_1，X_2，$\cdots$，X_{80} 是来自 X 的样本，求 $P\left(\left|\overline{X}-100\right|>5\right)$.

解　由于 $E(X)=\mu=100$，$D(X)=\sigma^2=16.4^2$，记 $\overline{X}=\frac{1}{80}\sum_{i=1}^{80}X_i$，则

$$\overline{X} \sim N\left(100,\frac{16.4^2}{80}\right)=N(100,3.362),$$

于是　　$P\left(\left|\overline{X}-100\right|>5\right)=P(\overline{X}<95)+P(\overline{X}>105)$

$$=\Phi\left(\frac{95-100}{\sqrt{3.362}}\right)+1-\Phi\left(\frac{105-100}{\sqrt{3.362}}\right)$$

$$=2(1-\Phi(2.73))=2\times(1-0.9968)$$

$$=0.0064.$$

例 6.3　设总体 X 服从正态分布 $N(62,100)$，为使样本均值大于 60 的概率不小于 0.95，问样本容量 n 至少应取多大？

解　设需要样本容量为 n，则

$$\frac{\overline{X}-\mu}{\frac{\sigma}{\sqrt{n}}}=\frac{\overline{X}-\mu}{\sigma}\cdot\sqrt{n} \sim N(0,1),$$

$$P\left(\overline{X}>60\right)=P\left\{\frac{\overline{X}-62}{10}\cdot\sqrt{n}>\frac{60-62}{10}\cdot\sqrt{n}\right\}.$$

查附表 B 标准正态分布表，得 $\Phi(1.64)\approx0.95$.

所以 $0.2\sqrt{n}\geqslant1.64$，$n\geqslant67.24$. 故样本容量至少应取 68.

定理 6.3　设 X_1，X_2，$\cdots$，X_{n_1} 与 Y_1，Y_2，$\cdots$，Y_{n_2} 分别是来自具有相同方差的两正态总体 $N(\mu_1,\sigma_1^2)$，$N(\mu_2,\sigma_2^2)$ 的样本，且这两个样本相互独立. 设 $\overline{X}=\frac{1}{n_1}\sum_{i=1}^{n_1}X_i$，$\overline{Y}=\frac{1}{n_2}\sum_{i=1}^{n_2}Y_i$ 分别是这两个样本的均值. $S_1^2=\frac{1}{n_1-1}\sum_{i=1}^{n_1}(X_i-\overline{X})^2$，

$S_2^2 = \dfrac{1}{n_2-1}\sum\limits_{i=1}^{n_2}(Y_i-\overline{Y})^2$ 分别是这两个样本的样本方差，则有：

（1）当 $\sigma_1^2 = \sigma_2^2 = \sigma^2$ 时，$\dfrac{(\overline{X}-\overline{Y})-(\mu_1-\mu_2)}{S_W\sqrt{\dfrac{1}{n_1}+\dfrac{1}{n_2}}} \sim t(n_1+n_2-2)$，

其中　　　　　　　　$S_W^2 = \dfrac{(n_1-1)S_1^2+(n_2-1)S_2^2}{(n_1+n_2-2)}$．

（2）　$F = \dfrac{\dfrac{S_1^2}{\sigma_1^2}}{\dfrac{S_2^2}{\sigma_2^2}} \sim F(n_1-1,\ n_2-1)$．

证略.

由定理 6.3 的（2）可知，当两个总体独立且方差相等时，两个样本方差的比服从 F 分布. 即当 $\sigma_1^2 = \sigma_2^2$ 时，$\dfrac{S_1^2}{S_2^2} \sim F(n_1-1,\ n_2-1)$.

例 6.4　设两总体 $X \sim N(\mu_1,100)$，$Y \sim N(\mu_2,64)$，其中 μ_1，μ_2 未知. $X_1,X_2,\cdots,X_{21}$ 与 $Y_1,Y_2,\cdots,Y_{16}$ 分别是来自 X 及 Y 的相互独立的样本，求两样本方差比落入区间 $[0.71,3]$ 之间的概率.

解　令 $S_1^2 = \dfrac{1}{20}\sum\limits_{i=1}^{21}(X_i-\overline{X})^2$，$S_2^2 = \dfrac{1}{15}\sum\limits_{i=1}^{16}(Y_i-\overline{Y})^2$. 由题设知 $\sigma_1^2 = 100$，$\sigma_2^2 = 64$，$n_1 = 21$，$n_2 = 16$，从而

$$F = \dfrac{S_1^2/S_2^2}{100/64} \sim F(n_1-1,n_2-1) = F(20,15),$$

$$P\left(0.71 \leqslant \dfrac{S_1^2}{S_2^2} \leqslant 3\right) = P(0.4544 \leqslant F \leqslant 1.92) = P(F \leqslant 1.92) - P(F < 0.4544)$$

$$= P(F \leqslant 1.92) - P\left(\dfrac{1}{F} \geqslant 2.2\right),$$

查附表 F 知 $F_{0.1}(20,15) = 1.92$，而 $\dfrac{1}{F} \sim F(15,20)$ 且 $F_{0.05}(15,20) = 2.2$，故得

$$P\left(0.71 \leqslant \dfrac{S_1^2}{S_2^2} \leqslant 3\right) = (1-0.1) - 0.05 = 0.85.$$

本节所介绍的 3 个分布以及 3 个定理，在下面各章中都起着重要的作用. 应注意，它们大都是在总体为正态总体这一基本假定下得到的.

【知识结构图】

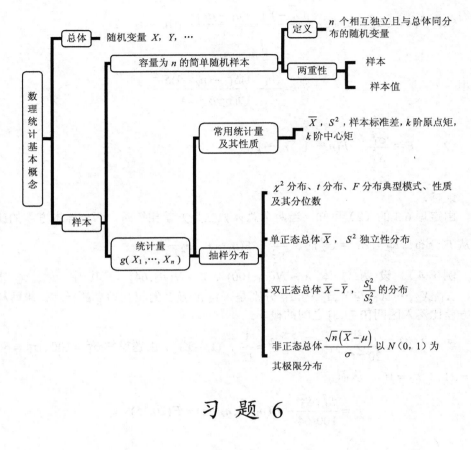

习 题 6

（A）

1. 设电话交换台一小时内的呼叫次数 X 服从泊松分布 $\pi(\lambda), \lambda > 0$，求来自这一总体的简单随机样本 $X_1, X_2, \cdots, X_n$ 的样本分布律．

2. 设某种电灯泡的寿命 X 服从指数分布 $E(\lambda)$，求来自这一总体的简单随机样本 $X_1, X_2, \cdots, X_n$ 的联合概率密度．

3. 设 $X_1, X_2, \cdots, X_n$ 是来自均匀分布总体 $U(0, c)$ 的样本，求样本的联合概率密度．

4. 设总体 $X \sim N(\mu, \sigma^2)$，其中 μ 已知而 σ^2 未知，又 $X_1, X_2, \cdots, X_n$ 是总体 X 的一个样本，试指出下列哪些是统计量，哪些不是统计量．

（1）$\sum\limits_{i=1}^{n} X_i$；（2）$\dfrac{1}{\sigma^2}\sum\limits_{i=1}^{n}(X_i - \mu)^2$；（3）$\sum\limits_{i=1}^{n} X_i^2$；（4）$\dfrac{\overline{X} - \mu}{\sigma/\sqrt{n}}$；（5）$\dfrac{\overline{X} - \mu}{S/\sqrt{n}}$．

5．查表求下列各值.

（1）$\chi^2_{0.05}(10)$；（2）$\chi^2_{0.01}(30)$；（3）$\chi^2_{0.90}(15)$；（4）$t_{0.05}(10)$；（5）$t_{0.01}(20)$；
（6）$t_{0.005}(15)$；（7）$F_{0.01}(10,9)$；（8）$F_{0.05}(12,5)$；（9）$F_{0.99}(24,2)$；（10）
$F_{0.95}(12,12)$．

6．设总体 $X\sim N(60，15^2)$，从总体 X 中抽取一个容量为 100 的样本，求样本均值与总体均值之差的绝对值大于 3 的概率．

7．从正态总体 $N(4.2，5^2)$ 中抽取容量为 n 的样本，若要求其样本均值位于区间（2.2,6.2）内的概率不小于 0.95，则样本容量 n 至少取多大？

8．设某厂生产的灯泡的使用寿命 $X\sim N(1000，\sigma^2)$（单位：小时），随机抽取一容量为 9 的样本，并测得样本均值及样本方差. 但是由于工作上的失误，事后失去了此试验的结果，只记得样本方差为 $S^2=100^2$，试求 $P(\overline{X}>1062)$．

9．设 $X_1,X_2,\cdots,X_{10}$ 为 $N(0,0.3^2)$ 的一个样本，求 $P(\sum_{i=1}^{n}X_i^2>1.44)$．

10．设在总体 $N(\mu,\sigma^2)$ 中抽取一容量为 16 的样本，这里 μ,σ^2 均为未知.

（1）求 $P(S^2/\sigma^2\leqslant 2.041)$，其中 S^2 为样本方差；　　（2）求 $D(S^2)$．

11．设 $T\sim t(10)$，求常数 c，使 $P(T>c)=0.95$．

（B）

1．填空题

（1）设 $X_1,X_2,\cdots,X_n$ 是总体 X 的一个样本，则样本均值 $\overline{X}=$＿＿＿＿；样本方差 $S^2=$＿＿＿＿．

（2）设总体 $X\sim N(\mu,\sigma^2)$，$X_1,X_2,\cdots,X_n$ 是总体的容量为 n 的样本，则统计量 $\dfrac{\overline{X}-\mu}{\sigma/\sqrt{n}}$ 服从＿＿＿＿分布，统计量 $\dfrac{\overline{X}-\mu}{S/\sqrt{n}}$ 服从＿＿＿＿分布．

（3）设 $X_1,X_2,\cdots,X_{20}$ 是总体 $X\sim N(0,\sigma^2)$ 的样本，则 $\dfrac{X_1^2+X_3^2+\cdots X_{19}^2}{X_2^2+X_4^2+\cdots X_{20}^2}\sim$
＿＿＿＿．

（4）设 $X_1,X_2,\cdots,X_n$ 是总体 $X\sim N(\mu,\sigma^2)$ 的样本，则 $\overline{X}=\dfrac{1}{n}\sum_{i=1}^{n}x_i\sim$
＿＿＿＿．

2．选择题

（1）设 $X\sim N(\mu_1,\sigma_1^2)$，$Y\sim N(\mu_2,\sigma_2^2)$，$X,Y$ 相互独立，$X_1,X_2,\cdots,X_{n_1}$ 是总体

X 的一个样本，$Y_1, Y_2, \cdots, Y_{n_2}$ 是总体 Y 的一个样本，则有（　　）.

A．$\overline{X} - \overline{Y} \sim N(\mu_1 + \mu_2, \sigma_1^2 + \sigma_2^2)$　　B．$\overline{X} - \overline{Y} \sim N\left(\mu_1 - \mu_2, \dfrac{\sigma_1^2}{n_1} + \dfrac{\sigma_2^2}{n_2}\right)$

C．$\overline{X} - \overline{Y} \sim N\left(\mu_1 - \mu_2, \dfrac{\sigma_1^2}{n_1} - \dfrac{\sigma_2^2}{n_2}\right)$　　D．$\overline{X} - \overline{Y} \sim N\left(\mu_1 - \mu_2, \sqrt{\dfrac{\sigma_1^2}{n_1} + \dfrac{\sigma_2^2}{n_2}}\right)$

（2）设总体 X 服从正态分布 $N(\mu, \sigma^2)$，其中 μ 已知，σ^2 未知．X_1, X_2, X_3 是取自总体 X 的一个样本，则非统计量是（　　）.

A．$\dfrac{1}{3}(X_1 + X_2 + X_3)$　　B．$X_1 + X_2 + 2\mu$

C．$\max(X_1, X_2, X_3)$　　D．$\dfrac{1}{\sigma^2}(X_1^2 + X_2^2 + X_3^2)$

（3）设 $X \sim N(1, 2^2)$，$X_1, X_2, \cdots, X_n$ 为 X 的样本，则（　　）.

A．$\dfrac{\overline{X} - 1}{2} \sim N(0,1)$　　B．$\dfrac{\overline{X} - 1}{4} \sim N(0,1)$

C．$\dfrac{\overline{X} - 1}{2/\sqrt{n}} \sim N(0,1)$　　D．$\dfrac{\overline{X} - 1}{\sqrt{2}} \sim N(0,1)$

（4）设总体 X 服从正态分布 $N(\mu, \sigma^2)$，其中 μ 已知，σ^2 未知．$X_1, X_2, \cdots, X_n$ 是取自总体 X 的一个样本，则下列结论正确的是（　　）.

A．$\dfrac{1}{n-1}\sum_{i=1}^{n}(X_i - \overline{X})^2 \sim \chi^2(n-1)$　　B．$\dfrac{1}{n}\sum_{i=1}^{n}(X_i - \overline{X})^2 \sim \chi^2(n)$

C．$\dfrac{1}{\sigma^2}\sum_{i=1}^{n}(X_i - \overline{X})^2 \sim \chi^2(n)$　　D．$\dfrac{1}{\sigma^2}\sum_{i=1}^{n}(X_i - \mu)^2 \sim \chi^2(n)$

（5）若 ξ 与 η 相互独立，且 $\xi \sim \chi^2(n_1)$，$\eta \sim \chi^2(n_2)$，则 $Z = \xi + \eta$ 有（　　）成立．

A．$Z \sim \chi^2(n_1 n_2)$　　B．$Z \sim \chi^2(n_1 - n_2)$

C．$Z \sim \chi^2(n_1 + n_2)$　　D．$Z \sim \chi^2\left(\dfrac{n_1}{n_2}\right)$

（6）设 $X \sim N(\mu, \sigma^2)$，其中 μ 已知，σ^2 未知，X_1, X_2, X_3, X_4 为其样本，下列各项中不是统计量的是（　　）.

A．$\overline{X} = \dfrac{1}{4}\sum_{i=1}^{4} X_i$　　B．$X_1 + X_4 - 2\mu$

C．$K = \dfrac{1}{\sigma^2}\sum_{i=1}^{4}(X_i - \overline{X})^2$　　D．$S^2 = \dfrac{1}{3}\sum_{i=1}^{4}(X_i - \overline{X})$

（7）设 $(X_1, X_2, \cdots, X_n)$ 是正态总体 $X \sim N(\mu, \sigma^2)$ 的样本，样本方差为 S^2，则

统计量 $\dfrac{(n-1)S^2}{\sigma^2}$ 服从（　　）.

A．$t(n)$分布 　　　　　　　　B．$\chi^2(n-1)$分布

C．F分布 　　　　　　　　　D．$\chi^2(n)$分布

（8）设 $(X_1,\cdots,X_n)$ 是来自总体 $X \sim N(0,1)$ 的一个样本，$\overline{X}$ 与 S 分别为样本均值和样本标准差，则有（　　）.

A．$\overline{X} \sim N(0,1)$ 　　　　　B．$n\overline{X} \sim N(0,n)$

C．$\dfrac{\overline{X}}{S} \sim t(n-1)$ 　　　　　D．$\displaystyle\sum_{i=1}^{n} X_i^2 \sim \chi^2(n)$

第 7 章　参数估计

在实际问题中，我们常常需要估计一些未知参数的值，这些参数可能是总体分布中的参数；或者，当总体分布未知时，总体的某些未知的数字特征，如均值、方差等. 对总体的某个未知参数的估计方式有两种，一种是值估计，称为**点估计** （Point estimation），另一种是参数的范围估计，称为**区间估计** （Interval estimation），它们统称为**参数估计**.

§7.1　点估计

设总体 X 的分布函数的形式为已知，但它的一个或多个参数为未知，借助于总体 X 的一个样本来估计总体未知参数值的问题称为参数的点估计问题.

例 7.1　在某炸药制造厂，一天中发生着火现象的次数 X 是一个随机变量，假设它服从以 $\lambda > 0$ 为参数的泊松分布，参数 λ 为未知. 现有表 7-1 的样本值，试估计参数 λ.

表 7-1

着火次数 k	0	1	2	3	4	5	6	
发生 k 次着火的天数 n_k	75	90	54	22	6	2	1	$\Sigma = 250$

解　由于 $X \sim \pi(\lambda)$，故有 $\lambda = E(X)$，我们自然想到用样本均值来估计总体的均值 $E(X)$. 现由已知数据计算得到

$$\overline{x} = \frac{\sum\limits_{k=0}^{6} k n_k}{\sum\limits_{k=0}^{6} n_k} = \frac{1}{250} [0 \times 75 + 1 \times 90 + 2 \times 54 + 3 \times 22 + 4 \times 6 + 5 \times 2 + 6 \times 1]$$

$$= 1.22,$$

得 $E(X)=\lambda$ 的估计为 1.22.

一般地，我们有以下定义.

定义 7.1 设总体 X 的分布函数为 $F(x;\theta)$，θ 是待估参数. $X_1,X_2,\cdots,X_n$ 是 X 的一个样本，$x_1,x_2,\cdots,x_n$ 是相应的一个样本值. 点估计问题就是要构造一个适当的统计量 $\hat{\theta}(X_1,X_2,\cdots,X_n)$，用它的观察值 $\hat{\theta}(x_1,x_2,\cdots,x_n)$ 作为未知参数 θ 的近似值. 我们称 $\hat{\theta}(X_1,X_2,\cdots,X_n)$ 为 θ 的**估计量**，称 $\hat{\theta}(x_1,x_2,\cdots,x_n)$ 为 θ 的**估计值**. 在不致混淆的情况下统称估计量和估计值为估计，并都简记为 $\hat{\theta}$.

例如在例 7.1 中，我们用样本均值来估计总体均值，即有

估计量
$$\hat{\lambda}=E(\hat{X})=\frac{1}{n}\sum_{k=1}^{n}X_k,n=250.$$

估计值
$$\hat{\lambda}=E(\hat{X})=\frac{1}{n}\sum_{k=1}^{n}x_k=1.22.$$

下面介绍两种常见的点估计法：矩估计法和极大似然估计法.

1．矩估计法

（1）矩估计法的思想

这一估计法是由英国统计学家皮尔逊（K. Pearson）于 1894 年提出的一个替换原则，它通常是指用样本矩作为总体矩的估计，用样本矩的函数替换相应的总体矩的函数. 这是矩估计法最基本的思想.

（2）矩估计的基本步骤

设总体 $X \sim F(X; \theta_1, \theta_2, \cdots, \theta_l)$，其中 $\theta_1, \theta_2, \cdots, \theta_l$ 均未知.

1° 求出总体 X 的前 k 阶矩
$$E(X^k)=\mu_k(\theta_1, \theta_2, \cdots, \theta_l), \qquad (1 \leqslant k \leqslant l).$$

2° 由替换原则，用样本矩替换总体矩，令 k 阶总体矩和 k 阶样本矩相等，列出方程组
$$\begin{cases} \mu_1(\theta_1,\theta_2,\cdots,\theta_l)=A_1, \\ \mu_2(\theta_1,\theta_2,\cdots,\theta_l)=A_2, \\ \qquad\qquad \cdots \\ \mu_l(\theta_1,\theta_2,\cdots,\theta_l)=A_l, \end{cases}$$

其中 A_k（$1 \leqslant k \leqslant l$）为样本 k 阶矩.

解出上述方程组的解 $\hat{\theta}_1,\hat{\theta}_2,\cdots,\hat{\theta}_l$，我们称 $\hat{\theta}_k=\hat{\theta}_k(X_1,X_2,\cdots,X_n)$ 为参数 θ_k（$1 \leqslant k \leqslant l$）的矩估计量，$\hat{\theta}_k=\hat{\theta}_k(x_1,x_2,\cdots,x_n)$ 为参数 θ_k 的矩估计值. 用矩估计法确定的估计量称为**矩估计量**，相应的估计值称为**矩估计值**. 矩估计量与矩估计值统称为**矩估计**.

例 7.2 设总体 X 服从二项分布 $b(n, p)$，n 已知，$X_1, X_2, \cdots, X_n$ 为来自 X 的样本，求参数 p 的矩估计量.

解 第一步：题中只有一个待估参数，所以求出总体 X 的 1 阶总体矩和 1 阶样本矩，即

$$\mu_1 = E(X) = np, A_1 = \frac{1}{n}\sum_{i=1}^{n} X_i = \overline{X}.$$

第二步：用样本矩替换总体矩，令总体矩和样本矩对应相等，即 $\mu_1 = A_1$，即 $np = \overline{X}$，所以 p 的矩估计量为

$$\hat{p} = \frac{\overline{X}}{n}.$$

例 7.3 设总体 X 的密度函数为

$$f(x) = \begin{cases} (\theta+1)x^{\theta}, & 0 < x < 1, \theta > -1, \\ 0, & \text{其他.} \end{cases}$$

其中 θ 未知，样本为 $(X_1, X_2, \cdots, X_n)$，求参数 θ 的矩估计量.

解 第一步：题中只有一个待估参数，所以求出总体 X 的 1 阶总体矩和 1 阶样本矩，即

$$\mu_1 = E(X) = \int_{\infty}^{+\infty} xf(x)\mathrm{d}x = \int_0^1 x(\theta+1)x^{\theta}\mathrm{d}x = \frac{\theta+1}{\theta+2}, A_1 = \frac{1}{n}\sum_{i=1}^{n} X_i = \overline{X}.$$

第二步：用样本矩替换总体矩，令总体矩和样本矩对应相等，即 $\mu_1 = A_1$，即有 $\frac{\theta+1}{\theta+2} = \overline{X}$，得 θ 的矩估计量为

$$\hat{\theta} = \frac{1 - 2\overline{X}}{\overline{X} - 1}.$$

例 7.4 设总体 X 的均值 μ 及方差 σ^2 都存在，且有 $\sigma^2 > 0$，但 μ, σ^2 均为未知. 又设 $X_1, X_2, \cdots, X_n$ 是来自 X 的样本. 试求 μ, σ^2 的矩估计量.

解 第一步：题中只有两个待估参数，所以求出总体 X 的前 2 阶总体矩和前 2 阶样本矩，即

$$\begin{cases} \mu_1 = E(X) = \mu, \\ \mu_2 = E(X^2) = D(X) + \left[E(X)\right]^2 = \sigma^2 + \mu^2, \end{cases} \begin{cases} A_1 = \frac{1}{n}\sum_{i=1}^{n} X_i, \\ A_2 = \frac{1}{n}\sum_{i=1}^{n} X_i^2. \end{cases}$$

第二步：用样本矩替换总体矩，令总体矩和样本矩对应相等，即 $\mu_1 = A_1$，$\mu_2 = A_2$，列出方程组

$$\begin{cases} \mu_1 = \overline{X}, \\ \sigma^2 + \mu^2 = \dfrac{1}{n}\sum_{i=1}^{n} X_i{}^2, \end{cases}$$

解得 μ, σ^2 的矩估计量分别为

$$\hat{\mu} = \overline{X}, \hat{\sigma}^2 = A_2 - \hat{\mu}^2 = \frac{n-1}{n}S^2 = \frac{1}{n}\sum_{i=1}^{n}(X_i - \overline{X})^2 .$$

例如，$X \sim N(\mu, \sigma^2)$，μ，σ^2 未知，即得 μ，σ^2 的矩估计量为 $\hat{\mu} = \overline{X}, \hat{\sigma}^2 = \dfrac{1}{n}\sum_{i=1}^{n}(X_i - \overline{X})^2$.

例 7.5　设总体 X 在区间 $[\theta_1, \theta_2]$ 上服从均匀分布，θ_1，θ_2 未知，求 θ_1，θ_2 的矩估计量.

解　第一步：题中只有两个待估参数，所以求出总体 X 的前 2 阶总体矩和前 2 阶样本矩，即

$$\begin{cases} \mu_1 = E(X) = \dfrac{\theta_1 + \theta_2}{2}, \\ \mu_2 = E(X^2) = D(X) + \left[E(X)\right]^2 = \dfrac{(\theta_2 - \theta_1)^2}{12} + \left(\dfrac{\theta_1 + \theta_2}{2}\right)^2, \end{cases} \begin{cases} A_1 = \dfrac{1}{n}\sum_{i=1}^{n} X_i, \\ A_2 = \dfrac{1}{n}\sum_{i=1}^{n} X_i{}^2. \end{cases}$$

第二步：用样本矩替换总体矩，令总体矩和样本矩对应相等，即 $\mu_1 = A_1$，$\mu_2 = A_2$，列出方程组

$$\begin{cases} \dfrac{\theta_1 + \theta_2}{2} = \overline{X}, \\ \dfrac{(\theta_2 - \theta_1)^2}{12} + \left(\dfrac{\theta_1 + \theta_2}{2}\right)^2 = \dfrac{1}{n}\sum_{i=1}^{n} X_i{}^2, \end{cases}$$

解得 θ_1，θ_2 的矩估计量分别为

$$\begin{cases} \hat{\theta}_1 = \overline{X} - \sqrt{\dfrac{3}{n}\sum_{i=1}^{n}\left(X_i - \overline{X}\right)}, \\ \hat{\theta}_2 = \overline{X} + \sqrt{\dfrac{3}{n}\sum_{i=1}^{n}\left(X_i - \overline{X}\right)}. \end{cases}$$

矩估计法的优点是计算简单，且作矩估计时无需知道总体的概率分布，只要知道总体矩即可. 但矩估计量存在结果不唯一的缺点. 原则上，矩估计既可以使用样本的低阶矩估计总体的低阶矩，也可以使用样本的高阶矩估计总体的高阶

矩．如总体 X 服从参数为 λ 的泊松分布时，分别用一阶矩和二阶矩进行估计，得到 $\bar{X}$ 和 B_2 都是参数 λ 的矩估计量．本书进行矩估计时采用就低不就高的原则．

2. 最（极）大似然估计

（1）最大似然估计法的思想

最大似然估计方法是点估计中最常用的方法，1821 年首先由高斯（C. F. Gauss）提出，但是这个方法通常被归功于英国的统计学家费歇（R. A. Fisher），他在 1922 年再次提出了这个思想，并且首先探讨了这种方法的一些性质．最大似然估计这一名称也是费歇给的，这是一种目前仍然得到广泛应用的方法．最大似然原理的直观想法是：一个随机试验如有若干个可能的结果 A，B，C，…若在一次试验中，结果 A 出现，则一般认为试验条件对 A 出现有利，也即 A 出现的概率很大．例如，设甲盒子中装有 99 个黑球，1 个白球；乙盒子中装有 1 个黑球，99 个白球．现随机取出一个盒子，再从中随机取出一球，结果是白球，这时我们自然更多相信这个白球是取自乙盒子．

最大似然估计法（Maximum likelihood estimation）只能在已知总体分布的前提下进行，为了对它的思想有所了解，我们先看一个例子．

例 7.6 设一批种子的发芽率为 p，现从中任取一颗种子做发芽试验，为此定义随机变量 X 如下．

$$X = \begin{cases} 1, & \text{当种子发芽时,} \\ 0, & \text{当种子不发芽时.} \end{cases}$$

于是 $P\{X=0\}=1-p, P\{X=1\}=p$，则 X 服从（0-1）分布 $b(1,p)$，其中 p 是未知的，$0<p<1$．现抽取样本 X_1，X_2，$\cdots$，X_n, 样本观察值为 $x_1, x_2, \cdots, x_n$，根据第 6 章例 6.1 知这批观察值发生的概率为

$$P\{X_1=x_1, X_2=x_2, \cdots, X_n=x_n\} = p^{\sum_{i=1}^{n} x_i} (1-p)^{n-\sum_{i=1}^{n} x_i},$$

x_1，x_2，$\cdots$，x_n 在抽样中出现，说明 $\{X_1=x_1, X_2=x_2, \cdots, X_n=x_n\}$ 出现的概率很大．p 取值范围为 $0<p<1$．最大似然估计的思想就是找到 p 的估计 $\hat{p}$，使得 $\{X_1=x_1, X_2=x_2, \cdots, X_n=x_n\}$ 出现的概率达到最大．

最大似然估计的基本思想就是根据上述想法引申出来的．如果随机抽样得到的样本观测值为 x_1，x_2，$\cdots$，x_n，则我们应当这样来选取未知参数 θ 的值，使得出现该样本值的可能性最大，我们把这样的参数 θ 记为 $\hat{\theta}$，并称 $\hat{\theta}$ 为未知参数 θ 的最大似然估计．

下面分总体 X 是离散型和连续型两种情况加以讨论．

1° 离散型总体

设总体 X 为离散型，$P\{X=x\}=p(x, \theta)$，其中 θ 为待估计的未知参数，$\theta \in \Theta$，Θ 是 θ 的可能的取值范围．假定 x_1，x_2，$\cdots$，x_n 为样本 X_1，X_2，$\cdots$，X_n 的一组观

测值.

$$P\{X_1=x_1,\ X_2=x_2,\ \cdots,\ X_n=x_n\}$$
$$=P\{X_1=x_1\}P\{X_2=x_2\}\cdots P\{X_n=x_n\}$$
$$=p(x_1,\theta)p(x_2,\theta)\cdots p(x_n,\theta)$$
$$=\prod_{i=1}^{n}p(x_i,\theta).$$

将 $\prod_{i=1}^{n}p(x_i,\theta)$ 看作是参数 θ 的函数，记为 $L(\theta)$，即

$$L(\theta)=\prod_{i=1}^{n}p(x_i,\theta).\qquad(7.1)$$

这一概率依赖于未知参数 θ，对不同的 θ，$L(\theta)$ 不一定一样. $L(\theta)$ 越大，表明出现样本值 $x_1,x_2,\cdots,x_n$ 的机会越大，即要求对应的概率 $L(\theta)$ 的值达到最大，所以选取这样的 $\hat\theta$ 作为未知参数 θ 的估计，使得

$$L(\hat\theta)=\max L(\theta).$$

2° 连续型总体

设总体 X 为连续型，已知其分布密度函数为 $f(x,\theta)$，θ 为待估计的未知参数，$\theta\in\Theta$，Θ 是 θ 的可能的取值范围. 假定 $x_1,x_2,\cdots,x_n$ 为样本 $X_1,X_2,\cdots,X_n$ 的一组观测值，则样本 $(X_1,X_2,\cdots,X_n)$ 的联合密度为

$$f(x_1,\theta)f(x_2,\theta)\cdots f(x_n,\theta)=\prod_{i=1}^{n}f(x_i,\theta).$$

类似于离散型总体，将它也看作是关于参数 θ 的函数，记为 $L(\theta)$，即

$$L(\theta)=\prod_{i=1}^{n}f(x_i,\theta).\qquad(7.2)$$

综合上述两种情况，我们给出如下定义.

定义 7.2 设总体的分布形式已知，但含有未知参数 θ，$\theta\in\Theta$，Θ 是 θ 的可能的取值范围. $X_1,X_2,\cdots,X_n$ 为来自总体的样本，$x_1,x_2,\cdots,x_n$ 为样本观察值，称由式（7.1）或式（7.2）定义的 $L(\theta)$ 为样本的**似然函数**（likelihood function）.

由此可见：不管是离散型总体，还是连续型总体，只要知道它的概率分布或密度函数，我们总可以得到一个关于参数 θ 的似然函数 $L(\theta)$.

定义 7.3 定义 7.2 中未知参数 θ，$\theta\in\Theta$，Θ 是 θ 的可能的取值范围. 若存在 Θ 中的估计值 $\hat\theta=\hat\theta(x_1,x_2,\cdots,x_n)$，使得

$$L(\hat\theta)=L(x_1,x_2,\cdots,x_n;\hat\theta)=\max_{\theta\in\Theta}L(x_1,x_2,\cdots,x_n;\theta),$$

则称 $\hat\theta(x_1,x_2,\cdots,x_n)$ 为 θ 的**最大似然估计值**（maximum likelihood estimator value），$\hat\theta(X_1,X_2,\cdots,X_n)$ 为 θ 的**最大似然估计量**（**maximum likelihood** estimator）.

最大似然估计的基本思想就是寻找 $\hat{\theta}=\hat{\theta}(x_1,x_2,\cdots,x_n)$，使得 $L(\theta)$ 达到最大.

（2）最大似然估计法的一般步骤

如果随机抽样得到的样本观测值为 x_1，x_2，$\cdots$，x_n，则我们应当这样来选取未知参数 θ 的值，使得出现该样本值的可能性最大，即使得似然函数 $L(\theta)$ 取最大值，从而求参数 θ 的最大似然估计的问题，就转化为求似然函数 $L(\theta)$ 的极值点的问题，一般来说，这个问题可以通过求解下面的方程来解决.

$$\frac{\mathrm{d}L(\theta)}{\mathrm{d}\theta}=0 .\qquad(7.3)$$

然而，$L(\theta)$ 是 n 个函数的连乘积，求导数比较复杂，由于 $\ln L(\theta)$ 是 $L(\theta)$ 的单调增函数，所以 $L(\theta)$ 与 $\ln L(\theta)$ 在 θ 的同一点处取得极大值. 于是求解式（7.3）可转化为求解

$$\frac{\mathrm{d}\ln L(\theta)}{\mathrm{d}\theta}=0 .\qquad(7.4)$$

称 $\ln L(\theta)$ 为**对数似然函数**，方程（7.4）为**对数似然方程**，求解此方程就可得到参数 θ 的估计值.

所以，当总体 X 分布中含有未知参数 θ，$X_1,X_2,\cdots,X_n$ 为总体 X 的样本，其样本观察值为 $x_1,x_2,\cdots,x_n$，求 θ 最大似然估计法的一般步骤可归纳如下.

第一步：根据总体分布及式（7.1）或式（7.2）写出似然函数 $L=L(\theta)$；

第二步：将 $L=L(\theta)$ 两边自然对数化为对数似然函数，$\ln L=\ln L(\theta)$；

第三步：求 $\hat{\theta}=\hat{\theta}(x_1,x_2,\cdots,x_n)$，使得 $L(\theta)$ 达到最大，一般令 $\frac{\mathrm{d}}{\mathrm{d}\theta}\ln L(\theta)=0$ 求驻点，判定驻点为最大值点并求出最大似然估计.

说明：

1° 若 $\ln L=\ln L(\theta)$ 驻点不存在，则一般由最值的定义在 θ 的可能的取值范围寻找使 $\ln L=\ln L(\theta)$ 达到最大值的 $\hat{\theta}$.

2° 若总体 X 的分布中含有 k 个未知参数：θ_1，θ_2，$\cdots$，θ_k，则最大似然估计步骤类似. 此时，所得的似然函数是关于 θ_1，θ_2，$\cdots$，θ_k 的多元函数 $L(\theta_1,\theta_2,\cdots,\theta_k)$，解下列似然方程组，就可得到 θ_1，θ_2，$\cdots$，θ_k 的估计值.

$$\begin{cases}\dfrac{\partial\ln L(\theta_1,\theta_2,\cdots,\theta_k)}{\partial\theta_1}=0,\\[2mm]\dfrac{\partial\ln L(\theta_1,\theta_2,\cdots,\theta_k)}{\partial\theta_2}=0,\\[2mm]\cdots\\[2mm]\dfrac{\partial\ln L(\theta_1,\theta_2,\cdots,\theta_k)}{\partial\theta_k}=0.\end{cases}\qquad(7.5)$$

例 7.7 设 X 服从指数分布：

$$f(x) = \begin{cases} \dfrac{1}{\theta}\mathrm{e}^{-\frac{x}{\theta}}, & x > 0, \\ 0, & x \leqslant 0, \end{cases}$$

其中 $\theta > 0$ 是一未知参数，求 θ 的最大似然估计.

解 第一步：写出似然函数.

设 $x_1, x_2, \cdots, x_n$ 是样本 $X_1, X_2, \cdots, X_n$ 的一个样本值，于是

$$L(\theta) = L(x_1, x_2, \cdots, x_n; \theta) = \prod_{i=1}^{n} \frac{1}{\theta}\mathrm{e}^{-\frac{x_i}{\theta}} = \theta^{-n}\mathrm{e}^{-\frac{1}{\theta}\sum\limits_{i=1}^{n} x_i}.$$

第二步：取对数化似然函数为对数似然函数.

$$\ln L = -n\ln\theta - \frac{1}{\theta}\sum_{i=1}^{n} x_i.$$

第三步：解对数似然方程，求驻点.

$$\frac{\mathrm{d}\ln L}{\mathrm{d}\theta} = -\frac{n}{\theta} + \frac{1}{\theta^2}\sum_{i=1}^{n} x_i = 0.$$

解得 θ 的最大似计计值

$$\hat{\theta} = \frac{1}{n}\sum_{i=1}^{n} x_i = \bar{x}.$$

所以 $\hat{\theta}_L = \dfrac{1}{n}\sum\limits_{i=1}^{n} x_i = \bar{x}$，$\theta$ 的极大似然估计量为 $\hat{\theta}_L = \bar{X}$（为了和 θ 的矩估计法区别起见，我们将 θ 的最大似然估计记为 $\hat{\theta}_L$）.

例 7.8 设一批产品含有次品，今从中随机抽出 100 件，发现其中有 8 件次品，试求次品率 θ 的最大似然估计值.

解 第一步：写出似然函数.

采用最大似然法时必须明确总体的分布，现在题目没有说明这一点，故应先来确定总体的分布.

设 $\qquad X_i = \begin{cases} 1, & \text{第}i\text{次取次品}, \\ 0, & \text{第}i\text{次取正品}, \end{cases} \quad i = 1, 2, \cdots, 100,$

则 X_i 服从两点分布，如表 7-2 所示.

表 7-2

X_i	0	1
p	$1-\theta$	θ

设 $x_1, x_2, \cdots, x_{100}$ 为样本观测值，则

$$p(x_i, \theta) = P\{X_i = x_i\} = \theta^{x_i}(1-\theta)^{1-x_i}, \qquad x_i = 0, 1,$$

故似然函数为

$$L(\theta) = \prod_{i=1}^{100} \theta^{x_i}(1-\theta)^{1-x_i} = \theta^{\sum\limits_{i=1}^{100} x_i}(1-\theta)^{100-\sum\limits_{i=1}^{100} x_i},$$

由题知

$$\sum_{i=1}^{100} x_i = 8,$$

所以

$$L(\theta) = \theta^8(1-\theta)^{92}.$$

第二步：取对数化似然函数为对数似然函数.

$$\ln L(\theta) = 8\ln\theta + 92\ln(1-\theta).$$

第三步：解对数似然方程，求驻点.

$$\frac{\mathrm{d}\ln L(\theta)}{\mathrm{d}\theta} = \frac{8}{\theta} - \frac{92}{1-\theta} = 0.$$

解之得 $\theta = \dfrac{8}{100} = 0.08$. 所以 $\hat{\theta}_L = 0.08$.

例 7.9 设总体 X 服从参数 μ, σ^2 的正态分布，即 X 的概率密度为

$$f(x; \mu, \sigma^2) = \frac{1}{\sqrt{2\pi}\sigma} \mathrm{e}^{-\frac{(x-\mu)^2}{2\sigma^2}},$$

$(X_1, X_2, \cdots, X_n)$ 为 X 的样本，求参数 μ, σ^2 的最大似然估计.

解 第一步：写出似然函数.

$$L = \prod_{i=1}^{n} \frac{1}{\sqrt{2\pi}\sigma} \mathrm{e}^{-\frac{(x_i-\mu)^2}{2\sigma^2}} = \left(\frac{1}{\sqrt{2\pi}\sigma}\right)^n \mathrm{e}^{-\frac{1}{2\sigma^2}\sum\limits_{i=1}^{n}(x_i-\mu)^2}.$$

第二步：取对数化似然函数为对数似然函数.

$$\ln L = -n\left[\frac{1}{2}(\ln 2 + \ln\pi) + \ln\sigma\right] - \frac{1}{2\sigma^2}\sum_{i=1}^{n}(x_i-\mu)^2.$$

第三步：解对数似然方程组，求驻点.

$$\begin{cases} \dfrac{\partial\ln L}{\partial\mu} = \dfrac{1}{\sigma^2}\sum\limits_{i=1}^{n}(x_i-\mu) = 0, \\ \dfrac{\partial\ln L}{\partial\sigma^2} = -\dfrac{n}{2}\dfrac{1}{\sigma^2} + \dfrac{1}{2\sigma^4}\sum\limits_{i=1}^{n}(x_i-\mu)^2 = 0, \end{cases}$$

解方程组，得

$$\begin{cases} \hat{\mu} = \dfrac{1}{n}\sum\limits_{i=1}^{n} x_i, \\ \hat{\sigma}^2 = \dfrac{1}{n}\sum\limits_{i=1}^{n}(x_i-\hat{\mu})^2. \end{cases}$$

故总体参数 μ, σ^2 的最大似然估计量为

$$\begin{cases} \hat{\mu} = \bar{X}, \\ \hat{\sigma}^2 = \dfrac{1}{n} \sum_{i=1}^{n} (X_i - \bar{X})^2. \end{cases}$$

例 7.10 设总体 X 在区间 $[\theta_1, \theta_2]$ 上服从均匀分布，θ_1，θ_2 未知，$X_1, X_2, \cdots, X_n$ 为总体 X 的样本，求 θ_1，θ_2 的最大似然估计.

解 第一步：写出似然函数.

总体 X 在区间 $[\theta_1, \theta_2]$ 上服从均匀分布，则总体 X 的概率密度为

$$f(x; \theta_1, \theta_2) = \begin{cases} \dfrac{1}{\theta_2 - \theta_1}, & \theta_1 \leqslant x \leqslant \theta_2, \\ 0, & \text{其他}. \end{cases}$$

设 $x_1, x_2, \cdots, x_n$ 为总体 X 样本 $(X_1), X_2, \cdots, X_n$ 的样本观察值，所以似然函数为

$$L(\theta_1, \theta_2) = \prod_{i=1}^{n} f(x; \theta_1, \theta_2) = \begin{cases} \dfrac{1}{(\theta_2 - \theta_1)^n}, & \theta_1 \leqslant x_1, x_2, \cdots, x_n \leqslant \theta_2, \\ 0, & \text{其他}. \end{cases}$$

第二步：取对数化似然函数为对数似然函数.

当 $\theta_1 \leqslant x_1, x_2, \cdots, x_n \leqslant \theta_2$ 时，对数似然函数两边取对数得

$$\ln L(\theta_1, \theta_2) = -n \ln (\theta_2 - \theta_1).$$

第三步：解对数似然方程组，求驻点.

$$\begin{cases} \dfrac{\partial \ln L(\theta_1, \theta_2)}{\partial \theta_1} = \dfrac{n}{\theta_2 - \theta_1}, \\ \dfrac{\partial \ln L(\theta_1, \theta_2)}{\partial \theta_2} = -\dfrac{n}{\theta_2 - \theta_1}, \end{cases}$$

但无论 θ_1，θ_2 取何值，上面两个偏导数都不能等于零，因此这个方法行不通.

记 $x_{(1)} = \min\{x_1, x_2, \cdots, x_n\}$，$x_{(n)} = \max\{x_1, x_2, \cdots, x_n\}$，故似然函数可以写成

$$L(\theta_1, \theta_2) = \prod_{i=1}^{n} f(x; \theta_1, \theta_2) = \begin{cases} \dfrac{1}{(\theta_2 - \theta_1)^n}, & \theta_1 \leqslant x_{(1)}, \theta_2 \geqslant x_{(n)}, \\ 0, & \text{其他}. \end{cases}$$

$L(\theta_1, \theta_2)$ 在 $\theta_1 = x_{(1)}$，$\theta_2 = x_{(n)}$ 有最大值 $\dfrac{1}{\left(x_{(n)} - x_{(1)}\right)^n}$，所以 θ_1，θ_2 的最大似然估计值为

$$\hat{\theta}_1 = x_{(1)}, \quad \hat{\theta}_2 = x_{(n)},$$

θ_1，θ_2 最大似然估计量为

$$\hat{\theta}_1 = X_{(1)} = \min\{X_1, X_2, \cdots, X_n\}, \quad \hat{\theta}_2 = X_{(n)} = \max\{X_1, X_2, \cdots, X_n\}.$$

对比例 7.5，均匀分布参数 θ_1，θ_2 的矩估计量和最大似然估计量是不同的.

矩估计法和最大似然估计法是两种不同的估计方法. 对同一未知参数, 有时候它们的估计相同, 有时候估计不同. 一般情况下, 在已知总体的分布类型时, 最好使用最大似然估计法. 当然, 前提条件是通过解方程 (组) 或其他方法容易得到最大似然估计.

§7.2 估计量的评选标准

设总体 X 服从 $[\theta_1, \theta_2]$ 上的均匀分布, 由例 7.5 与例 7.10 可知

$$\hat{\theta}_1 = \overline{X} - \sqrt{\frac{3}{n} \sum_{i=1}^{n} (X_i - \overline{X})}$$

与

$$\hat{\theta}_1 = X_{(1)} = \min\{X_1, X_2, \cdots, X_n\}$$

都是 θ_1 的估计, 这两个估计选择哪一个更好呢? 此时我们希望 θ_1 的估计量的取值在未知参数真值附近徘徊, 且它的数学期望等于未知参数的真值. 这就涉及衡量估计量好坏的第一个标准——**无偏性**.

1. 无偏性

定义 7.4 若估计量 $(X_1, X_2, \cdots, X_n)$ 的数学期望等于未知参数 θ, 即

$$E(\hat{\theta}) = \theta , \tag{7.6}$$

则称 $\hat{\theta}$ 为 θ 的无偏估计量 (Non-deviation estimator).

在科学技术中, $E(\hat{\theta}) - \theta$ 称为以 $\hat{\theta}$ 作为 θ 的估计的系统误差. 无偏估计的实际意义就是无系统误差.

估计量 $\hat{\theta}$ 的值不一定就是 θ 的真值, 因为它是一个随机变量, 若 $\hat{\theta}$ 是 θ 的无偏估计, 则尽管 $\hat{\theta}$ 的值随样本值的不同而变化, 但平均来说它会等于 θ 的真值.

例 7.11 设总体 X 的期望、方差都存在, X_1, X_2 为来自 X 的样本, 设有估计量

$$T_1 = \frac{1}{4}X_1 + \frac{3}{4}X_2, T_2 = \frac{1}{2}X_1 + \frac{1}{2}X_2, T_3 = \frac{3}{8}X_1 + \frac{5}{8}X_2 ,$$

哪几个是 $E(X)$ 的无偏估计量?

解 因为 $E(T_1) = E\left(\frac{1}{4}X_1 + \frac{3}{4}X_2\right) = \frac{1}{4}E(X_1) + \frac{3}{4}E(X_2) = E(X)$,

$$E(T_2) = E\left(\frac{1}{2}X_1 + \frac{1}{2}X_2\right) = \frac{1}{2}E(X_1) + \frac{1}{2}E(X_2) = E(X) ,$$

$$E(T_3) = E\left(\frac{3}{8}X_1 + \frac{5}{8}X_2\right) = \frac{3}{8}E(X_1) + \frac{5}{8}E(X_2) = E(X) ,$$

所以 T_1, T_2, T_3 都是 $E(X)$ 的无偏估计.

由 §6.2 的定理 6.1 显然可知以下结论.

设 X_1, X_2, $\cdots$, X_n 为总体 X 的一个样本，$E(X)=\mu$，$D(X)=\sigma^2$，则

（1）样本均值 $\bar{X}=\dfrac{1}{n}\sum\limits_{i=1}^{n}X_i$ 是 μ 的无偏估计量；

（2）样本方差 S^2 是总体方差 σ^2 的无偏估计.

还需指出，一般说来无偏估计量的函数并不是未知参数相应函数的无偏估计量. 例如，当 $X\sim N(\mu,\sigma^2)$ 时，$\bar{X}$ 是 μ 的无偏估计量，但 $\bar{X}^2$ 不是 μ^2 的无偏估计量，事实上：

$$E(\bar{X}^2)=D(\bar{X})+\left[E(\bar{X})\right]^2=\frac{\sigma^2}{n}+\mu^2\neq\mu^2.$$

对正态总体 $N(\mu,\sigma^2)$，$\bar{X}=\dfrac{1}{n}\sum\limits_{i=1}^{n}X_i$，$E(X_i)=E(\bar{X})=\mu$，故 X_i 和 $\bar{X}$ 都是 $E(X)=\mu$ 的无偏估计量，那么 X_i 和 $\bar{X}$ 我们应该选哪一个更好呢？此时我们自然希望估计量的取值密集于未知参数真值附近，即方差尽可能地小，这就涉及衡量估计量好坏的第二个标准——**有效性**.

2．有效性

定义 7.5　设 $\hat{\theta}_1$ 和 $\hat{\theta}_2$ 都是未知参数 θ 的无偏估计，若对任意的参数 θ，有

$$D(\hat{\theta}_1)\leqslant D(\hat{\theta}_2),\tag{7.7}$$

则称 $\hat{\theta}_1$ 比 $\hat{\theta}_2$ 有效.

如果 $\hat{\theta}_1$ 比 $\hat{\theta}_2$ 有效，则虽然 $\hat{\theta}_1$ 还不是 θ 的真值，但 $\hat{\theta}_1$ 在 θ 附近取值的密集程度较 $\hat{\theta}_2$ 高，即用 $\hat{\theta}_1$ 估计 θ 精度要高些.

例 7.12　在例 7.11 中，$E(X)$ 的无偏估计 T_1,T_2,T_3 哪一个较为有效？

解　$D(T_1)=D\left(\dfrac{1}{4}X_1+\dfrac{3}{4}X_2\right)=\dfrac{1}{16}D(X_1)+\dfrac{9}{16}D(X_2)=\dfrac{5}{8}D(X)$，

类似可得

$$D(T_2)=\frac{1}{2}D(X),D(T_3)=\frac{17}{32}D(X),$$

于是 $$D(T_2)<D(T_3)<D(T_1),$$

故 T_2 比 T_3，T_1 有效.

根据有效性的标准，所以，对正态总体 $N(\mu,\sigma^2)$，$\bar{X}=\dfrac{1}{n}\sum\limits_{i=1}^{n}X_i$，虽然 X_i 和 $\bar{X}$ 都是 $E(X)=\mu$ 的无偏估计量，但

$$D(\bar{X})=\frac{\sigma^2}{n}\leqslant D(X_i)=\sigma^2,$$

故 $\bar{X}$ 较个别观测值 X_i 有效. 实际当中也是如此, 比如要估计某个班学生的平均成绩, 可用两种方法进行估计, 一种是在该班任意抽一个同学, 就以该同学的成绩作为全班的平均成绩; 另一种方法是在该班抽取 n 位同学, 以这 n 个同学的平均成绩作为全班的平均成绩, 显然第二种方法比第一种方法好.

3. 一致性（相合性）

无偏性、有效性都是在样本容量 n 一定的条件下进行讨论的, 然而 $\hat{\theta}$ $(X_1,$ $X_2,$ $\cdots,$ $X_n)$ 不仅与样本值有关, 而且与样本容量 n 有关, 不妨记为 $\hat{\theta}_n$, 很自然, 我们希望 n 越大时, $\hat{\theta}_n$ 对 θ 的估计应该越精确.

定义 7.6 如果 $\hat{\theta}_n$ 依概率收敛于 θ, 即 $\forall \varepsilon > 0$, 有

$$\lim_{n\to\infty} P\left\{\left|\hat{\theta}_n - \theta\right| < \varepsilon\right\} = 1, \tag{7.8}$$

则称 $\hat{\theta}_n$ 是 θ 的一致估计量或相合估计量（Uniform estimator）.

由辛钦大数定律可以证明: 样本的 k 阶矩 A_k 是总体 X 的 k 阶矩 $E(x^k) = \mu_k$ 的一致估计量, 所以样本平均数 $\bar{X}$ 是总体均值 μ 的一致估计量, 样本的方差 S^2 及二阶样本中心矩 B_2 都是总体方差 σ^2 的一致估计量.

§7.3 区间估计

1. 区间估计与置信区间

前面我们介绍了参数的点估计方法, 它是用一个统计量 $\hat{\theta}$ 作为参数 θ 的估计, 一旦得到样本的观测值, 就能计算出参数的估计值, 这种方法方便直观. 但它有一个明显的缺陷, 就是没有提供估计精确度的任何信息. 事实上, $\hat{\theta}$ 作为 θ 的估计值, 与 θ 的真实值并不一定相等. 很自然地, 我们希望 $\hat{\theta}$ 落在 θ 的真实值的一个很小的邻域内, 这便导出了一种新的参数估计的方法. 即估计一个很小的邻域, 并使这个区间以较大的概率包含参数 θ 的真实值, 这种估计方法称为区间估计.

置信区间是区间估计中应用最广泛的一种类型. 本节将主要利用求置信区间的方式对未知参数进行区间估计.

定义 7.7 设 $\hat{\theta}_1 (X_1, X_2, \cdots, X_n)$ 及 $\hat{\theta}_2 (X_1, X_2, \cdots, X_n)$ 是两个统计量, 如果对于给定的概率 $1-\alpha$ $(0 < \alpha < 1)$, 有

$$P\{\hat{\theta}_1 < \theta < \hat{\theta}_2\} = 1-\alpha, \tag{7.9}$$

则称随机区间 $(\hat{\theta}_1, \hat{\theta}_2)$ 为参数 θ 的**置信区间**（Confidence interval）, $\hat{\theta}_1$ 称为置信下限, $\hat{\theta}_2$ 称为置信上限, $1-\alpha$ 叫**置信概率或置信度**（Confidence level）.

定义中的随机区间 $(\hat{\theta}_1, \hat{\theta}_2)$ 的大小依赖于随机抽取的样本观测值, 它可能包含 θ, 也可能不包含 θ, 式（7.9）的意义是指 $(\hat{\theta}_1, \hat{\theta}_2)$ 以 $1-\alpha$ 的概率包含

θ．例如，若取 α =0.05，那么置信概率为 $1-\alpha$ =0.95，这时，置信区间（$\hat{\theta}_1$，$\hat{\theta}_2$）的意义是指：在 100 次重复抽样中所得到的 100 个置信区间中，大约有 95 个区间包含参数真值 θ，有 5 个区间不包含真值 θ，亦即随机区间（$\hat{\theta}_1$，$\hat{\theta}_2$）包含参数 θ 真值的频率近似为 0.95.

在对参数 θ 作区间估计时，常常提出以下两个要求.

（1）可信度高，即随机区间（$\hat{\theta}_1$，$\hat{\theta}_2$）要以很大的概率包含 θ；

（2）估计精度高，即要求区间的长度 $\hat{\theta}_2-\hat{\theta}_1$ 尽可能小，或某种能体现这一要求的其他准则.

这两个要求往往是相互矛盾的，区间估计的理论和方法的基本问题就是在已有的样本信息下，找出较好的估计方法，以尽量提高可信度和估计精度. 奈曼提出的原则是：先保证可信度，在这个前提下使精度提高.

对于给定的置信水平 $1-\alpha$，寻求未知参数 θ 的置信区间的具体做法如下.

第一步：选择 θ 的一个较优的点估计 $\hat{\theta}=\hat{\theta}(X_1,X_2,\cdots,X_n)$.

第二步：寻求一个由 θ 与 $\hat{\theta}=\hat{\theta}(X_1,X_2,\cdots,X_n)$ 所构成的样本 $X_1,X_2,\cdots,X_n$ 的函数：

$$W=W\left(\theta,\hat{\theta}\right)=W(X_1,X_2,\cdots,X_n;\theta)，$$

使之包含待估参数 θ，而不含其他未知参数，并且 W 的分布已知且不依赖于任何未知参数（当然不依赖于待估参数 θ）.

第三步：对于给定的置信水平 $1-\alpha$，利用 W 的概率分布选出两个常数 a，b，使之满足条件

$$P\{a<W(X_1,X_2,\cdots,X_n)<b\}=1-\alpha；$$

一般可用 $P\{W\leqslant a\}=P\{W\geqslant b\}=\dfrac{\alpha}{2}$ 来确定 a,b.

第四步：利用 θ 和 W 之间的反函数，若能从 $a<W(X_1,X_2,\cdots,X_n)<b$ 得到等价的不等式 $\hat{\theta}_1<\theta<\hat{\theta}_2$，其中 $\hat{\theta}_1=\hat{\theta}_1(X_1,X_2,\cdots,X_n)$，$\hat{\theta}_2=\hat{\theta}_2(X_1,X_2,\cdots,X_n)$ 都是统计量，那么（$\hat{\theta}_1$，$\hat{\theta}_2$）就是 θ 的一个置信水平为 $1-\alpha$ 的置信区间.

函数 $W(X_1,X_2,\cdots,X_n;\theta)$ 的构造，通常可以从 θ 的点估计着手考虑.

以下我们讨论正态总体参数的区间估计问题.

例 7.13　设 $X\sim N\left(\mu,\sigma^2\right)$，$\mu$ 未知，σ^2 已知，样本 X_1，X_2，$\cdots$，X_n 来自总体 X，求 μ 的置信区间，置信概率为 $1-\alpha$.

解　因为 $\overline{X}$ 是 μ 的无偏估计量，所以

第一步：选择 μ 的一个较优的点估计 $\overline{X}$.

第二步：寻求一个由 μ 与 $\overline{X}$ 所构成的样本 $X_1,X_2,\cdots,X_n$ 的函数：

$$W=W\left(\mu,\overline{X}\right)，$$

使之包含待估参数 μ，而不含其他未知参数，并且 W 的分布已知且不依赖于任何未知参数（当然不依赖于待估参数 μ）.

因为 X_1，X_2，$\cdots$，X_n 为来自 X 的样本，而 $X \sim N(\mu, \sigma^2)$，所以

$$W = \frac{\overline{X} - \mu}{\sigma / \sqrt{n}} \sim N(0, 1).$$

第三步：对于给定的置信水平 $1-\alpha$，利用 W 的概率分布选出两个常数 a，b，使之满足条件 $P\{a < W < b\} = 1-\alpha$，用 $P\{W \leqslant a\} = P\{W \geqslant b\} = \dfrac{\alpha}{2}$ 来确定 a, b.

由 W 的分布可知 $a = -z_{\frac{\alpha}{2}}, b = z_{\frac{\alpha}{2}}$. 因此 $P\left(-z_{\frac{\alpha}{2}} < \dfrac{\overline{X} - \mu}{\sigma / \sqrt{n}} < z_{\frac{\alpha}{2}}\right) = 1-\alpha$.

第四步：解不等式 $-z_{\frac{\alpha}{2}} < \dfrac{\overline{X} - \mu}{\sigma / \sqrt{n}} < z_{\frac{\alpha}{2}}$ 可得

$$\overline{X} - z_{\frac{\alpha}{2}} \frac{\sigma}{\sqrt{n}} < \mu < \overline{X} + z_{\frac{\alpha}{2}} \frac{\sigma}{\sqrt{n}}.$$

故 μ 的置信度 $1-\alpha$ 的置信区间为

$$\left(\overline{X} - z_{\frac{\alpha}{2}} \frac{\sigma}{\sqrt{n}}, \overline{X} + z_{\frac{\alpha}{2}} \frac{\sigma}{\sqrt{n}}\right). \tag{7.10}$$

由式（7.10）可知置信区间的长度为 $2z_{\frac{\alpha}{2}} \dfrac{\sigma}{\sqrt{n}}$，若 n 越大，置信区间就越短；若置信概率 $1-\alpha$ 越大，α 就越小，$z_{\frac{\alpha}{2}}$ 就越大，从而置信区间就越长.

2. 正态总体参数的区间估计

为方便起见，我们设正态总体为 X，它服从正态分布 $N(\mu, \sigma^2)$，$(X_1, X_2, \cdots, X_n)$ 为来自总体 X 的样本.

由于在大多数情况下，我们所遇到的总体是服从正态分布的（有的是近似正态分布），故我们现在来重点讨论正态总体参数的区间估计问题.

在下面的讨论中，总假定 $X \sim N(\mu, \sigma^2)$，X_1，X_2，$\cdots$，X_n 为其样本.

（1）对 μ 的估计

分两种情况进行讨论.

1° σ^2 已知，μ 的置信区间.

此时就是例 7.13 的情形，结论是：置信概率为 $1-\alpha$ 时，μ 的置信区间为

$$\left(\overline{X} - z_{\frac{\alpha}{2}} \frac{\sigma}{\sqrt{n}}, \overline{X} + z_{\frac{\alpha}{2}} \frac{\sigma}{\sqrt{n}}\right).$$

例 7.14 已知一批灯泡的使用寿命 X 服从正态分布 $N(\mu, 30^2)$，从中任抽 9 只检验，测得它们的平均寿命 $\overline{X} = 1435\,\text{h}$，试求该批灯泡的使用寿命的置信度为

0.95 的置信区间.

解 由题意，知 $\sigma = 30, \bar{X} = 1435, n = 9, 1-\alpha = 0.95$，选取统计量

$$W = \frac{\bar{X} - \mu}{\sigma/\sqrt{n}} \sim N(0,1) .$$

查表得 $z_{0.025} = 1.96$，故 μ 的置信度为 0.95 的置信区间为 $\left(\bar{X} - z_{0.025} \frac{\sigma}{\sqrt{n}}, \bar{X} + z_{0.025} \frac{\sigma}{\sqrt{n}} \right)$，

即为 （1415.4, 1454.6）.

2° σ^2 未知， μ 的置信区间.

因为 $\bar{X}$ 是 μ 的无偏估计量，所以

第一步：选择 μ 的一个较优的点估计 $\bar{X}$.

第二步：寻求一个由 μ 与 $\bar{X}$ 所构成的样本 $X_1, X_2, \cdots, X_n$ 的函数：

$$W = W\left(\mu, \bar{X} \right) = W(X_1, X_2, \cdots, X_n; \mu) ,$$

使之包含待估参数 μ，而不含其他未知参数，并且 W 的分布已知且不依赖于任何未知参数（当然不依赖于待估参数 μ）.

因为 σ^2 未知，故函数 W 不能再选择 $W = \frac{\bar{X} - \mu}{\sigma/\sqrt{n}}$.

考虑到 S^2 是 σ^2 的无偏估计，可以用 S^2 代替 σ^2，而随机变量

$$W = \frac{\bar{X} - \mu}{S/\sqrt{n}} \sim t(n-1) ,$$

此分布与 μ 无关，故函数 W 可以选择 $W = \frac{\bar{X} - \mu}{S/\sqrt{n}}$.

第三步：对于给定的置信水平 $1-\alpha$，利用 W 的概率分布选出两个常数 a，b，使之满足条件 $P\{a < W < b\} = 1-\alpha$，用 $P\{W \leqslant a\} = P\{W \geqslant b\} = \frac{\alpha}{2}$ 来确定 a, b .

由 W 的分布可知 $a = -t_{\frac{\alpha}{2}}(n-1), b = t_{\frac{\alpha}{2}}(n-1)$.

因此 $$P\left(-t_{\frac{\alpha}{2}}(n-1) < \frac{\bar{X} - \mu}{S/\sqrt{n}} < t_{\frac{\alpha}{2}}(n-1) \right) = 1-\alpha .$$

第四步：解不等式

$$-t_{\frac{\alpha}{2}}(n-1) < \frac{\bar{X} - \mu}{S/\sqrt{n}} < t_{\frac{\alpha}{2}}(n-1) ,$$

可得总体参数 μ 的置信度为 $1-\alpha$ 的置信区间为

$$\left(\overline{X} - \frac{S}{\sqrt{n}}t_{\frac{\alpha}{2}}(n-1), \overline{X} + \frac{S}{\sqrt{n}}t_{\frac{\alpha}{2}}(n-1)\right). \tag{7.11}$$

例 7.15 从一批钢管中随机抽取 10 根，测得其直径尺寸与标准尺寸之间的偏差（单位：毫米）分别为 2, 1, –2, 3, 2, 4, –2, 5, 3, 4. 已知钢管直径尺寸的偏差是一随机变量，记为 X，且 $X \sim N(\mu, \sigma^2)$，试求 μ 的置信度为 $1 - \alpha = 0.90$ 的置信区间.

解 由题意，知 $n = 10, \alpha = 0.1, \overline{X} = 2, S = \frac{\sqrt{52}}{3}$，选取统计量

$$W = \frac{\overline{X} - \mu}{S/\sqrt{n}},$$

则 $W \sim t(n-1)$. 查分位数表得 $t_{\frac{\alpha}{2}}(n-1) = t_{0.05}(9) = 1.8331$，因此总体参数 μ 的置信度为 $1 - \alpha = 0.90$ 的置信区间为 $\left(\overline{X} - \frac{S}{\sqrt{n}}t_{\frac{\alpha}{2}}(n-1), \overline{X} + \frac{S}{\sqrt{n}}t_{\frac{\alpha}{2}}(n-1)\right)$，即为（0.607, 3.393）.

（2）方差 σ^2 的置信区间

我们只考虑 μ 未知的情形.

因为 σ^2 是 S 的无偏估计量，所以

第一步：选择 σ^2 的一个较优的点估计 S.

第二步：寻求一个由 σ^2 与 S 所构成的样本 $X_1, X_2, \cdots, X_n$ 的函数：

$$W = W(\sigma^2, S) = W(X_1, X_2, \cdots, X_n; \sigma^2),$$

使之包含待估参数 σ^2，而不含其他未知参数，并且 W 的分布已知且不依赖于任何未知参数（当然不依赖于待估参数 σ^2）.

为此选取统计量 $W = \frac{(n-1)S^2}{\sigma^2}$，因

$$W \sim \chi^2(n-1).$$

第三步：对于给定的置信水平 $1 - \alpha$，利用 W 的概率分布选出两个常数 a，b，使之满足条件 $P\{a < W < b\} = 1 - \alpha$，用 $P\{W \leqslant a\} = P\{W \geqslant b\} = \frac{\alpha}{2}$ 来确定 a, b.

由 W 的分布可知 $a = x^2_{1-\frac{\alpha}{2}}(n-1)$，$b = x^2_{\frac{\alpha}{2}}(n-1)$.

因此

$$P\left\{x^2_{1-\frac{\alpha}{2}}(n-1) < \frac{(n-1)S^2}{\sigma^2} < x^2_{\frac{\alpha}{2}}(n-1)\right\} = 1 - \alpha.$$

第四步：解不等式

$$x^2_{1-\frac{\alpha}{2}}(n-1) < \frac{(n-1)S^2}{\sigma^2} < x^2_{\frac{\alpha}{2}}(n-1) \,,$$

得

$$\frac{(n-1)S^2}{x^2_{\frac{\alpha}{2}}(n-1)} < \sigma^2 < \frac{(n-1)S^2}{x^2_{1-\frac{\alpha}{2}}(n-1)} \,.$$

故 σ^2 的置信度为 $1-\alpha$ 的置信区间为

$$\left(\frac{(n-1)S^2}{x^2_{\frac{\alpha}{2}}(n-1)}, \frac{(n-1)S^2}{x^2_{1-\frac{\alpha}{2}}(n-1)} \right) \,. \tag{7.12}$$

例 7.16 假设某厂生产的钢珠直径 X（单位：毫米）服从正态分布 $N(\mu,\sigma^2)$，现从该厂刚生产出的一大堆钢珠中随机地抽取 9 粒，测量它们的直径，并求得其样本均值 $\bar{X}=31.06$，样本方差为 $S^2=0.25^2$. 试求总体方差的置信度为 0.95 的置信区间.

解 由题设条件，可得 $n=9, 1-\alpha=0.95, \bar{X}=31.06, S^2=0.25^2$，选取统计量

$$\chi^2 = \frac{(n-1)S^2}{\sigma^2} \,.$$

查分位数表可得

$$x^2_{\frac{\alpha}{2}}(n-1) = x^2_{0.025}(8) = 17.535 \,,$$

$$x^2_{1-\frac{\alpha}{2}}(n-1) = x^2_{0.975}(8) = 2.18 \,,$$

故 σ^2 的置信度为 0.95 的置信区间为（0.029, 0.229）.

以上仅介绍了正态总体的均值和方差两个参数的区间估计方法.

现将正态总体均值与方差的置信区间列于表 7-3 中.

表 **7-3**

待估参数	条件	抽样分布	置信区间
μ	σ^2 已知	$W = \dfrac{\bar{X}-\mu}{\sigma/\sqrt{n}} \sim N(0,1)$	$\left(\bar{X} - z_{\frac{\alpha}{2}}\dfrac{\sigma}{\sqrt{n}}, \bar{X} + z_{\frac{\alpha}{2}}\dfrac{\sigma}{\sqrt{n}} \right)$
	σ^2 未知	$T = \dfrac{\bar{X}-\mu}{S/\sqrt{n}} \sim t(n-1)$	$\left(\bar{X} - \dfrac{S}{\sqrt{n}}t_{\frac{\alpha}{2}}(n-1), \bar{X} + \dfrac{S}{\sqrt{n}}t_{\frac{\alpha}{2}}(n-1) \right)$
σ^2	μ 未知	$\chi^2 = \dfrac{(n-1)S^2}{\sigma^2} \sim \chi^2(n-1)$	$\left(\dfrac{(n-1)S^2}{x^2_{\frac{\alpha}{2}}(n-1)}, \dfrac{(n-1)S^2}{x^2_{1-\frac{\alpha}{2}}(n-1)} \right)$

【知识结构图】

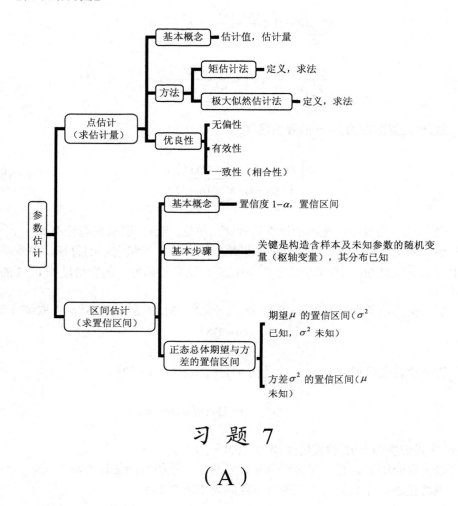

习 题 7

（A）

1. 设总体 X 的概率分布如表 7-4 所示.

表 7-4

X	0	1	2	3
p	θ^2	$2\theta(1-\theta)$	θ^2	$1-2\theta$

其中 $\theta\left(0<\theta<\dfrac{1}{2}\right)$ 是未知参数，利用总体的样本值 3，1，3，0，3，1，2，3，求 θ 的矩估计值和极大似然估计值.

2. 设总体 $X \sim f(x) = \begin{cases} (\theta+1)x^{\theta}, & 0 < x < 1, \\ 0, & \text{其他}. \end{cases}$ 其中 $\theta > -1$ ，$X_1, X_2, \cdots, X_n$ 是 X 的一个样本，求 θ 的极大似然估计量.

3. 设 $X_1, X_2, \cdots, X_n$ 是来自参数为 λ 的泊松分布总体的一个样本，试求 λ 的极大似然估计量及矩估计量.

4. 设某种灯泡的寿命 $X \sim N(\mu, \sigma^2)$ ，其中 μ ，σ^2 都未知，在这批灯泡中随机抽取10只，测得其寿命（单位：h）如下.

948　1067　919　1196　785　1126　936　918　1156　920

试用矩估计法估计 μ 和 σ^2 .

5. X_1, X_2, X_3, X_4 是来自均值为 θ 的指数分布总体的样本，其中 θ 未知. 设有估计量

$$T_1 = \frac{1}{6}(X_1 + X_2) + \frac{1}{3}(X_3 + X_4),$$
$$T_2 = (X_1 + 2X_2 + 3X_3 + 4X_4)/5,$$
$$T_3 = (X_1 + X_2 + X_3 + X_4)/4.$$

（1）指出 T_1 ，T_2 ，T_3 中哪几个是 θ 的无偏估计量；

（2）在上述 θ 的无偏估计量中指出哪一个较为有效.

6. 设 $X_1, X_2, \cdots, X_n$ 是取自总体 X 的样本，$E(X) = \mu$ ，$D(X) = \sigma^2$ ，$\hat{\sigma}^2 = k \sum_{i=1}^{n-1}(X_{i+1} - X_i)^2$ ，问 k 为何值时 $\hat{\sigma}^2$ 为 σ^2 的无偏估计.

7. 设 X_1 ，X_2 是从正态总体 $N(\mu, \sigma^2)$ 中抽取的样本.

$$\hat{\mu}_1 = \frac{2}{3}X_1 + \frac{1}{3}X_2; \quad \hat{\mu}_2 = \frac{1}{4}X_1 + \frac{3}{4}X_2; \quad \hat{\mu}_3 = \frac{1}{2}X_1 + \frac{1}{2}X_2.$$

试证 $\hat{\mu}_1, \hat{\mu}_2, \hat{\mu}_3$ 都是 μ 的无偏估计量，并求出每一估计量的方差.

8. 某车间生产的螺钉，其直径 $X \sim N(\mu, \sigma^2)$ ，由过去的经验知道 $\sigma^2 = 0.06$ ，今随机抽取 6 枚，测得其长度（单位：mm）如下.

14.7　15.0　14.8　14.9　15.1　15.2

试求 μ 的置信概率为 0.95 的置信区间. .

9. 设总体 $X \sim N(\mu, \sigma^2)$ ，其中 μ 与 σ^2 都未知，$-\infty < \mu < +\infty$ ，$\sigma^2 > 0$. 现从总体 X 中抽取容量 $n = 16$ 的样本观测值 $(x_1, x_2, \cdots, x_{16})$ ，算出 $\bar{x} = \frac{1}{16}\sum_{i=1}^{16} x_i = 503.75$ ，$s = \sqrt{\frac{1}{15}\sum_{i=1}^{16}(x_i - \bar{x})^2} = 6.2022$ ，试在置信水平 $1 - \alpha = 0.95$ 下，求 μ 的置信区间.

10. 设某种砖头的抗压强度 $X \sim N(\mu,\sigma^2)$，今随机抽取 20 块砖头，算得数据如下（kg·cm^{-2}）$\bar{x}=76.6, s=18.14, \alpha=1-0.95=0.05, n=20$,

（1）求 μ 的置信概率为 0.95 的置信区间.

（2）求 σ^2 的置信概率为 0.95 的置信区间.

（B）

1. 填空题

（1）设总体 X 的概率密度为 $f(x,\alpha)=\begin{cases} \alpha x^{\alpha-1}, & 0<x<10, \\ 0, & 其他, \end{cases}(\alpha>0)$，

$X_1,X_2,\cdots,X_n$ 是 X 的一个样本，则参数 α 的估计量为_____，参数 α 的极大似然估计值为_____.

（2）设总体 X 在 $[0,a]$ 上服从均匀分布，其中 a 为未知参数，且 $X_1,X_2,\cdots,X_n$ 为其样本，则 a 的矩估计量为_____.

（3）设总体 $X \sim \pi(\lambda)$，$X_1,X_2,\cdots,X_n$ 为来自总体 X 的一个样本，则总体未知参数 λ 矩估计量为_____.

（4）设离散型总体 X 的概率分布为 $P(X=x)=p(x,\theta)$，其中 θ 是未知参数，$x_1,x_2,\cdots,x_n$ 是 X 的一组样本观测值，则 θ 的似然函数 $L(\theta)=$_____.

（5）若 $\hat{\theta}(X_1,X_2,\cdots,X_n)$ 是未知参数 θ 的估计量，则当_____时，称 $\hat{\theta}$ 是 θ 的无偏估计.

（6）设总体 $X \sim N(\mu,\sigma^2)$，其中 σ^2 未知，则均值 μ 的 $1-\alpha$ 置信区间为_____，方差 σ^2 的 $1-\alpha$ 置信区间为_____.

（7）设总体 X 的方差 $\sigma^2=1$，根据来自 X 的容量为 100 的简单随机样本，测得样本均值为 5，则 X 的数学期望的置信度等于 0.95 的置信区间为_____.

（8）来自正态总体 $X \sim N(\mu,0.9^2)$，容量为 9 的简单随机样本的样本均值 $\bar{X}=5$，则未知参数 μ 的置信度为 0.95 的置信区间是_____.

2. 选择题

（1）设 $X_1,X_2,\cdots,X_n$ 是总体 $X \sim N(\mu,\sigma^2)$ 的一个样本，μ,σ^2 均未知，则 σ^2 的最大似然估计量是（　　）.

A. $\dfrac{1}{n-1}\sum_{i=1}^{n}(X_i-\overline{X})^2$ 　　　　B. $\dfrac{1}{n}\sum_{i=1}^{n}(X_i-\overline{X})^2$

C. $\dfrac{1}{n}\sum_{i=1}^{n}X_i^2$ 　　　　　　　　　D. $\dfrac{1}{n+1}\sum_{i=1}^{n}\left(X_i-\overline{X}\right)^2$

（2）设 $X\sim N\left(\mu,\sigma^2\right)$，其中 μ 已知，σ^2 未知，X_1,X_2,X_3 为其样本，则下面 μ 的 4 个估计量，最有效的是（　　）.

A. $2\overline{X}-X_1$ 　　B. $\overline{X}$ 　　　C. $2\overline{X}$ 　　D. $\dfrac{1}{2}X_1+\dfrac{2}{3}X_2-\dfrac{1}{6}X_3$

（3）设从均值是 μ，方差为 $\sigma^2>0$ 的总体中，分别抽取容量为 n,m 的两个样本，$\overline{X_1}$，$\overline{X_2}$ 分别是两个样本的均值，令 $Y=a\overline{X_1}+b\overline{X_2}$ 是 μ 的无偏估计，则 $D(Y)$ 达到最小的 a,b 满足（　　）.

A. $a=\dfrac{1}{2},b=\dfrac{1}{2}$ 　　　　　　　B. $a=\dfrac{1}{3},b=\dfrac{2}{3}$

C. $a=\dfrac{m}{m+n},b=\dfrac{n}{m+n}$ 　　　　D. $a=\dfrac{n}{m+n},b=\dfrac{m}{m+n}$

（4）设总体 X 的概率密度为 $f(x,\theta)=\begin{cases}e^{-(x-\theta)}, & x\geqslant\theta,\\ 0, & x<\theta,\end{cases}$ $X_1,X_2,\cdots,X_n$ 是来自总体 X 的样本，则未知参数 θ 的矩估计量为（　　）.

A. $\overline{X}$ 　　　　B. $\overline{X}-1$ 　　　C. $\overline{X}-2$ 　　　D. $\overline{X}-3$

（5）设 $X_1,X_2,\cdots,X_n$ 是来自总体 X 的样本，则 $E\left(X^2\right)$ 的矩估计量是（　　）.

A. $\dfrac{1}{n-1}\sum_{i=1}^{n}\left(X_i-\overline{X}\right)^2$ 　　　　B. $\dfrac{1}{n}\sum_{i=1}^{n}\left(X_i-\overline{X}\right)^2$

C. $\overline{X}^2+\dfrac{1}{n-1}\sum_{i=1}^{n}\left(X_i-\overline{X}\right)^2$ 　　D. $\overline{X}^2+\dfrac{1}{n}\sum_{i=1}^{n}\left(X_i-\overline{X}\right)^2$

（6）设 $X_1,X_2,\cdots,X_n$ 是总体 $X\sim N\left(\mu,\sigma^2\right)$ 的一个样本，$x_1,x_2,\cdots,x_n$ 为样本的观察值，σ^2 为未知，则 μ 的置信水平为 $1-\alpha$ 的置信区间为（　　）.

A. $\left(\dfrac{\sum_{i=1}^{n}\left(x_i-\overline{x}\right)^2}{\chi_{\alpha/2}^2(n-1)},\dfrac{\sum_{i=1}^{n}\left(x_i-\overline{x}\right)^2}{\chi_{1-\alpha/2}^2(n-1)}\right)$ 　　B. $\left(\overline{x}-\dfrac{s}{\sqrt{n}}z_{\alpha/2},\overline{x}+\dfrac{s}{\sqrt{n}}z_{\alpha/2}\right)$

C. $\left(\overline{x}-\dfrac{\sigma}{\sqrt{n}}z_{\alpha/2},\overline{x}+\dfrac{\sigma}{\sqrt{n}}z_{\alpha/2}\right)$ 　　D. $\left(\overline{x}-\dfrac{s}{\sqrt{n}}t_{\alpha/2}(n-1),\overline{x}+\dfrac{s}{\sqrt{n}}t_{\alpha/2}(n-1)\right)$

（7）设总体 $X\sim N\left(\mu,\sigma^2\right)$，$X_1,X_2,\cdots,X_n$ 是取自总体 X 的样本，$x_1,x_2,\cdots,x_n$ 为样本的观察值，μ 为未知，则 σ^2 的置信水平为 $1-\alpha$ 的置信区间为（　　）.

A. $\left(\dfrac{\sum\limits_{i=1}^{n}\left(x_i-\overline{x}\right)^2}{\chi^2_{\alpha/2}(n-1)}, \dfrac{\sum\limits_{i=1}^{n}\left(x_i-\overline{x}\right)^2}{\chi^2_{1-\alpha/2}(n-1)} \right)$ B. $\left(\dfrac{\sum\limits_{i=1}^{n}\left(x_i-\mu\right)^2}{\chi^2_{\alpha/2}(n)}, \dfrac{\sum\limits_{i=1}^{n}\left(x_i-\mu\right)^2}{\chi^2_{1-\alpha/2}(n)} \right)$

C. $\left(\sqrt{\dfrac{\sum\limits_{i=1}^{n}\left(x_i-\overline{x}\right)^2}{\chi^2_{\alpha/2}(n-1)}}, \sqrt{\dfrac{\sum\limits_{i=1}^{n}\left(x_i-\overline{x}\right)^2}{\chi^2_{1-\alpha/2}(n-1)}} \right)$ D. $\left(\sqrt{\dfrac{\sum\limits_{i=1}^{n}\left(x_i-\mu\right)^2}{\chi^2_{\alpha/2}(n-1)}}, \sqrt{\dfrac{\sum\limits_{i=1}^{n}\left(x_i-\mu\right)^2}{\chi^2_{1-\alpha/2}(n-1)}} \right)$

第 8 章 假设检验

本章我们将讨论统计推断的另一类重要问题——假设检验，其主要内容是根据样本所提供的信息，对总体分布的某些方面（如总体分布形式或总体的均值、总体方差等）提出的假设做出合理的判断. 例如，提出总体服从泊松分布的假设，又如，对于正态总体提出数学期望等于 μ_0 的假设等. 我们要根据样本对所提出的假设作出是接受，还是拒绝的决策. 假设检验是作出这一决策的过程. 假设检验在数理统计的理论研究和实际应用中都占有重要地位.

§8.1 假设检验的基本概念

1. 问题的提出

为了建立假设检验的基本概念，先看一个具体的例子.

例 8.1 某工厂用包装机包装奶粉，额定标准为每袋净重 0.5kg. 设包装机称得奶粉质量 X 服从正态分布 $N(\mu, \sigma^2)$. 根据长期的经验知其标准差 $\sigma = 0.015(\text{kg})$，为检验某台包装机的工作是否正常；随机抽取包装的奶粉 9 袋，称得净重（单位：kg）为

| 0.499 | 0.515 | 0.508 | 0.512 | 0.498 | 0.515 | 0.516 | 0.513 | 0.524 |

问该包装机的工作是否正常？

由于长期实践表明标准差比较稳定，于是我们假设 $X \sim N(\mu, 0.015^2)$. 如果奶粉质量 X 的均值 μ 等于 0.5kg，我们说包装机的工作是正常的. 现在的问题是，如何根据样本观测值（9 袋奶粉质量数据）来判断正态总体 X 的均值 μ 是否等于 $\mu_0(\mu_0 = 0.5)$. 为此，我们提出假设

$$H_0 : \mu = \mu_0 = 0.5,$$

称 H_0 为**原假设**或**零假设**. 与这个原假设相对立的是

$$H_1 : \mu \neq \mu_0,$$

称 H_1 为**备择假设**. 这样的假设就是统计假设.

2. 统计假设

根据实际问题，提出关于未知总体分布函数的形式或关于总体参数值的假设叫作**统计假设**. 在一个问题中提出的一对相互对立的假设，其中一个叫**原假设**或**零假设**，记为 H_0；另一个叫**备择假设**或**对立假设**（意指在原假设被拒绝后可供选择的假设），记为 H_1. 我们要进行的工作是：根据样本作出接受 H_0（即拒绝 H_1）还是拒绝 H_0（即接受 H_1）的决策，这就叫作对假设 H_0 进行检验，像这种类型的问题，利用样本对假设做出两种可能的决策，叫作**假设检验问题**. 例 8.1 中如果作出的决策是接受 H_0，认为 $\mu = \mu_0 = 0.5$，即认为包装机工作正常，否则认为包装机工作是不正常的. 又如：

1° 对于检验某个总体 X 的分布，可以提出以下假设.

$$H_0 : X \text{ 服从正态分布}, \quad H_1 : X \text{ 不服从正态分布}.$$

或

$$H_0 : X \text{ 服从泊松分布}, \quad H_1 : X \text{ 不服从泊松分布}.$$

2° 对于总体 X 的分布的参数，若检验均值，可以提出以下假设.

$$H_0 : \mu = \mu_0; \quad H_1 : \mu \neq \mu_0.$$

或

$$H_0 : \mu \leqslant \mu_0; \quad H_1 : \mu > \mu_0.$$

若检验标准差，可提出以下假设.

$$H_0 : \sigma = \sigma_0; \quad H_1 : \sigma \neq \sigma_0.$$

或

$$H_0 : \sigma \geqslant \sigma_0; \quad H_1 : \sigma < \sigma_0.$$

这里 μ_0，σ_0 是已知数，而 $\mu = E(X)$，$\sigma^2 = D(X)$ 是未知参数.

统计假设提出之后，我们关心的是它的真伪. 所谓对假设 H_0 的检验，就是根据来自总体的样本，按照一定的规则对 H_0 作出决策：是接受，还是拒绝，这个用来对假设作出决策的规则叫作**检验准则**，简称**检验**，如何对统计假设进行检验呢？下面我们先来说明假设检验的基本思想.

3. 假设检验的基本思想和做法

（1）运用反证法的思想

假设检验的基本思想实质上是带有某种概率性质的反证法. 为了检验一个假设 H_0 是否成立，首先假定这个假设 H_0 是正确的，然后根据所得到的样本对假设 H_0 作出接受或拒绝的决策. 如果样本观测值导致了不合理的现象发生，就应拒绝假设 H_0，否则接受假设 H_0.

（2）所用方法区别于纯数学中的反证法

因为这里所说的"不合理"，并不是形式逻辑中的绝对矛盾，而是基于人们在实践中普遍采用的原理："小概率事件在一次试验中几乎是不可能实现的"，这个原理称为小概率原理．在日常生活中，人们总是自觉或不自觉地使用它．例如，人们放心地乘飞机去旅行，因为"飞机失事"是小概率事件，在一次乘飞机过程中出事故的情况几乎是不可能的．但概率要小到什么程度才算是小概率事件呢？一般没有一个绝对的标准，要视具体情况而定，通常把概率不超过 0.05 的事件当作"小概率事件"．

下面我们结合例 8.1 来说明假设检验的做法．

如何对一个假设进行判断（检验）呢？这需要制定一个判断规则，使得根据每个样本观测值 $(x_1, x_2, \cdots, x_n)$ 都能做出接受还是拒绝原假设 H_0 的决定，每个这样的规则就是一个检验．

由于样本所含的信息较为分散，因此检验规则的制定常常是通过如下办法实现的：从具体问题的直观背景出发，构造适用于所提出的假设的统计量（把样本所含的信息集中起来），并以此统计量作出判断（检验）．例如，对上述例 8.1 要判断原假设" $H_0: \mu = \mu_0 = 0.5$ "是否成立，即判断正态总体均值是否等于 $\mu_0 (= 0.5)$ ．考虑到样本均值 $\overline{X}$ 是 μ 的无偏估计量，其观察值的大小在一定程度上反映了 μ 的大小．当原假设 H_0 为真（成立）时，$\overline{X}$ 的观测值 $\overline{x}$ 应该比较集中在 μ_0 的附近，即 $\overline{X}$ 的观测值 $\overline{x}$ 与 μ_0 的偏差 $|\overline{x} - \mu_0|$ 不应太大，若偏差 $|\overline{x} - \mu_0|$ 过分大，我们就有理由怀疑 H_0 不真而拒绝 H_0．由题设知总体 X 服从正态分布 $N(\mu, \sigma^2)$，考虑到当 H_0 为真时，$Z = \dfrac{\overline{X} - \mu_0}{\sigma/\sqrt{n}} \sim N(0,1)$，而衡量 $|\overline{x} - \mu_0|$ 的大小可归结为衡量 $|z|$ 的大小（ $z = \dfrac{\overline{x} - \mu_0}{\sigma/\sqrt{n}}$ ）．问题是：$|z|$ 要多大才算过分大，即 $|z|$ 要多大才拒绝 H_0，这就需要明确一个数量界限，记此界限为 k，当 $|z|$ 的值越过这个界限时就拒绝 H_0，否则就接受 H_0，即

$$\begin{cases} \text{当} |z| \geqslant k \text{时，拒绝} H_0; \\ \text{当} |z| < k \text{时，接受} H_0. \end{cases} \tag{8.1}$$

这里 k 是一个待定常数，称 k 为**检验的临界值**．式（8.1）即是例 8.1 所提假设的检验（判断）规则．不同的 k 表示不同的检验规则，随 k 的变化而得到一类检验规则．那么，如何确定正数 k 呢？下面将介绍确定 k 的一般方法．为此先说明在进行检验时会犯的两类错误．

4. 两类错误

我们知道，在假设检验中作出拒绝或接受原假设决策的依据仅仅是一个样

本. 由于抽样的随机性和局限性, 当 H_0 实际上真时也有可能取到的观察值 $\bar{x}$ 使

$$|z| = \frac{|\bar{x} - \mu_0|}{\sigma/\sqrt{n}} \geqslant k ,$$

以致作出拒绝假设 H_0 的决策, 这就产生了错误. 这种原假设 H_0 实际上是正确的, 但却拒绝了 H_0, 统计学上称这类错误为 "以真为假" 或 "弃真" 的错误或第 I 类错误, 犯这类错误的概率记为

$$P\{\text{当} H_0 \text{为真时拒绝} H_0\} \text{或} P_{H_0}\{\text{拒绝} H_0\} .$$

另一方面, 当 H_0 不真时也有可能取到的观察值 $\bar{x}$ 使

$$|z| = \frac{|\bar{x} - \mu_0|}{\sigma/\sqrt{n}} < k ,$$

以致作出接受假设 H_0 的决策, 这是另一类错误. 这种原假设 H_0 实际上不正确, 却接受了 H_0, 这类错误称为 "以假为真" 或 "取伪" 的错误或第 II 类错误, 犯这类错误的概率记为

$$P\{\text{当} H_0 \text{为不真时接受} H_0\} \text{或} P_{H_1}\{\text{接受} H_0\} .$$

注意到不论如何选取 k (即不论作出何种决策), 错误的发生总是不可避免的. 若拒绝 H_0, 则可能犯第 I 类错误, 又若接受 H_0 则可能犯第 II 类错误.

当然我们希望犯两类错误的概率都很小. 但是在样本容量 n 固定时, 要使犯这两类错误的概率都被控制得很小是不可能的, 一般情形下, 减小犯其中一类错误的概率, 会增加犯另一类错误的概率. 要想使犯两类错误的概率同时减少, 只有增大样本容量. 通常的做法当样本容量固定时, 一般总是控制犯第 I 类错误的概率在一定范围内, 即不超过某个事先指定的正数 $\alpha(0 < \alpha < 1)$, 使犯第 I 类错误的概率不超过 α, 即

$$P\{\text{当} H_0 \text{为真时拒绝} H_0\} \leqslant \alpha . \tag{8.2}$$

这种只对犯第 I 类错误的概率加以控制而不考虑犯第 II 类错误的概率的检验问题称为**显著性检验**, 上述 α 称为**显著性水平**.

对于例 8.1, 由式 (8.2) 知 "H_0 为真" 表示样本来自 $N(\mu_0, \sigma^2)$, "拒绝 H_0" 表示 $\frac{|\overline{X} - \mu_0|}{\sigma/\sqrt{n}} = \frac{|\bar{x} - \mu_0|}{\sigma/\sqrt{n}} \geqslant k$. 这样就确定了 k. 因此只允许犯第 I 类错误的概率不超过 α, 不妨令式 (8.2) 右端取等号, 即令

$$P\{\text{当} H_0 \text{为真时拒绝} H_0\} = P_{H_0}\left\{\frac{|\overline{X} - \mu_0|}{\sigma/\sqrt{n}} \geqslant k\right\} = \alpha .$$

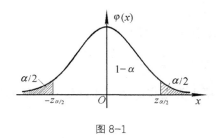

图 8-1

由于当 H_0 为真时 $Z = \dfrac{\overline{X} - \mu_0}{\sigma/\sqrt{n}} \sim N(0,1)$ ，由标准正态分布的分位点的定义（见

图 8-1） 得 $k = z_{\frac{\alpha}{2}}$. 因而， 若 $|z| = \dfrac{|\overline{x} - \mu_0|}{\sigma/\sqrt{n}} \geqslant k = z_{\frac{\alpha}{2}}$ ， 则拒绝 H_0 ， 而若

$|z| = \dfrac{|\overline{x} - \mu_0|}{\sigma/\sqrt{n}} < k = z_{\frac{\alpha}{2}}$ ，则接受 H_0 . 这样就确定了做出决策的法则. 例如，在例

8.1 中取 $\alpha = 0.05$ ，则有 $k = z_{0.05/2} = z_{0.025} = 1.96$ ，又已知 $n = 9, \sigma = 0.015$ ，由样本算

得 $\overline{x} = 0.5110$ ， 即有

$$|z| = \frac{|\overline{x} - \mu_0|}{\sigma/\sqrt{n}} = \frac{|0.5110 - 0.5|}{0.015/\sqrt{9}} = 2.2 > 1.96,$$

于是拒绝 H_0 ，认为这一天包装机的工作是不正常的.

上例中所采取的检验法则是符合实际推断原理的. 因通常 α 总是取得较小，

一般取 $\alpha = 0.05, 0.01, 0.005$ 等值. 因而若 H_0 为真，即当 $\mu = \mu_0$ 时，$\left\{ \left| \dfrac{\overline{x} - \mu_0}{\sigma/\sqrt{n}} \right| \geqslant z_{\frac{\alpha}{2}} \right\}$

是一个小概率事件，根据实际推断原理，就可认为，如果 H_0 为真，则在一次试

验得到的观察值 $\overline{x}$ 要满足不等式 $\left| \dfrac{\overline{x} - \mu_0}{\sigma/\sqrt{n}} \right| \geqslant z_{\frac{\alpha}{2}}$ 几乎是不会发生的. 现在竟然在一次

观察中出现了满足 $\left| \dfrac{\overline{x} - \mu_0}{\sigma/\sqrt{n}} \right| \geqslant z_{\frac{\alpha}{2}}$ 的 $\overline{x}$ ，则我们有理由怀疑原假设 H_0 的正确性，因

而拒绝 H_0 ；若出现的 $\overline{x}$ 满足不等式 $\left| \dfrac{\overline{x} - \mu_0}{\sigma/\sqrt{n}} \right| < z_{\frac{\alpha}{2}}$ ，那么我们没有理由拒绝原假设

H_0 ，因而只能接受原假设 H_0 .

5. 假设检验的否定域或接受域

我们将在检验一个假设时所使用的统计量称为**检验统计量**.

一般地，我们把使原假设 H_0 被拒绝的样本观测值 $(x_1, x_2, \cdots, x_n)$ 所组成的区域

称为**检验的拒绝域**，用 W 表示；而使原假设 H_0 得到接受的样本观测值所在的区

域称为**检验的接受域**，记为 $\overline{W}$.

以上例 8.1 我们的做法是，取统计量

$$Z = \frac{\overline{X} - \mu_0}{\sigma/\sqrt{n}}$$

为**检验统计量**，控制犯第 I 类错误的概率不超过 α，从而将 Z 的可能值的区域分为两部分：

$$W = \left\{\left|\frac{\overline{x} - \mu_0}{\sigma/\sqrt{n}}\right| \geqslant z_{\frac{\alpha}{2}}\right\} \text{ 和 } \overline{W} = \left\{\left|\frac{\overline{x} - \mu_0}{\sigma/\sqrt{n}}\right| < z_{\frac{\alpha}{2}}\right\},$$

当检验统计量取区域 W 中的值时，我们拒绝原假设 H_0，则称区域 W 为**拒绝域**，拒绝域的边界点称为**临界点**. 当检验统计量取区域 $\overline{W}$ 中的值时，我们接受原假设 H_0，则称区域 $\overline{W}$ 为**接受域**.

如例 8.1 中取 $\alpha = 0.05$，则拒绝域为 $|z| \geqslant z_{\frac{\alpha}{2}} = z_{0.025} = 1.96$，$z = z_{\frac{\alpha}{2}} = z_{0.025} = 1.96$，$z = -z_{\frac{\alpha}{2}} = -z_{0.025} = -1.96$ 为临界点.

对总体中的未知参数 θ 提出假设，常用以下三种形式.

（1）H_0：$\theta = \theta_0$，H_1：$\theta \neq \theta_0$；

（2）H_0：$\theta \leqslant \theta_0$，$H_1$：$\theta > \theta_0$；

（3）H_0：$\theta \geqslant \theta_0$，$H_1$：$\theta < \theta_0$.

我们称形如（1）的假设检验为**双侧假设检验**，形如（2）、（3）的假设检验为**单侧假设检验**.

上述例 8.1 可见，假设检验的基本思想是建立在实际推断原理基础上的一种带有概率性质的反证法的思想. 它与一般的纯数学中的反证法的不同在于：纯数学中的反证法要求在原假设条件下导出的结论是绝对成立的，因而，如果导出了矛盾的结论，就真正推翻了原来的假设. 而带有概率性质的反证法，导出的结论只是与实际推断原理相矛盾. 小概率事件在一次试验中并非绝对不能发生，只不过是发生的概率很小罢了.

6. 假设检验的步骤

综上所述，可得假设检验的一般步骤如下.

（1）根据实际问题，提出原假设 H_0 及备择假设 H_1；

（2）构造适当的检验统计量，在 H_0 成立的条件下确定它的分布；

（3）对给定的显著性水平 α，由检验统计量的分布，确定拒绝域；

（4）根据样本观察值作出决策，若样本值落入拒绝域中，则拒绝 H_0，否则，接受 H_0.

关于假设检验再作如下说明：原假设与备择假设的建立主要根据具体问题来决定．通常把没有把握不能轻易肯定的命题作为备择假设，而把没有充分理由不能轻易否定的命题作为原假设，只有理由充足时才拒绝它，否则应予以保留．

在本节我们通过对具体问题的讨论建立了假设检验的基本概念．在下面几节我们将具体讨论两种假设检验问题：一种是总体分布（类型）已知，只是对其参数作假设检验，这种检验称为**参数检验**；另一种是总体分布未知，这时所涉及的检验称为**非参数检验**．

§8.2 单个正态总体的假设检验

1. 单个正态总体 $N(\mu,\sigma^2)$ 均值 μ 的检验

（1）σ^2 已知，关于 μ 的检验（Z 检验）

上节的例 8.1 就是这类问题的一个例子，它的检验步骤如下：

① 提出原假设 $H_0: \mu = \mu_0$ 及备择假设 $H_1: \mu \neq \mu_0$；

② 构造检验统计量

$$Z = \frac{\overline{X} - \mu_0}{\sigma/\sqrt{n}},$$

当 H_0 成立时，$\overline{X} \sim N(\mu_0, \sigma^2)$，根据 §6.2 定理 6.2，知

$$Z = \frac{\overline{X} - \mu_0}{\sigma/\sqrt{n}} \sim N(0,1);$$

③ 对于给定的显著性水平 α，使

$$P\left(|Z| = \left| \frac{\overline{X} - \mu_0}{\sigma/\sqrt{n}} \right| \geqslant z_{\alpha/2} \right) = \alpha,$$

从而确定拒绝域 $|Z| \geqslant z_{\alpha/2}$；

④ 利用样本值 x_1, x_2, $\cdots$, x_n 计算检验统计量

$$Z = \frac{\overline{X} - \mu_0}{\sigma/\sqrt{n}}$$

的观察值 z，若 $|z| \geqslant z_{\alpha/2}$，则拒绝原假设 H_0；若 $|z| < z_{\alpha/2}$，则接受原假设 H_0．

利用统计量 $Z = \dfrac{\overline{X} - \mu_0}{\sigma/\sqrt{n}}$ 来检验假设的检验法称为 Z 检验法．

例 8.2 根据长期经验和资料分析，某瓷砖厂生产的瓷砖的抗断强度 $X \sim N(\mu, 0.11^2)$，现从该厂产品中随机抽取 6 块，测得抗断强度（单位：$10^6 \mathrm{Pa}$）

如下：

$$3.256 \quad 2.966 \quad 3.164 \quad 3.000 \quad 3.187 \quad 3.103$$

检验这批瓷砖的平均抗断强度为 $3.250 \times 10^6 \mathrm{Pa}$ 是否成立 $(\alpha = 0.05)$．

解 按题意要检验假设

$$H_0: \mu = \mu_0 = 3.250, \, H_1: \mu \neq \mu_0.$$

在假设 H_0 成立的条件下，检验统计量

$$Z = \frac{\overline{X} - \mu_0}{\sigma / \sqrt{n}} \sim N(0,1).$$

对 $\alpha = 0.05$，查正态分布表得临界值 $z_{\alpha/2} = z_{0.025} = 1.96$，故拒绝域为 $|z| \geq 1.96$．

现在 $n = 6, \sigma^2 = 0.11^2, \overline{x} = 3.113$，则

$$|z| = \left| \frac{\overline{x} - \mu_0}{\sigma / \sqrt{n}} \right| = \left| \frac{3.113 - 3.250}{0.11 / \sqrt{6}} \right| = 3.05 \geq 1.96,$$

所以拒绝 H_0，即不能认为这批瓷砖的平均抗断强度是 $3.250 \times 10^6 \mathrm{Pa}$．

（2）σ^2 未知，关于 μ 的检验（t 检验）

设总体 $X \sim N(\mu, \sigma^2)$，其中 μ, σ^2 未知，求检验问题（显著性水平为 α）

$$H_0: \mu = \mu_0, H_1: \mu \neq \mu_0.$$

设 $X_1, X_2, \cdots, X_n$ 为总体 X 的样本．由于 σ^2 未知，故不能用 $\dfrac{\overline{X} - \mu_0}{\sigma / \sqrt{n}}$ 来确定拒绝域了，因此自然想到利用 σ^2 的无偏估计量 S^2 来代替 σ^2，采用 $t = \dfrac{\overline{X} - \mu}{S / \sqrt{n}}$ 作为检验统计量．检验步骤如下：

① 提出原假设 $H_0: \mu = \mu_0$ 及备择假设 $H_1: \mu \neq \mu_0$；

② 构造检验统计量

$$t = \frac{\overline{X} - \mu_0}{S / \sqrt{n}},$$

当 H_0 成立时，根据 §6.2 定理 6.2，知

$$t = \frac{\overline{X} - \mu_0}{S / \sqrt{n}} \sim t(n-1);$$

③ 对于给定的显著性水平 α，利用 t 分布表求临界点 $t_{\alpha/2}(n-1)$，使 $P\left(|t| \geq t_{\alpha/2}(n-1) \right) = \alpha$，从而确定出拒绝域 $|t| \geq t_{\alpha/2}(n-1)$（见图 8-2）；

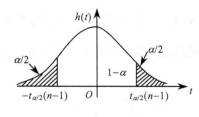

图 8-2

④ 利用样本值 $x_1, x_2, \cdots, x_n$ 计算检验统计量

$$t = \frac{\overline{X} - \mu_0}{S/\sqrt{n}}$$

的观察值，若 t 的观察值落入拒绝域中，则拒绝 H_0；否则接受 H_0.

上述利用 t 统计量得出的检验法称为 t 检验法.

例 8.3　在例 8.2 中假定 σ^2 未知，检验这批瓷砖的平均抗断强度为 $3.250 \times 10^6\,\mathrm{Pa}$ 是否成立 $(\alpha = 0.05)$？

解　按题意要检验假设

$$H_0 : \mu = \mu_0 = 3.250, H_1 : \mu \neq \mu_0.$$

由于 σ^2 未知，选取检验统计量

$$t = \frac{\overline{X} - \mu_0}{S/\sqrt{n}}.$$

当 H_0 成立时，$t \sim t(n-1)$.

现在 $n = 6, \alpha = 0.05, t_{\alpha/2}(n-1) = t_{0.025}(5) = 2.57$，得拒绝域

$$|t| \geqslant t_{\alpha/2}(n-1) = 2.57.$$

由所给数据得 $\overline{x} = 3.113, s = 0.1203$，即有

$$|t| = \left| \frac{\overline{x} - \mu_0}{s/\sqrt{n}} \right| = \left| \frac{3.113 - 3.250}{0.1203/\sqrt{6}} \right| = 2.79 \geqslant 2.57,$$

所以拒绝 H_0，即不能认为这批瓷砖的平均抗断强度是 $3.250 \times 10^6\,\mathrm{Pa}$.

2. 单个正态总体方差的检验（χ^2 检验法）

设总体 $X \sim N(\mu, \sigma^2)$，μ, σ^2 均未知，$X_1, X_2, \cdots, X_n$ 是来自 X 的样本，检验假设（显著性水平为 α）

$$H_0 : \sigma^2 = \sigma_0^2, H_1 : \sigma^2 \neq \sigma_0^2,$$

σ_0^2 为已知常数.

检验步骤如下：

① 提出假设 $H_0 : \sigma^2 = \sigma_0^2, H_1 : \sigma^2 \neq \sigma_0^2$.

② 由于 μ 未知，而 S^2 是 σ^2 的无偏估计，当 H_0 为真时，观察值 s^2 与 σ_0^2 的比值 $\dfrac{s^2}{\sigma_0^2}$ 一般来说应在 1 附近摆动，而不应过分大于 1 或过分小于 1．由 §6.2 定理 6.2 知，当 H_0 为真时，

$$\frac{(n-1)S^2}{\sigma_0^2} \sim \chi^2(n-1)\,,$$

故取 $\chi^2 = \dfrac{(n-1)S^2}{\sigma_0^2}$ 作为检验统计量.

③ 对于给定的显著性水平 α，利用 χ^2 分布表得临界点 $\chi_{1-\alpha/2}^2(n-1)$ 与 $\chi_{\alpha/2}^2(n-1)$（见图 8-3），使

$$P\left(\chi^2 \geqslant \chi_{\alpha/2}^2(n-1)\right)$$
$$= P\left(\chi^2 \leqslant \chi_{1-\alpha/2}^2(n-1)\right) = \frac{\alpha}{2}\,,$$

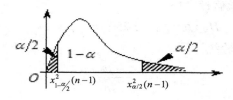

图 8-3

从而确定拒绝域为 $\chi^2 \geqslant \chi_{\alpha/2}^2(n-1)$ 或 $\chi^2 \leqslant \chi_{1-\alpha/2}^2(n-1)$．

④ 利用样本值 $x_1, x_2, \cdots, x_n$ 计算检验统计量

$$\chi^2 = \frac{(n-1)S^2}{\sigma_0^2}$$

的观察值，若 χ^2 的值落入拒绝域中，则拒绝原假设 H_0；否则，接受原假设 H_0．

例 8.4 某厂生产的某种型号的电池，其寿命（单位：h）长期以来服从方差 $\sigma^2 = 5000$ 的正态分布，现有一批这种电池，从它的生产情况来看，寿命的波动性有所改变．现随机取 26 只电池，测出其寿命的样本方差 $s^2 = 9200$．问根据这一数据能否推断这批电池的寿命的波动性较以往有显著的变化（取 $\alpha = 0.02$）？

解 按题意要求在水平 $\alpha = 0.02$ 下检验假设

$$H_0: \sigma^2 = 5000,\ H_1: \sigma^2 \neq 5000\,.$$

选用检验统计量
$$\chi^2 = \frac{(n-1)S^2}{\sigma_0^2}\,.$$

现在 $n = 26$，$\chi_{\alpha/2}^2(n-1) = \chi_{0.01}^2(25) = 44.314$，$\chi_{1-\alpha/2}^2(n-1) = \chi_{0.99}^2(25) = 11.524$，

$\sigma_0^2 = 5000$，故得拒绝域为 $\chi^2 \geqslant 44.314$ 或 $\chi^2 \leqslant 11.524$. 由观察值 $s^2 = 9200$ 得

$$\chi^2 = \frac{(n-1)s^2}{\sigma_0^2} = 46 \geqslant 44.314，$$

所以拒绝 H_0，认为这批电池寿命的波动性较以往有显著的变化.

§8.3　两个正态总体的假设检验

1. 两个正态总体均值差的检验

设 $X_1, X_2, \cdots, X_n$ 是来自第一个总体 $N(\mu_1, \sigma_1^2)$ 的样本，$Y_1, Y_2, \cdots, Y_{n_2}$ 是来自第二个总体 $N(\mu_2, \sigma_2^2)$ 的样本，这两个样本相互独立. 且设它们的样本均值分别为 $\overline{X}, \overline{Y}$，样本方差分别为 S_1^2, S_2^2.

（1）σ_1^2, σ_2^2 均为已知，关于 $\mu_1 - \mu_2$ 的检验

检验步骤如下.

① 提出原假设 $H_0: \mu_1 - \mu_2 = \delta$ 及备择假设 $H_1: \mu_1 - \mu_2 \neq \delta$（$\delta$ 为已知常数，常用的是 $\delta = 0$ 的情况）.

② 构造检验统计量

$$Z = \frac{(\overline{X} - \overline{Y}) - \delta}{\sqrt{\dfrac{\sigma_1^2}{n_1} + \dfrac{\sigma_2^2}{n_2}}}，$$

当 H_0 成立时，$Z = \dfrac{(\overline{X} - \overline{Y}) - \delta}{\sqrt{\dfrac{\sigma_1^2}{n_1} + \dfrac{\sigma_2^2}{n_2}}} \sim N(0,1)$.

③ 对于给定的显著性水平 α，由 $P(|z| \geqslant z_{\alpha/2}) = \alpha$ 确定出拒绝域 $|z| \geqslant z_{\alpha/2}$.

④ 利用样本值计算检验统计量 Z 的观察值，若 $|z| \geqslant z_{\alpha/2}$，则拒绝原假设 H_0；若 $|z| < z_{\alpha/2}$，则接受原假设 H_0.

例 8.5　分析两种葡萄酒的含醇量，分别进行了 6 次和 4 次测定，计算得到含醇量的平均值各为 12.61(%) 和 12.53(%). 由长期生产经验知道，这两种葡萄酒的含醇量都服从正态分布，它们的标准差都是 0.07(%)，问这两种葡萄酒的含醇量是否有显著差异 $(\alpha = 0.05)$？

解　两种葡萄酒的含醇量可分别看作总体 X 和总体 Y，且 $X \sim N(\mu_1, \sigma_1^2)$，$Y \sim N(\mu_2, \sigma_2^2)$，据题意，要检验假设

$$H_0: \mu_1 - \mu_2 = 0, \quad H_1: \mu_1 - \mu_2 \neq 0.$$

因为 $\sigma_1^2 = \sigma_2^2 = 0.07^2$ 为已知，选用检验统计量

$$Z = \frac{\overline{X} - \overline{Y}}{\sqrt{\dfrac{\sigma_1^2}{n_1} + \dfrac{\sigma_2^2}{n_2}}},$$

当 H_0 成立时，$Z \sim N(0,1)$.

对 $\alpha = 0.05$，得临界值 $z_{0.025} = 1.96$，则拒绝域为 $|z| \geq 1.96$.

由样本观察值知：$\overline{x} = 12.61$，$\overline{y} = 12.53$，$n_1 = 6$，$n_2 = 4$，由此得

$$|z| = \frac{|\overline{x} - \overline{y}|}{\sqrt{\dfrac{\sigma_1^2}{n_1} + \dfrac{\sigma_2^2}{n_2}}} = \frac{|12.61 - 12.53|}{\sqrt{\dfrac{0.07^2}{6} + \dfrac{0.07^2}{4}}} = 1.77 < 1.96,$$

$|z|$ 的值不落入拒绝域内，故接受 H_0，即认为两种葡萄酒的含醇量没有显著差异.

（2）$\sigma_1^2 = \sigma_2^2 = \sigma^2$ 未知，关于 $\mu_1 - \mu_2$ 的检验

检验步骤如下：

① 提出原假设 $H_0 : \mu_1 - \mu_2 = \delta$ 及备择假设 $H_1 : \mu_1 - \mu_2 \neq \delta$ （δ 为已知常数）.

② 构造检验统计量

$$t = \frac{(\overline{X} - \overline{Y}) - \delta}{S_W \sqrt{\dfrac{1}{n_1} + \dfrac{1}{n_2}}},$$

其中 $S_W^2 = \dfrac{(n_1 - 1)S_1^2 + (n_2 - 1)S_2^2}{n_1 + n_2 - 2}$，$S_W = \sqrt{S_W^2}$.

当 H_0 为真时，由 §6.2 定理 6.3 知，$t \sim t(n_1 + n_2 - 2)$.

③ 对于给定的显著性水平 α，由 $P\left(|t| \geq t_{\alpha/2}(n_1 + n_2 - 2)\right) = \alpha$ 可确定出拒绝域 $|t| \geq t_{\alpha/2}(n_1 + n_2 - 2)$.

④ 利用样本值计算检验统计量 t 的观察值，若 $|t| \geq t_{\alpha/2}(n_1 + n_2 - 2)$，则拒绝原假设 H_0；若 $|t| < t_{\alpha/2}(n_1 + n_2 - 2)$，则接受原假设 H_0.

例 8.6 在针织品的漂白工艺过程中，要考察温度对针织品断裂强力的影响. 根据以往的经验可以认为在不同温度下断裂强力都是服从正态分布的，且方差相等. 现在 70°C 和 80°C 两种温度下各做 8 次重复试验, 得数据如下（单位：N）.

70°C 时的强力：20.5 18.8 19.8 20.9 21.5 19.5 21.0 21.2

80°C 时的强力：17.7 20.3 20.0 18.8 19.0 20.1 20.2 19.1

试问在不同温度下二强力有没有显著差别（$\alpha = 0.05$）.

解 设 70°C 和 80°C 时的断裂强力分别为 X 和 Y，且 $X \sim N(\mu_1, \sigma_1^2)$，$Y \sim N(\mu_2, \sigma_2^2)$，据题意，要检验假设

$$H_0 : \mu_1 - \mu_2 = 0, \; H_1 : \mu_1 - \mu_2 \neq 0.$$

由于 σ^2 未知，选用检验统计量

$$t = \frac{\overline{X} - \overline{Y}}{S_W \sqrt{\frac{1}{n_1} + \frac{1}{n_2}}} ,$$

由 $\alpha = 0.05$，$n_1 = n_2 = 8$，查表得 $t_{\alpha/2}(n_1 + n_2 - 2) = t_{0.025}(14) = 2.15$，故拒绝域为 $|t| \geqslant 2.15$，又由已知数据计算得 $\overline{x} = 20.4$，$\overline{y} = 19.4$，$s_1^2 = 0.8857$，$s_2^2 = 0.8286$，故统计量

$$t = \frac{\overline{x} - \overline{y}}{s_W \sqrt{\frac{1}{n_1} + \frac{1}{n_2}}} = \frac{20.4 - 19.4}{\sqrt{\frac{(8-1) \times 0.8857 + (8-1) \times 0.8286}{8 + 8 - 2}} \sqrt{\frac{1}{8} + \frac{1}{8}}} = 2.160 \geqslant 2.15 ,$$

所以拒绝 H_0，即认为两种温度下强力有显著差异.

2. 两个正态总体方差的检验（ F 检验法）

设总体 $X \sim N(\mu_1, \sigma_1^2)$，总体 $Y \sim N(\mu_2, \sigma_2^2)$，$X, Y$ 相互独立，且 μ_1, μ_2, σ_1^2，σ_2^2 均为未知. 现在需要检验假设（显著性水平为 α）

$$H_0 : \sigma_1^2 = \sigma_2^2, H_1 : \sigma_1^2 \neq \sigma_2^2 .$$

因为样本方差 S_1^2 与 S_2^2 分别是 σ_1^2 与 σ_2^2 的无偏估计，当 H_0 为真时，S_1^2 与 S_2^2 相差不应太大，即比值

$$F = \frac{S_1^2}{S_2^2}$$

不应很大或很小，于是得检验步骤如下：

① 提出假设 $H_0 : \sigma_1^2 = \sigma_2^2, H_1 : \sigma_1^2 \neq \sigma_2^2$.

② 构造检验统计量

$$F = \frac{S_1^2}{S_2^2} ,$$

由 §6.2 定理 6.3 知，统计量

$$\frac{S_1^2 / S_2^2}{\sigma_1^2 / \sigma_2^2} \sim F(n_1 - 1, n_2 - 1) ,$$

故当 H_0 成立时，统计量

$$F = \frac{S_1^2}{S_2^2} \sim F(n_1 - 1, n_2 - 1) .$$

③ 对于给定的显著性水平 α，利用 F 分布表得临界点 $F_{1-\alpha/2}(n_1 - 1, n_2 - 1)$ 与 $F_{\alpha/2}(n_1 - 1, n_2 - 1)$，使

$$P\left(F \geqslant F_{\alpha/2}(n_1 - 1, n_2 - 1)\right) = P\left(F \leqslant F_{1-\alpha/2}(n_1 - 1, n_2 - 1)\right) = \frac{\alpha}{2} ,$$

从而确定拒绝域为 $F \geqslant F_{\alpha/2}(n_1-1, n_2-1)$ 或 $F \leqslant F_{1-\alpha/2}(n_1-1, n_2-1)$.

④ 利用样本值计算检验统计量 $F = \dfrac{S_1^2}{S_2^2}$ 的值，若观察值 F 落入拒绝域内，则拒绝 H_0；反之接受 H_0 .

例 8.7 A, B 两厂生产同一种铸件，假设两厂铸件的质量都服从正态分布，测得质量（单位：kg）如下.

A 厂：55.7　56.3　55.1　54.8　55.9

B 厂：50.6　53.4　54.7　51.3　55.8　54.8

问 A，B 两厂铸件质量的方差是否相等？（$\alpha = 0.05$）

解　由题意，要检验假设

$$H_0 : \sigma_1^2 = \sigma_2^2, \quad H_1 : \sigma_1^2 \neq \sigma_2^2 .$$

选用统计量

$$F = \frac{S_1^2}{S_2^2},$$

此处 $n_1 = 5$，$n_2 = 6$，拒绝域为

$$F = \frac{s_1^2}{s_2^2} \geqslant F_{0.025}(4,5) = 7.39,$$

或

$$F = \frac{s_1^2}{s_2^2} \leqslant F_{1-0.025}(4,5) = \frac{1}{F_{0.025}(5,4)} = \frac{1}{9.36} = 0.107 .$$

现在 $\bar{x} = 55.56, \bar{y} = 53.43, s_1^2 = 0.368$，$s_2^2 = 4.76$，$\alpha = 0.05$，$F = s_1^2/s_2^2 = 0.077$，即有 $F < 0.107$，故拒绝 H_0，认为两厂的铸件质量的方差不相同.

§8.4　单边检验

在 §8.2 和 §8.3 讨论的假设检验为双边假设检验，如 §8.1 中例 8.1 中的备择假设 $H_1 : \mu \neq \mu_0$，表示 μ 可能大于 μ_0，也可能小于 μ_0，称为双边备择假设. 但在实际中，有时我们只关心总体均值和方差是否增大或减小. 例如，采用新工艺以提高灯泡的平均寿命. 这时，所考虑的总体的均值应该越大越好. 如果我们能判断采用新工艺后总体的均值较以前大，则可考虑采用新工艺. 此时，我们需要检验假设

$$H_0 : \mu \leqslant \mu_0, H_1 : \mu > \mu_0 . \tag{8.3}$$

形如式（8.3）的假设检验，称为右单边检验. 类似地，有时我们需要检验假设

$$H_0 : \mu \geqslant \mu_0, H_1 : \mu < \mu_0 . \tag{8.4}$$

形如式（8.4）的假设检验，称为左单边检验. 右单边检验和左单边检验统称为单边检验.

下面我们通过具体例子来说明单边检验的方法.

例 8.8　某种元件的寿命 X（以小时计）服从正态分布 $N(\mu, \sigma^2)$，μ，σ^2 均未知. 现测得16只元件的寿命如下:

159	280	101	212	224	379	179	264
222	362	168	250	149	260	485	170

问是否有理由认为元件的平均寿命大于 $225\,\mathrm{h}$？（$\alpha = 0.05$）

解　这是一个单边检验问题，需要检验假设

$$H_0: \mu \leqslant \mu_0 = 225, H_1: \mu > 225.$$

由于 σ^2 未知，选用检验统计量

$$t = \frac{\overline{X} - \mu}{S/\sqrt{n}},$$

当 H_0 为真时，$t \sim t(n-1)$.

对 $\alpha = 0.05$，$n = 16$，查 t 分布表得 $t_\alpha(n-1) = t_{0.05}(15) = 1.7531$，此检验问题的拒绝域为 $t \geqslant t_\alpha(n-1) = t_{0.05}(15) = 1.7531$，由所给数据算得 $\overline{x} = 241.5$，$s = 98.7259$，即有

$$t = \frac{\overline{x} - \mu_0}{s/\sqrt{n}} = 0.6685 < 1.7531,$$

t 没有落入拒绝域内，故接受 H_0，即认为元件的平均寿命不大于 $225\,\mathrm{h}$.

例 8.9　在平炉上进行一项试验，以确定改变操作方法的建议是否会增加钢的得率，试验是在同一只平炉上进行的. 每炼一炉钢时除操作方法外，其他条件都尽可能做到相同. 先用标准方法炼一炉，然后用建议的新方法炼一炉，以后交替进行，各炼了10炉，其得率（%）分别如下:

① 标准方法　78.1　72.4　76.2　74.3　77.4　78.4　76.0　75.5 76.7　77.3

② 新方法　79.1　81.0　77.3　79.1　80.0　79.1　79.1　77.3　80.2 82.1

设这两个样本相互独立，且分别来自正态总体 $N(\mu_1, \sigma_1^2)$ 和 $N(\mu_2, \sigma_2^2)$，μ_1，μ_2，σ_1^2，σ_2^2 均为未知. 问改变操作方法后钢的得率的方差是否较标准方法有显著差异？（取 $\alpha = 0.05$）

解　需要检验假设

$$H_0: \mu_1 - \mu_2 \geqslant 0, \quad H_1: \mu_1 - \mu_2 < 0.$$

选用检验统计量

$$t = \frac{\overline{X} - \overline{Y}}{S_W \sqrt{\dfrac{1}{n_1} + \dfrac{1}{n_2}}},$$

其中 $S_W^2 = \dfrac{(n_1-1)S_1^2 + (n_2-1)S_2^2}{n_1+n_2-2}$, $S_W = \sqrt{S_W^2}$. 当 H_0 为真时, $t \sim t(n_1+n_2-2)$.

对 $\alpha = 0.05$, $n_1 = 10$, $n_2 = 10$, 查 t 分布表得 $t_\alpha(n_1+n_2-2) = t_{0.05}(18) = 1.7341$, 故拒绝域为

$$t \leqslant -t_{0.05}(18) = -1.7341 .$$

由样本算得 $\bar{x} = 76.23$, $\bar{y} = 79.43$, $s_1^2 = 3.325$, $s_2^2 = 2.225$,

$s_W^2 = \dfrac{(10-1)s_1^2 + (10-1)s_2^2}{10+10-2} = 2.775$, 故 $t = \dfrac{\bar{x} - \bar{y}}{s_W\sqrt{\dfrac{1}{n_1} + \dfrac{1}{n_2}}} = -4.295 < -1.7341$, 所以

拒绝 H_0 , 即认为建议的新操作方法较原来的方法为优.

例 8.10 对 §8.2 例 8.4, 问根据这一数据能否推断这批电池寿命的波动性较以往有显著地变大? (取 $\alpha = 0.05$)

解 由题意, 要求在水平 $\alpha = 0.05$ 下检验假设

$$H_0: \sigma^2 \leqslant \sigma_0^2 = 5000 , H_1: \sigma^2 > \sigma_0^2 = 5000 .$$

在 H_0 为真时, 统计量 $\chi^2 = \dfrac{(n-1)S^2}{\sigma_0^2} \sim \chi^2(n-1)$.

对 $\alpha = 0.05$, $n = 26$, 查 χ^2 分布表得 $\chi_\alpha^2(n-1) = \chi_{0.05}^2(25) = 37.652$, 故拒绝域为 $\chi^2 \geqslant \chi_{0.05}^2(25) = 37.652$, 由 $s^2 = 9200$ 得 $\chi^2 = \dfrac{(n-1)s^2}{\sigma_0^2} = \dfrac{25 \times 9200}{5000} = 46 \geqslant 37.652$,

所以拒绝 H_0 , 认为这批电池寿命的波动性较以往有显著地变大.

对于备择假设的其他各种情形, 也可类似地讨论, 得出相应的结果, 参见表 8-1.

最后, 还要说明置信区间与假设检验之间有明显的联系. 例如, 显著性水平为 α 的假设检验问题 $H_0: \theta = \theta_0$, $H_1: \theta \neq \theta_0$ 的接受域就是 θ 的置信水平为 $1-\alpha$ 的置信区间. 同时, 区间估计与假设检验的提法虽然不同, 但它们解决问题的途径是相同的, 区间估计引入的函数 W 与对应的假设检验问题的检验统计量是服从同一分布的. 例如, 正态总体 $N(\mu, \sigma^2)$ 在 σ^2 已知下对参数 μ 作区间估计和假设检验, 都是用标准正态分布; 在 σ^2 未知下对参数 μ 作区间估计和假设检验, 都是用 t 分布.

为了便于读者查阅, 将正态总体参数的假设检验法列于表 8-1.

表 8-1 正态总体均值、方差的检验法 (显著性水平为 α)

原假设 H_0	检验统计量	备择假设 H_1	拒绝域
$\mu \leqslant \mu_0$		$\mu > \mu_0$	$z \geqslant z_\alpha$
$\mu \geqslant \mu_0$	$Z = \dfrac{\bar{X} - \mu_0}{\sigma/\sqrt{n}}$	$\mu < \mu_0$	$z \leqslant -z_\alpha$
$\mu = \mu_0$		$\mu \neq \mu_0$	$\|z\| \geqslant z_{\alpha/2}$
(σ^2 已知)			

原假设 H_0	检验统计量	备择假设 H_1	拒 绝 域
$\mu \leqslant \mu_0$ $\mu \geqslant \mu_0$ $\mu = \mu_0$ （σ^2 未知）	$t = \dfrac{\overline{X} - \mu_0}{S/\sqrt{n}}$	$\mu > \mu_0$ $\mu < \mu_0$ $\mu \neq \mu_0$	$t \geqslant t_\alpha(n-1)$ $t \leqslant -t_\alpha(n-1)$ $\lvert t \rvert \geqslant t_{\alpha/2}(n-1)$
$\mu_1 - \mu_2 \leqslant \delta$ $\mu_1 - \mu_2 \geqslant \delta$ $\mu_1 - \mu_2 = \delta$ （σ_1^2，σ_2^2 已知）	$Z = \dfrac{\overline{X} - \overline{Y} - \delta}{\sqrt{\dfrac{\sigma_1^2}{n_1} + \dfrac{\sigma_2^2}{n_2}}}$	$\mu_1 - \mu_2 > \delta$ $\mu_1 - \mu_2 < \delta$ $\mu_1 - \mu_2 \neq \delta$	$z \geqslant z_\alpha$ $z \leqslant -z_\alpha$ $\lvert z \rvert \geqslant z_{\alpha/2}$
$\mu_1 - \mu_2 \leqslant \delta$ $\mu_1 - \mu_2 \geqslant \delta$ $\mu_1 - \mu_2 = \delta$ （$\sigma_1^2 = \sigma_2^2 = \sigma^2$ 未知）	$t = \dfrac{\overline{X} - \overline{Y} - \delta}{S_W \sqrt{\dfrac{1}{n_1} + \dfrac{1}{n_2}}}$ $S_W^2 = \dfrac{(n_1-1)S_1^2 + (n_2-1)S_2^2}{n_1 + n_2 - 2}$	$\mu_1 - \mu_2 > \delta$ $\mu_1 - \mu_2 < \delta$ $\mu_1 - \mu_2 \neq \delta$	$t \geqslant t_\alpha(n_1 + n_2 - 2)$ $t \leqslant -t_\alpha(n_1 + n_2 - 2)$ $\lvert t \rvert \geqslant t_{\alpha/2}(n_1 + n_2 - 2)$
$\sigma^2 \leqslant \sigma_0^2$ $\sigma^2 \geqslant \sigma_0^2$ $\sigma^2 = \sigma_0^2$ （μ 未知）	$\chi^2 = \dfrac{(n-1)S^2}{\sigma_0^2}$	$\sigma > \sigma_0^2$ $\sigma < \sigma_0^2$ $\sigma \neq \sigma_0^2$	$\chi^2 \geqslant \chi_\alpha^2(n-1)$ $\chi^2 \leqslant \chi_\alpha^2(n-1)$ $\chi^2 \geqslant \chi_{\alpha/2}^2(n-1)$ 或 $\chi^2 \leqslant \chi_{1-\alpha/2}^2(n-1)$
$\sigma_1^2 \leqslant \sigma_2^2$ $\sigma_1^2 \geqslant \sigma_2^2$ $\sigma_1^2 = \sigma_2^2$ （μ_1，μ_2 未知）	$F = \dfrac{S_1^2}{S_2^2}$	$\sigma_1^2 > \sigma_2^2$ $\sigma_1^2 < \sigma_2^2$ $\sigma_1^2 \neq \sigma_2^2$	$F \geqslant F_\alpha(n_1 - 1, n_2 - 1)$ $F \leqslant F_{1-\alpha}(n_1 - 1, n_2 - 1)$ $F \geqslant F_{\alpha/2}(n_1 - 1, n_2 - 1)$ 或 $F \leqslant F_{1-\alpha/2}(n_1 - 1, n_2 - 1)$

§8.5 总体分布的 χ^2 检验法

前面我们讨论参数的检验问题，均假设总体分布为已知．然而，在实际问题中，有时不知道总体服从什么分布，此时就要根据样本来检验关于总体分布的假设．例如检验假设："总体服从正态分布"等．本节主要介绍 χ^2 检验法．

χ^2 检验法即指在总体的分布为未知时，根据样本值 x_1，x_2，$\cdots$，x_n 来检验关于总体分布的假设

$$\begin{cases} H_0: \text{总体} X \text{的分布函数为} F(x)； \\ H_1: \text{总体} X \text{的分布函数不是} F(x) \end{cases} \tag{8.5}$$

的一种方法（这里的备择假设 H_1 可不必写出）．

注意，若总体 X 为离散型，则假设（8.5）相当于

H_0：总体 X 的分布律为 $P\{X=x_i\}=p_i$, $i=1$, 2, $\cdots$;　　（8.6）

若总体 X 为连续型，则假设（8.5）相当于

H_0：总体 X 的概率密度为 $f(x)$.　　（8.7）

在用 χ^2 检验法检验假设 H_0 时，若在假设 H_0 下 $F(x)$ 的形式已知，而其参数值未知，此时需先用极大似然估计法估计参数，然后再作检验.

χ^2 检验法的基本思想与方法如下：

1° 将随机试验可能结果的全体 Ω 分为 k 个互不相容的事件 A_1, A_2, $\cdots$, $A_k(\bigcup\limits_{i=1}^{k} A_i = \Omega$, $A_iA_j=\varnothing$, $i\neq j$, $i,j = 1,2,\cdots,k$)，于是在 H_0 为真时，可以计算概率 $\hat{p}_i=P(A_i)$（$i=1$, 2, $\cdots$, k）.

2° 寻找用于检验的统计量及相应的分布，在 n 次试验中，事件 A_i 出现的频率 $\dfrac{f_i}{n}$ 与概率 $\hat{p}_i$ 往往有差异，但由大数定律可以知道，如果样本容量 n 较大（一般要求 n 至少为 50，最好在 100 以上），在 H_0 成立条件下 $\left|\dfrac{f_i}{n} - \hat{p}_i\right|$ 的值应该比较小，基于这种想法，皮尔逊使用

$$\chi^2 = \sum_{i=1}^{k} \frac{(f_i - n\hat{p}_i)^2}{n\hat{p}_i} \qquad (8.8)$$

作为检验 H_0 的统计量，并证明了如下的定理.

定理 若 n 充分大（$n\geq 50$），则当 H_0 为真时（不论 H_0 中的分布属什么分布），统计量（8.8）总是近似地服从自由度为 $k-r-1$ 的 χ^2 分布，其中 r 是被估计的参数的个数.

3° 对于给定的检验水平 α，查表确定临界值 $\chi_\alpha{}^2(k-r-1)$，使

$$P\{ \chi^2 > \chi_\alpha{}^2(k-r-1)) \}= \alpha ,$$

从而得到 H_0 的拒绝域为

$$\chi^2 > \chi_\alpha{}^2(k-r-1) .$$

4° 由样本值 x_1, x_2, $\cdots$, x_n 计算 χ^2 的值，并与 $\chi_\alpha{}^2(k-r-1)$ 比较.

5° 作结论：若 $\chi^2 > \chi_\alpha{}^2(k-r-1)$，则拒绝 H_0，即不能认为总体分布函数为 $F(x)$；否则接受 H_0.

例 8.11 一本书的一页中印刷错误的个数 X 是一个随机变量，现检查了一本书的 100 页，记录每页中印刷错误的个数，其结果如表 8-2 所示.

表 8-2

错误个数 i	0	1	2	3	4	5	6	≥ 7
页数 f_i	36	40	19	2	0	2	1	0
A_i	A_0	A_1	A_2	A_3	A_4	A_5	A_6	A_7

其中 f_i 是观察到有 i 个错误的页数. 问能否认为一页书中的错误个数 X 服从泊松分布（取 a=0.05）？

解 由题意首先提出假设

$$H_0: \text{总体 } X \text{ 服从泊松分布}.$$

$$P\{X=i\} = \frac{e^{-\lambda}\lambda^i}{i!}, \quad i=0,1,2,\cdots,$$

这里 H_0 中参数 λ 为未知，所以需先来估计参数. 由最大似然估计法得

$$\hat{\lambda} = \bar{x} = \frac{0\times36 + 1\times40 + \cdots + 6\times1 + 7\times0}{100} = 1.$$

将试验结果的全体分为 $A_0, A_1, \cdots, A_7$ 两两不相容的事件. 若 H_0 为真，则 $P\{X=i\}$ 有估计

$$\hat{p} = \hat{P}\{X=i\} = \frac{e^{-1}1^i}{i!} = \frac{e^{-1}}{i!}, \quad i=0,1,2,\cdots.$$

例如

$$\hat{p}_0 = \hat{P}\{X=0\} = e^{-1},$$
$$\hat{p}_1 = \hat{P}\{X=1\} = e^{-1},$$
$$\hat{p}_2 = \hat{P}\{X=2\} = \frac{e^{-1}}{2},$$
$$\cdots\cdots$$
$$\hat{p}_7 = \hat{P}\{X \geqslant 7\} = 1 - \sum_{i=0}^{6}\hat{p}_i = 1 - \sum_{i=0}^{6}\frac{e^{-1}}{i!}.$$

计算结果如表 8-3 所示. 将其中有些 $np_i<5$ 的组予以适当合并，使新的每一组内有 $np_i \geqslant 5$，如表 8-3 所示，此处并组后 $k=4$，但因在计算概率时，估计了一个未知参数 λ，故

$$\chi^2 = \sum_{i=1}^{4}\frac{(f_i - n\hat{p}_i)^2}{n\hat{p}_i} \sim \chi^2(4-1-1).$$

计算结果为 χ^2=1.460（见表 8-3）. 因为 $\chi_\alpha^2(4-1-1) = \chi_{0.05}^2(2) = 5.991 > 1.46$，所以在显著性水平为 0.05 下接受 H_0，即认为总体服从泊松分布.

表 8-3

A_i	f_i	$\hat{p}_i$	$n\hat{p}_i$	$f_i - n\hat{p}_i$	$(f_i - n\hat{p}_i)^2 / n\hat{p}_i$
A_0	36	e^{-1}	36.788	−0.788	0.017
A_1	40	e^{-1}	36.788	3.212	0.280
A_2	19	$\dfrac{e^{-1}}{2}$	18.394	0.606	0.020

A_i	f_i	$\hat{p}_i$	$n\hat{p}_i$	$f_i - n\hat{p}_i$	$(f_i - n\hat{p}_i)^2 / n\hat{p}_i$
A_3	2	$\dfrac{e^{-1}}{6}$	6.131		
A_4	0	$\dfrac{e^{-1}}{24}$	1.533		
A_5	2	$\dfrac{e^{-1}}{120}$	0.307	-3.03	1.143
A_6	1	$\dfrac{e^{-1}}{720}$	0.051		
A_7	0	$1-\sum\limits_{i=0}^{6}\hat{p}_i$	0.008		
Σ					1.460

例 8.12 研究混凝土抗压强度的分布. 200 件混凝土制件的抗压强度以分组形式列出（见表 8-4）. $n=\sum\limits_{i=1}^{6}f_i=200$. 要求在给定的检验水平 $\alpha=0.05$ 下检验假设 H_0：抗压强度 $X\sim N(\mu,\ \sigma^2)$.

表 8-4

压强区间（×98kPa）	频数 f_i
190~200	10
200~210	26
210~220	56
220~230	64
230~240	30
240~250	14

解 原假设所定的正态分布的参数是未知的,我们需先求 μ 与 σ^2 的极大似然估计值. 由第 7 章知, μ 与 σ^2 的极大似然估计值为

$$\hat{\mu}=\overline{x},\quad \hat{\sigma}^2=\frac{1}{n}\sum_{i=1}^{n}(x_i-\overline{x})^2.$$

设 x_i^* 为第 i 组的中值,我们有

$$\overline{x}=\frac{1}{n}\sum_i x_i^* f_i=\frac{195\times10+205\times26+\cdots+245\times14}{200}=221$$

$$\hat{\sigma}^2 = \frac{1}{n}\sum_i (x_i{}^* - \bar{x})^2 f_i \,,$$

$$= \frac{1}{200}\left\{(-26)^2 \times 10 + (-16)^2 \times 26 + \cdots + 24^2 \times 14\right\}$$
$$= 152,$$

从而 $\hat{\sigma} = 12.33$.

原假设 H_0 改写成 X 服从正态分布 $N(221, 12.33^2)$, 计算每个区间的理论概率值

$$\hat{p}_i = P\{\alpha_{i-1} \leqslant X < \alpha_i\} = \Phi(\mu_i) - \Phi(\mu_{i-1}), \quad i = 1, 2, \cdots, 6,$$

其中

$$\mu_i = \frac{\alpha_i - \bar{x}}{\hat{\sigma}} \,,$$

$$\Phi(\mu_i) = \frac{1}{\sqrt{2\pi}}\int_{-\infty}^{\mu_i} \mathrm{e}^{-\frac{t^2}{2}}\,\mathrm{d}t \,.$$

为了计算出统计量 χ^2 之值, 我们把需要进行的计算列表如下 (见表 8-5).

表 8-5

压强区间 X	频数 f_i	标准化区间 $[\mu_i, \mu_{i+1}]$	$\hat{p} = \Phi(\mu_{i+1}) - \Phi(\mu_i)$	$n\hat{p}_i$	$(f_i - n\hat{p}_i)^2$	$\dfrac{(f_i - n\hat{p}_i)^2}{n\hat{p}_i}$
190~200	10	$(-\infty, -1.70)$	0.045	9	1	0.11
200~210	26	$[-1.70, -0.89)$	0.142	28.4	5.76	0.20
210~220	56	$[-0.89, -0.08)$	0.281	56.2	0.04	0.00
220~230	64	$[-0.08, 0.73)$	0.299	59.8	17.64	0.29
230~240	30	$[0.73, 1.54)$	0.171	34.2	17.64	0.52
240~250	14	$[1.54, +\infty)$	0.062	12.4	2.56	0.23
Σ			1.000	200		1.35

从上面计算得出 χ^2 的观察值为 1.35. 在检验水平 $a = 0.05$ 下, 查自由度 $m = 6-2-1 = 3$ 的 χ^2 分布表, 得到临界值 $\chi^2_{0.05}(3) = 7.815$. 由于 $\chi^2 = 1.35 < 7.815 = \chi^2_{0.05}(3)$, 不能拒绝原假设, 所以认为混凝土制件的抗压强度的分布是正态分布 $N(221, 152)$.

【知识结构图】

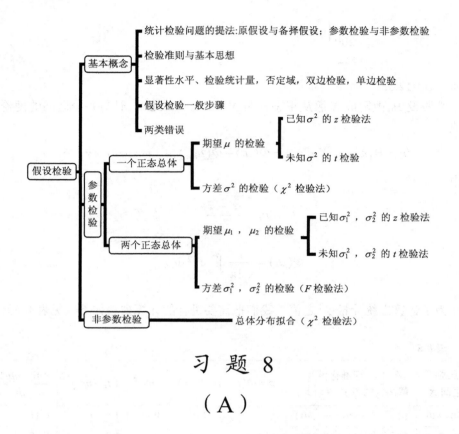

习 题 8

（A）

1. 某种矿砂的5个样品中的含镍量（%）经测定为

$$3.25 \quad 3.27 \quad 3.24 \quad 3.26 \quad 3.24$$

设测定值总体服从正态分布，但参数均未知. 问在显著性水平 $\alpha = 0.01$ 下能否认为这批矿砂的含镍量为3.25 (%)？

2. 已知某型号的电子元件的寿命服从正态分布，今在一周内所生产的大批电子元件中随机抽取9只，测得其寿命（单位：小时）如下：

$$2315 \quad 2360 \quad 2340 \quad 2325 \quad 2350 \quad 2320 \quad 2335 \quad 2335 \quad 2325$$

已知 $\sigma^2 = 11.25^2$，问这批电子元件的寿命可否认为是2350（小时）？（取 $\alpha = 0.05$）

3. 食品厂用自动装罐机装罐头食品，每罐标准质量为 $500\,\mathrm{g}$，每隔一定时间需要检查机器工作情况. 现抽得10罐，测得其质量（单位：g）如下：

$$495 \quad 510 \quad 505 \quad 498 \quad 503 \quad 492 \quad 502 \quad 512 \quad 497 \quad 506$$

假定质量服从正态分布，试问机器工作是否正常（取 $\alpha = 0.10$）？

4．某砖瓦厂有两个砖窑生产同一规格的砖块，今各取砖7块和6块，测得其抗折强度（单位：$10^6 \mathrm{Pa}$）如下：

甲：2.051　2.556　2.078　3.727　3.628　2.597　2.462

乙：2.666　2.564　3.256　3.300　3.103　3.487

假设两砖窑的砖的抗折强度均服从正态分布且 $\sigma^2 = 0.32$，问：两窑生产的砖的抗折强度有无明显差异（$\alpha = 0.05$）？

5．下面分别给出两个文学家马克·吐温（Mark Twain）的8篇小品文以及斯诺特格拉斯（Snodgrass）的10篇小品文中由3个字母组成的单字的比例．

马克·吐温：	0.225　0.262　0.217　0.240　0.230　0.229　0.235　0.217
斯诺特格拉斯：	0.209　0.205　0.196　0.210　0.202　0.207　0.224 0.223 0.220　0.201

设两组数据分别来自正态总体，且两总体方差相等，但参数均未知，两样本相互独立．问两个作家所写的小品文中包含由3个字母组成的单字的比例是否有显著的差异（取 $\alpha = 0.05$）？

（B）

1．填空题

（1）设总体 $X \sim N(\mu, \sigma^2)$，$X_1, X_2, \cdots, X_n$ 为其样本，当 σ^2 未知时，检验总体均值 $\mu = \mu_0$ 应用_____检验法，统计量_____服从_____分布．

（2）对正态总体检验原假设 $H_0: \mu > \mu_0$（μ_0 为已知常数），抽取一容量为 n 的样本，算得 $\bar{x} = a, s^2 = b^2$，显著性水平为 α，则当_____时拒绝原假设 H_0．

（3）假设检验中_____称为第一类错误，犯这类错误的概率等于_____．

（4）设 $X_1, X_2, \cdots, X_n$ 是来自正态总体 $N(\mu, \sigma^2)$ 的简单随机样本，其中参数 μ 和 σ^2 未知，记 $\bar{X} = \dfrac{1}{n}\sum_{i=1}^{n} X_i$，$Q^2 = \sum_{i=1}^{n}(X_i - \bar{X})^2$，则假设 $H_0: \mu = 0$ 的 t 检验使用统计量 $t =$ _____．

（5）设 $X_1, X_2, \cdots, X_n$ 是取自正态总体 $N(\mu, \sigma^2)$ 的样本，若 σ^2 已知，要检验 $H_0: \mu = \mu_0$；$H_1: \mu \neq \mu_0$（μ_0 为已知常数），用_____检验法，检验的统计量是_____，当 H_0 成立时，该检验统计量服从_____分布．

（6）设 $X_1, X_2, \cdots, X_n$ 是取自正态总体 $N(\mu, \sigma^2)$ 的样本，记 $\bar{X} = \dfrac{1}{n}\sum_{i=1}^{n} X_i$，$M^2 = \sum_{i=1}^{n}(X_i - \bar{X})^2$．当 μ 和 σ^2 未知时，则检验假设 $H_0: \mu = \mu_0 = 0$；$H_1: \mu \neq \mu_0$．所

用的统计量是_____，其拒绝域为_____．

（7）设两正态总体 $X \sim N\left(\mu_1, \sigma_1^2\right)$，$Y \sim N\left(\mu_2, \sigma_2^2\right)$，分别从两总体 X,Y 抽取容量分别为 n 和 m 的两个独立样本 $X_1, X_2, \cdots, X_n$ 和 $Y_1, Y_2, \cdots, Y_m$，则

a．如果 σ_1 和 σ_2 已知，要检验假设 H_0：$\mu_1 \geqslant \mu_2$，应取统计量_____，其拒绝域为_____．

b．如果 σ_1 和 σ_2 未知，但 $\sigma_1 = \sigma_2$，则检验假设 H_0：$\mu_1 \geqslant \mu_2$，应选统计量_____，其拒绝域为_____．

（8）设总体 $X \sim N\left(\mu, \sigma^2\right)$，使用 χ^2 检验法，且给定显著性水平 α，若拒绝域为 $\left(0, \chi_{1-\frac{\alpha}{2}}^2(n-1)\right) \bigcup \left[\chi_{\frac{\alpha}{2}}^2(n-1), +\infty\right)$，则相应的假设检验 H_0：_____；H_1：_____．若拒绝域为 $\left(\chi_\alpha^2(n-1), +\infty\right)$，则相应的假设检验 H_0：_____；H_1：_____．

（9）设两正态总体 $X \sim N\left(\mu_1, \sigma_1^2\right)$，$Y \sim N\left(\mu_2, \sigma_2^2\right)$，从两总体 X,Y 抽取容量分别为 n 和 m 的两个独立样本 $X_1, X_2, \cdots, X_n$ 和 $Y_1, Y_2, \cdots, Y_m$；若 μ_1, μ_2 未知，检验假设 H_0：$\sigma_1^2 = \sigma_2^2$；H_1：$\sigma_1^2 \neq \sigma_2^2$，则应由样本值计算统计量_____的值，统计量服从_____分布，将其值与分布临界值_____和_____作比较，作出判断，当其值属于_____范围时接受 H_0．

（10）F 检验法可用于检验两个相互独立的正态分布的_____是否有显著性差异．

（11）在非参数假设检验中，欲检验假设 H_0：$F(x) = F_0(x;\theta)$（θ 未知），$F_0(x;\theta)$ 为已知分布，可用_____检验，检验的统计量为_____，对于未知参数 θ 应用_____估计．

（12）在使用 χ^2 检验法进行列联表检验所使用的自由度为_____．

（13）列联表检验是通过_____，而不是通过相对频数的比较进行的．

（14）_____是研究者想收集证据予以反对的假设．

（15）若一个事件发生的概率很小，就称其为_____．

（16）假设检验中确定的显著性水平 α 越小，原假设为真而被拒绝的概率就_____．

（17）某种产品以往的废品率为 5%，采用某种技术革新措施后，对产品的样本进行检验，这种产品的废品率是否有所不同，显著性水平 α 取 0.01，则此问题的假设检验 H_0：_____；H_1：_____，犯第一类错误的概率为_____．

（18）在假设检验问题中，原假设为 H_0，备择假设为 H_1，拒绝域为 W，取得的样本值为 $(x_1, x_2, \cdots, x_n)$，则假设检验的第一类错误的概率 $\alpha = $ _____，$\beta = $ _____．

（19）对于正态总体均值的假设检验，σ 已知，如果假设检验问题为 H_0：$\mu \leqslant \mu_0$；H_1：$\mu > \mu_0$，则拒绝域为_____，此时称为_____检验.

（20）设总体 $X \sim N(\mu, \sigma^2)$，而 $X_1, X_2, \cdots, X_n$ 为来自总体 X 的样本；若 μ 未知，则检验假设 H_0：$\sigma^2 = \sigma_0^2$；H_1：$\sigma^2 \neq \sigma_0^2$ 的统计量是_____，当 H_0 成立时，服从_____分布.

2. 选择题

（1）假设检验的基本思想可以用（　　）来解释.

A. 中心极限定理　　　　　　B. 置信区间
C. 小概率事件　　　　　　　D. 正态分布的性质

（2）在假设检验中，原假设 H_0，备择假设 H_1，则称（　　）为犯第二类错误.

A. H_0 为真，接受 H_1　　　　B. H_0 为真，拒绝 H_1
C. H_0 不真，接受 H_0　　　　D. H_0 不真，拒绝 H_0

（3）机床厂某日从两台机器所加工的同一种零件中分别抽取 $n_1=20$，$n_2=25$ 的两个样本，检验两台机床的加工精度是否相同，则提出假设（　　）.

A. H_0：$\mu_1 = \mu_2$；H_1：$\mu_1 \neq \mu_2$　　B. H_0：$\sigma_1^2 = \sigma_2^2$；H_1：$\sigma_1^2 \neq \sigma_2^2$
C. H_0：$\mu_1 \leqslant \mu_2$；H_1：$\mu_1 > \mu_2$　　D. H_0：$\sigma_1^2 \leqslant \sigma_2^2$；$H_1$：$\sigma_1^2 > \sigma_2^2$

（4）对正态总体的数学期望 μ 进行假设检验，如果在显著水平 0.05 下接受 H_0：$\mu = \mu_0$，那么在显著水平 0.01 下，下列结论正确的是（　　）.

A. 必接受 H_0　　　　　　　B. 可能接受 H_0，也可能拒绝 H_0
C. 必拒绝 H_0　　　　　　　D. 不接受，也不拒绝

（5）$X \sim N(\mu, \sigma^2)$，σ^2 未知，假设检验 H_0：$\mu \geqslant \mu_0$；H_1：$\mu < \mu_0$ 的拒绝域为（　　）.

A. $t \leqslant -t_\alpha(n-1)$　B. $t \geqslant -t_\alpha(n-1)$　C. $|t| \leqslant t_\alpha(n-1)$　D. $t \geqslant -t_{\frac{\alpha}{2}}(n-1)$

（6）设某种药品中有效成分的含量服从正态分布 $N(\mu, \sigma^2)$，原工艺生产的产品中有效成分的平均含量为 μ_0，现在检验新工艺是否真的提高了有效成分的含量，要求当新工艺没有提高有效成分的含量，误认为新工艺提高了有效成分的含量的概率不超过 5%，那么应取原假设 H_0 及检验显著性水平 α 是（　　）.

A. H_0：$\mu \leqslant \mu_0$，$\alpha = 0.01$　　B. H_0：$\mu \geqslant \mu_0$，$\alpha = 0.05$
C. H_0：$\mu \leqslant \mu_0$，$\alpha = 0.05$　　D. H_0：$\mu \geqslant \mu_0$，$\alpha = 0.01$

（7）对正态总体 $N(\mu, \sigma^2)$ 的假设检验问题（σ^2 未知），H_0：$\mu \geqslant \mu_0 = 1$，若显著性水平 $\alpha = 0.05$，则当（　　）成立时，拒绝 H_0.

A. $\left|\bar{x}-1\right|>z_{0.05}$ B. $\bar{x}<1+t_{0.05}(n-1)\dfrac{s}{\sqrt{n}}$

C. $\left|\bar{x}-1\right|>t_{0.025}(n-1)$ D. $\bar{x}<1-t_{0.05}(n-1)\dfrac{s}{\sqrt{n}}$

（8）总体 $X_1 \sim N\left(\mu_1,\sigma_1^2\right)$，$X_2 \sim N\left(\mu_2,\sigma_2^2\right)$，其中 σ_1^2 和 σ_2^2 已知，假设检验问题 H_0：$\mu_1 \geqslant \mu_2$；H_1：$\mu_1 < \mu_2$ 的拒绝域为（   ）.

A. $z \leqslant z_\alpha$ B. $z \geqslant -z_\alpha$ C. $z \leqslant -z_\alpha$ D. $z \geqslant z_\alpha$

（9）自动包装机包装的盐每袋质量服从正态分布，规定每袋质量的方差不超过 σ_0^2，为了检查自动包装机的工作是否正常，对它生产的产品进行抽样检验，检验假设为 H_0：$\sigma^2 \leqslant \sigma_0^2$；$H_1$：$\sigma^2 \geqslant \sigma_0^2$，$\alpha = 0.05$，则下列命题中正确的是（   ）.

A. 如果生产正常，则检验结果也认为正常的概率为 0.95

B. 如果生产不正常，则检验结果也认为生产不正常的概率为 0.95

C. 如果检验的结果认为生产正常，则生产确实正常的概率等于 0.95

D. 如果检验的结果认为生产不正常，则生产确实不正常的概率等于 0.95

（10）设总体 $X \sim N\left(\mu_1,\sigma_1^2\right)$，$Y \sim N\left(\mu_2,\sigma_2^2\right)$. 检验假设 H_0：$\sigma_1^2 = \sigma_2^2$；H_1：$\sigma_1^2 \neq \sigma_2^2$，$\alpha = 0.10$. 从 X 中抽取容量为 $n_1=12$ 的样本，从 Y 中抽取 $n_2=10$ 的样本，算得 $s_1^2 =118, s_2^2 = 31.93$，正确的检验方法和结论是（   ）.

A. 用 t 检验法，临界值 $t_{0.05}(20) = 1.72$，拒绝 H_0

B. 用 F 检验法，临界值 $F_{0.05}(11,9) = 3.10, F_{0.95}(11,9) = 0.34$，拒绝 H_0

C. 用 F 检验法，临界值 $F_{0.01}(11,9) = 5.18, F_{0.99}(11,9) = 0.21$，拒绝 H_0

D. 用 F 检验法，临界值 $F_{0.95}(11,9) = 0.34, F_{0.05}(11,9) = 3.10$，拒绝 H_0

（11）在假设检验中，显著性水平 α 表示（   ）.

A. $P\{$接受$H_0|H_0$为假$\}$ B. $P\{$拒绝$H_0|H_0$为真$\}$

C. 置信水平为 α D. 无具体意义

（12）在假设检验中，原假设和备择假设（   ）.

A. 都有可能成立

B. 都有可能不成立

C. 只有一个成立而且必有一个成立

D. 原假设一定成立，备择假设不一定成立

（13）一种零件的标准长度为 5cm，要检验某天生产的零件是否符合标准要求，建立的原假设和备择假设为（   ）.

A. H_0：$\mu = 5$；H_1：$\mu \neq 5$ B. H_0：$\mu \neq 5$；H_1：$\mu > 5$

C. H_0：$\mu \leqslant 5$；H_1：$\mu > 5$ D. H_0：$\mu \geqslant 5$；H_1：$\mu < 5$

（14）考察假设检验问题 H_0：$\mu = \mu_0$；H_1：$\mu \neq \mu_0$. 抽出一个样本，其均值 $\bar{x} = \mu_0$，则（   ）.

A．肯定接受原假设   B．有可能接受原假设

C．肯定拒绝原假设   D．有可能拒绝原假设

（15）考察假设检验问题 H_0：$\mu \leqslant \mu_0$；H_1：$\mu > \mu_0$．抽出一个样本，其均值 $\bar{x} < \mu_0$，则（   ）．

A．肯定拒绝原假设   B．有可能拒绝原假设

C．肯定接受原假设   D．有可能接受原假设

（16）一批零件的直径 $X \sim N(\mu, \sigma^2)$，若从总体中随机抽取 100 个，测得零件的直径平均值 $\bar{x} = 5.2\text{cm}$，若 σ^2 已知，假设检验 H_0：$\mu = 5$；H_1：$\mu \neq 5$，则在显著性水平 α 下，当下列（   ）成立时，拒绝 H_0．

A．$|z| \geqslant z_{\frac{\alpha}{2}}$ B．$|t| \geqslant t_{\frac{\alpha}{2}}(99)$

C．$|z| \geqslant z_{\alpha}$ D．$|t| \geqslant t_{\frac{\alpha}{2}}(100)$

附表 A　　　　　　几种常用的概率分布

分布	参　　数	分布律或概率密度	数学期望	方　差
(0-1) 分布	$0 < p < 1$	$P\{X = k\} = p^k(1-p)^{1-k}$ $k = 0, 1$	p	$p(1-p)$
二项分布	$n \geqslant 1$ $0 < p < 1$	$P\{X = k\} = C_n^k p^k (1-p)^{n-k}$ $k = 0, 1, 2, \cdots, n$	np	$np(1-p)$
几何分布	$0 < p < 1$	$P\{X = k\} = p(1-p)^{k-1}$ $k = 1, 2 \cdots$	$\dfrac{1}{p}$	$\dfrac{1-p}{p^2}$
超几何分布	N, M, n $(n \leqslant M)$	$P\{X = k\} = \dfrac{C_M^k C_{N-M}^{n-k}}{C_N^n} \quad k = 0, 1, \cdots, n$	$\dfrac{nM}{N}$	$\dfrac{nM}{N}\left(1 - \dfrac{M}{N}\right)\left(\dfrac{N-n}{N-1}\right)$
泊松分布	$\lambda > 0$	$P\{X = k\} = \dfrac{\lambda^k e^{-\lambda}}{k!}$ $k = 0, 1, \cdots$	λ	λ
均匀分布	$a < b$	$f(x) = \begin{cases} \dfrac{1}{b-a}, & a < x < b \\ 0, & \text{其他} \end{cases}$	$\dfrac{a+b}{2}$	$\dfrac{(b-a)^2}{12}$
正态分布	μ 任意 $\sigma > 0$	$f(x) = \dfrac{1}{\sqrt{2\pi}\sigma} e^{-\frac{(x-\mu)^2}{2\sigma^2}}$	μ	σ^2
χ^2 分布	$n \geqslant 1$	$f(x) = \begin{cases} \dfrac{1}{2^{\frac{n}{2}}\Gamma\left(\dfrac{n}{2}\right)} x^{\frac{n}{2}-1} e^{\frac{-x}{2}}, & x > 0 \\[2mm] 0, & \text{其他} \end{cases}$	n	$2n$

分布	参 数	分布律或概率密度	数学期望	方 差
瑞利分布	$\sigma > 0$	$f(x) = \begin{cases} \dfrac{1}{\sigma^2}\mathrm{e}^{-x^2/(2\sigma^2)}, & x > 0 \\ 0, & \text{其他} \end{cases}$	$\sqrt{\dfrac{\pi}{2}}\,\sigma$	$\dfrac{4-\pi}{2}\sigma^2$
t 分布	$n \geqslant 1$	$f(x) = \dfrac{\Gamma\left(\dfrac{n+1}{2}\right)}{\sqrt{n\pi}\,\Gamma\left(\dfrac{n}{2}\right)}\left(1+\dfrac{x^2}{n}\right)^{-\frac{n+1}{2}}$	0	$\dfrac{n}{n-2}, n > 2$
F 分布	n_1, n_2	$f(x) = \begin{cases} \dfrac{\Gamma\left(\dfrac{n_1+n_2}{2}\right)}{\Gamma\left(\dfrac{n_1}{2}\right)\Gamma\left(\dfrac{n_2}{2}\right)}\left(\dfrac{n_1}{n_2}\right)^{\frac{n_1}{2}}x^{\frac{n_1}{2}-1} \\ \quad \cdot\left(1+\dfrac{n_1}{n_2}x\right)^{-\frac{n_1+n_2}{2}}, & x > 0 \\ 0, & \text{其他} \end{cases}$	$\dfrac{n_2}{n_2-2}$ $n_2 > 2$	$\dfrac{2n_2^{\,2}(n_1+n_2-2)}{n(n_2-2)^2(n_2-4)}$ $n_2 > 4$

附表 B 标准正态分布表

$$\Phi(x) = \int_{-\infty}^{x} \frac{1}{\sqrt{2\pi}} e^{-\frac{u^2}{2}} du = P(X \leqslant x)$$

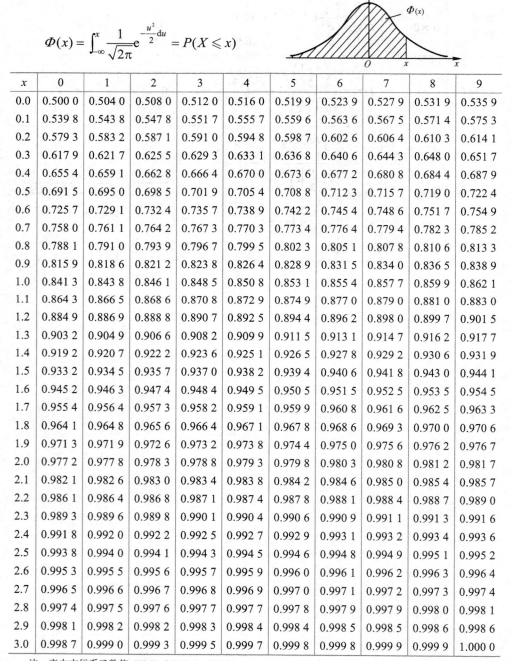

x	0	1	2	3	4	5	6	7	8	9
0.0	0.500 0	0.504 0	0.508 0	0.512 0	0.516 0	0.519 9	0.523 9	0.527 9	0.531 9	0.535 9
0.1	0.539 8	0.543 8	0.547 8	0.551 7	0.555 7	0.559 6	0.563 6	0.567 5	0.571 4	0.575 3
0.2	0.579 3	0.583 2	0.587 1	0.591 0	0.594 8	0.598 7	0.602 6	0.606 4	0.610 3	0.614 1
0.3	0.617 9	0.621 7	0.625 5	0.629 3	0.633 1	0.636 8	0.640 6	0.644 3	0.648 0	0.651 7
0.4	0.655 4	0.659 1	0.662 8	0.666 4	0.670 0	0.673 6	0.677 2	0.680 8	0.684 4	0.687 9
0.5	0.691 5	0.695 0	0.698 5	0.701 9	0.705 4	0.708 8	0.712 3	0.715 7	0.719 0	0.722 4
0.6	0.725 7	0.729 1	0.732 4	0.735 7	0.738 9	0.742 2	0.745 4	0.748 6	0.751 7	0.754 9
0.7	0.758 0	0.761 1	0.764 2	0.767 3	0.770 3	0.773 4	0.776 4	0.779 4	0.782 3	0.785 2
0.8	0.788 1	0.791 0	0.793 9	0.796 7	0.799 5	0.802 3	0.805 1	0.807 8	0.810 6	0.813 3
0.9	0.815 9	0.818 6	0.821 2	0.823 8	0.826 4	0.828 9	0.831 5	0.834 0	0.836 5	0.838 9
1.0	0.841 3	0.843 8	0.846 1	0.848 5	0.850 8	0.853 1	0.855 4	0.857 7	0.859 9	0.862 1
1.1	0.864 3	0.866 5	0.868 6	0.870 8	0.872 9	0.874 9	0.877 0	0.879 0	0.881 0	0.883 0
1.2	0.884 9	0.886 9	0.888 8	0.890 7	0.892 5	0.894 4	0.896 2	0.898 0	0.899 7	0.901 5
1.3	0.903 2	0.904 9	0.906 6	0.908 2	0.909 9	0.911 5	0.913 1	0.914 7	0.916 2	0.917 7
1.4	0.919 2	0.920 7	0.922 2	0.923 6	0.925 1	0.926 5	0.927 8	0.929 2	0.930 6	0.931 9
1.5	0.933 2	0.934 5	0.935 7	0.937 0	0.938 2	0.939 4	0.940 6	0.941 8	0.943 0	0.944 1
1.6	0.945 2	0.946 3	0.947 4	0.948 4	0.949 5	0.950 5	0.951 5	0.952 5	0.953 5	0.954 5
1.7	0.955 4	0.956 4	0.957 3	0.958 2	0.959 1	0.959 9	0.960 8	0.961 6	0.962 5	0.963 3
1.8	0.964 1	0.964 8	0.965 6	0.966 4	0.967 1	0.967 8	0.968 6	0.969 3	0.970 0	0.970 6
1.9	0.971 3	0.971 9	0.972 6	0.973 2	0.973 8	0.974 4	0.975 0	0.975 6	0.976 2	0.976 7
2.0	0.977 2	0.977 8	0.978 3	0.978 8	0.979 3	0.979 8	0.980 3	0.980 8	0.981 2	0.981 7
2.1	0.982 1	0.982 6	0.983 0	0.983 4	0.983 8	0.984 2	0.984 6	0.985 0	0.985 4	0.985 7
2.2	0.986 1	0.986 4	0.986 8	0.987 1	0.987 4	0.987 8	0.988 1	0.988 4	0.988 7	0.989 0
2.3	0.989 3	0.989 6	0.989 8	0.990 1	0.990 4	0.990 6	0.990 9	0.991 1	0.991 3	0.991 6
2.4	0.991 8	0.992 0	0.992 2	0.992 5	0.992 7	0.992 9	0.993 1	0.993 2	0.993 4	0.993 6
2.5	0.993 8	0.994 0	0.994 1	0.994 3	0.994 5	0.994 6	0.994 8	0.994 9	0.995 1	0.995 2
2.6	0.995 3	0.995 5	0.995 6	0.995 7	0.995 9	0.996 0	0.996 1	0.996 2	0.996 3	0.996 4
2.7	0.996 5	0.996 6	0.996 7	0.996 8	0.996 9	0.997 0	0.997 1	0.997 2	0.997 3	0.997 4
2.8	0.997 4	0.997 5	0.997 6	0.997 7	0.997 7	0.997 8	0.997 9	0.997 9	0.998 0	0.998 1
2.9	0.998 1	0.998 2	0.998 2	0.998 3	0.998 4	0.998 4	0.998 5	0.998 5	0.998 6	0.998 6
3.0	0.998 7	0.999 0	0.999 3	0.999 5	0.999 7	0.999 8	0.999 8	0.999 9	0.999 9	1.000 0

注：表中末行系函数值 $\Phi(3.0), \Phi(3.1), \cdots, \Phi(3.9)$.

附表 C　　　　　　　　泊松分布表

$$1 - F(x-1) = \sum_{k=x}^{\infty} \frac{\lambda^k}{k!} e^{-\lambda}$$

x	$\lambda = 0.2$	$\lambda = 0.3$	$\lambda = 0.4$	$\lambda = 0.5$	$\lambda = 0.6$
0	1.000 000 0	1.000 000 0	1.000 000 0	1.000 000 0	1.000 000 0
1	0.181 269 2	0.259 181 8	0.329 680 0	0.323 469	0.451 188
2	0.017 523 1	0.036 936 3	0.061 551 9	0.090 204	0.121 901
3	0.001 148 5	0.003 599 5	0.007 926 3	0.014 388	0.023 115
4	0.000 056 8	0.000 265 8	0.000 776 3	0.001 752	0.003 358
5	0.000 002 3	0.000 015 8	0.000 061 2	0.000 172	0.000 394
6	0.000 000 1	0.000 000 8	0.000 004 0	0.000 014	0.000 039
7			0.000 000 2	0.000 001	0.000 003

x	$\lambda = 0.7$	$\lambda = 0.8$	$\lambda = 0.9$	$\lambda = 1.0$	$\lambda = 1.2$
0	1.000 000 0	1.000 000 0	1.000 000 0	1.000 000 0	1.000 000 0
1	0.503 415	0.550 671	0.632 121	0.632 121	0.698 806
2	0.155 805	0.191 208	0.264 241	0.264 241	0.337 373
3	0.034 142	0.047 423	0.080 301	0.080 301	0.120 513
4	0.005 753	0.009 080	0.013 459	0.018 988	0.033 769
5	0.000 786	0.001 411	0.002 344	0.003 660	0.007 746
6	0.000 090	0.000 184	0.000 343	0.000 594	0.001 500
7	0.000 009	0.000 021	0.000 043	0.000 083	0.000 251
8	0.000 001	0.000 005	0.000 005	0.000 010	0.000 037
9				0.000 001	0.000 005
10					0.000 001

x	$\lambda = 1.4$	$\lambda = 1.6$	$\lambda = 1.8$		
0	1.000 000	1.000 000	1.000 000		
1	0.753 403	0.798 103	0.834 701		
2	0.408 167	0.475 069	0.537 163		
3	0.166 502	0.216 642	0.269 379		
4	0.053 725	0.078 813	0.108 708		
5	0.014 253	0.023 682	0.036 407		
6	0.003 201	0.006 040	0.010 378		
7	0.000 622	0.001 336	0.002 569		
8	0.000 107	0.000 260	0.000 562		
9	0.000 016	0.000 045	0.000 110		
10	0.000 002	0.000 007	0.000 019		
11		0.000 001	0.000 003		

续表

x	$\lambda = 2.5$	$\lambda = 3.0$	$\lambda = 3.5$	$\lambda = 4.0$	$\lambda = 4.5$	$\lambda = 5.0$
0	1.000 000	1.000 000	1.000 000	1.000 000	1.000 000	1.000 000
1	0.917 915	0.950 213	0.969 803	0.981 684	0.988 891	0.993 262
2	0.712 703	0.800 852	0.864 112	0.908 422	0.938 901	0.959 572
3	0.456 187	0.576 810	0.679 153	0.761 867	0.826 422	0.875 348
4	0.242 424	0.352 768	0.463 367	0.566 530	0.657 704	0.734 974
5	0.108 822	0.184 737	0.274 555	0.271 163	0.467 896	0.559 507
6	0.042 021	0.083 918	0.142 386	0.214 870	0.297 070	0.384 039
7	0.014 187	0.033 509	0.065 288	0.110 674	0.168 949	0.237 817
8	0.004 247	0.011 905	0.026 739	0.051 134	0.086 586	0.133 372
9	0.001 140	0.003 803	0.009 874	0.021 363	0.040 257	0.068 094
10	0.000 277	0.001 102	0.003 315	0.008 132	0.017 093	0.031 828
11	0.000 062	0.000 292	0.001 019	0.002 840	0.006 669	0.013 695
12	0.000 013	0.000 071	0.000 289	0.000 915	0.002 404	0.005 453
13	0.000 02	0.000 016	0.000 076	0.000 274	0.000 805	0.002 019
14		0.000 003	0.000 019	0.000 076	0.000 252	0.000 698
15		0.000 001	0.000 004	0.000 020	0.000 074	0.000 226
16			0.000 001	0.000 005	0.000 020	0.000 069
17				0.000 001	0.000 005	0.000 020
18					0.000 001	0.000 05
19						0.000 001

附表 D   t 分布表

$$P\{t(n) > t_\alpha(n)\} = \alpha$$

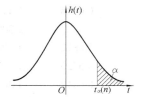

n	α=0.25	0.10	0.05	0.025	0.01	0.005
1	1.0000	3.0777	6.3138	12.7062	31.8207	63.6574
2	0.8165	1.8856	2.9200	4.3027	6.9646	9.9248
3	0.7649	1.6377	2.3534	3.1824	4.5407	5.8409
4	0.7407	1.5332	2.1318	2.7764	3.7469	4.6041
5	0.7267	1.4759	2.0150	2.5706	3.3649	4.0322
6	0.7176	1.4398	1.9432	2.4469	3.1427	3.7074
7	0.7111	1.4149	1.8946	2.3646	2.9980	3.4995
8	0.7064	1.3968	1.8595	2.3060	2.8965	3.3554
9	0.7027	1.3830	1.8331	2.2622	2.8214	3.2498
10	0.6998	1.3722	1.8125	2.2281	2.7638	3.1693
11	0.6974	1.3634	1.7959	2.2010	2.7181	3.1058
12	0.6955	1.3562	1.7823	2.1788	2.6810	3.0545
13	0.6938	1.3502	1.7709	2.1604	2.6503	3.0123
14	0.6924	1.3450	1.7613	2.1448	2.6245	2.9768
15	0.6912	1.3406	1.7531	2.1315	2.6025	2.9467
16	0.6901	1.3368	1.7459	2.1199	2.5835	2.9208
17	0.6892	1.3334	1.7396	2.1098	2.5669	2.8982
18	0.6884	1.3304	1.7341	2.1009	2.5524	2.8784
19	0.6876	1.3277	1.7291	2.0930	2.5395	2.8609
20	0.6870	1.3253	1.7247	2.0860	2.5280	2.8453
21	0.6864	1.3232	1.7207	2.0796	2.5177	2.8314
22	0.6858	1.3212	1.7171	2.0739	2.5083	2.8188
23	0.6853	1.3195	1.7139	2.0687	2.4999	2.8073
24	0.6848	1.3178	1.7109	2.0639	2.4922	2.7969
25	0.6844	1.3163	1.7081	2.0595	2.4851	2.7874
26	0.6840	1.3150	1.7056	2.0555	2.4786	2.7787
27	0.6837	1.3137	1.7033	2.0518	2.4727	2.7707
28	0.6834	1.3125	1.7011	2.0484	2.4671	2.7633
29	0.6830	1.3114	1.6991	2.0452	2.4620	2.7564

续表

n	$\alpha=0.25$	0.10	0.05	0.025	0.01	0.005
30	0.6828	1.3104	1.6973	2.0423	2.4573	2.7500
31	0.6825	1.3095	1.6955	2.0395	2.4528	2.7440
32	0.6822	1.3086	1.6939	2.0369	2.4487	2.7385
33	0.6820	1.3077	1.6924	2.0345	2.4448	2.7333
34	0.6818	1.3070	1.6909	2.0322	2.4411	2.7284
35	0.6816	1.3062	1.6896	2.0301	2.4377	2.7238
36	0.6814	1.3055	1.6883	2.0281	2.4345	2.7195
37	0.6812	1.3049	1.6871	2.0262	2.4314	2.7154
38	0.6810	1.3042	1.6860	2.0244	2.4286	2.7116
39	0.6808	1.3036	1.6849	2.0227	2.4258	2.7079
40	0.6807	1.3031	1.6839	2.0211	2.4233	2.7045
41	0.6805	1.3025	1.6829	2.0195	2.4208	2.7012
42	0.6804	1.3020	1.6820	2.0181	2.4185	2.6981
43	0.6802	1.3016	1.6811	2.0167	2.4163	2.6951
44	0.6801	1.3011	1.6802	2.0154	2.4141	2.6923
45	0.6800	1.3006	1.6794	2.0141	2.4121	2.6896

附表 E χ^2 **分布表**

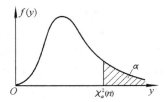

$$P\left\{\chi^2(n) > x_\alpha^2(n)\right\} = \alpha$$

n	$\alpha = 0.995$	0.99	0.975	0.95	0.9	0.75
1	−	−	0.001	0.004	0.016	0.102
2	0.010	0.020	0.051	0.103	0.211	0.575
3	0.072	0.115	0.216	0.352	0.584	1.213
4	0.207	0.297	0.484	0.711	1.064	1.923
5	0.412	0.554	0.831	1.145	1.610	2.675
6	0.676	0.872	1.237	1.635	2.204	3.455
7	0.989	1.239	1.690	2.167	2.833	4.255
8	1.344	1.646	2.180	2.733	3.490	5.071
9	1.735	2.088	2.700	3.325	4.168	5.899
10	2.156	2.558	3.247	3.940	4.865	6.737
11	2.603	3.053	3.816	4.575	5.578	7.584
12	3.074	3.571	4.404	5.223	6.034	8.438
13	3.565	4.107	5.009	5.892	7.042	9.299
14	4.075	4.660	5.629	6.571	7.790	10.165
15	4.601	5.229	6.262	7.261	8.547	11.374
16	5.142	5.812	6.908	7.962	9.312	11.912
17	5.697	6.408	7.564	8.672	10.085	12.792
18	6.265	7.015	8.231	9.390	10.865	13.675
19	6.844	7.633	8.907	10.117	11.651	14.562
20	7.434	8.260	9.591	10.851	12.443	15.425
21	8.034	8.897	10.283	11.591	13.240	16.344
22	8.643	9.542	10.982	12.338	14.042	17.240
23	9.260	10.196	11.689	13.091	14.848	18.137
24	9.886	10.856	12.401	13.848	15.659	19.037
25	10.520	11.524	13.120	14.611	16.473	19.939
26	11.160	12.198	13.844	15.379	17.292	20.843
27	11.808	12.879	14.573	16.151	18.114	21.749
28	12.461	13.565	15.308	16.928	18.939	22.657
29	13.121	14.257	16.047	17.708	19.768	23.567
30	13.787	14.954	16.791	18.493	20.599	24.478

续表

n	$\alpha = 0.995$	0.99	0.975	0.95	0.9	0.75
31	14.458	15.655	17.539	19.281	21.434	25.290
32	15.134	16.362	18.291	20.072	22.271	26.304
33	15.518	17.074	19.047	20.867	23.110	27.219
34	16.501	17.789	19.806	21.664	23.952	28.136
35	17.192	18.509	20.569	22.465	24.797	29.054
36	17.887	19.233	21.336	23.269	25.643	29.973
37	18.586	19.960	22.106	24.075	26.492	30.893
38	19.289	20.691	22.878	24.884	27.343	31.815
39	19.996	21.426	23.654	25.695	28.196	32.737
40	20.707	22.164	24.433	26.509	29.051	33.660
41	21.421	22.906	25.215	27.326	29.907	34.585
42	22.138	23.650	25.999	28.144	30.765	35.510
43	22.859	24.398	26.785	28.965	31.625	36.436
44	23.584	25.148	27.575	29.787	32.487	37.363
45	24.311	25.901	28.366	30.612	33.350	38.291

n	$\alpha = 0.25$	0.10	0.05	0.025	0.01	0.005
1	1.323	2.706	3.841	5.024	6.635	7.879
2	2.773	4.605	5.991	7.378	9.210	10.597
3	4.108	6.251	7.815	9.348	11.345	12.838
4	5.385	7.779	9.488	11.143	13.277	14.860
5	6.626	9.236	11.071	12.833	15.086	16.750
6	7.841	10.645	12.592	14.449	16.812	18.548
7	9.037	12.017	14.067	16.013	18.475	20.278
8	10.219	13.362	15.507	17.535	20.090	21.955
9	11.389	14.684	16.919	19.023	21.666	23.589
10	12.549	15.987	18.307	20.483	23.209	25.188
11	13.701	17.275	19.675	21.920	24.720	26.757
12	14.845	18.549	21.026	23.337	26.217	28.299
13	15.984	19.812	22.362	24.736	27.688	29.819
14	17.117	21.064	23.685	26.119	29.141	31.319
15	18.245	22.307	24.996	27.488	30.578	32.801
16	19.367	23.542	26.296	28.845	32.000	34.267
17	20.489	24.769	27.587	30.191	33.409	35.718
18	21.605	25.989	28.869	31.526	34.805	37.156
19	22.718	27.204	30.144	32.852	36.191	38.582
20	23.828	28.412	31.410	34.170	37.566	39.997

n	$\alpha = 0.25$	0.10	0.05	0.025	0.01	0.005
21	24.935	29.615	32.671	35.479	38.932	41.401
22	26.039	30.813	33.924	36.781	40.289	42.796
23	27.141	32.007	35.172	38.076	41.638	44.181
24	28.241	33.960	36.415	39.364	42.980	45.559
25	29.339	34.382	37.652	40.646	44.314	46.928
26	30.435	35.563	38.885	41.923	45.642	48.290
27	31.528	36.741	40.113	43.194	46.963	49.645
28	32.620	37.916	41.337	44.461	48.278	50.993
29	33.711	39.087	42.557	45.722	49.588	52.336
30	34.800	40.256	43.773	46.979	50.892	53.672
31	35.887	41.422	44.985	48.232	52.191	55.003
32	36.973	42.585	46.194	49.480	53.486	56.328
33	38.058	43.745	47.400	50.725	54.776	57.648
34	39.141	44.903	48.602	51.966	56.061	58.964
35	40.223	46.059	49.802	53.203	57.342	60.275
36	41.034	47.212	50.998	54.437	58.619	61.581
37	42.383	48.363	52.192	55.668	59.892	62.883
38	43.462	49.513	53.384	56.896	61.162	64.181
39	44.539	50.660	54.572	58.120	62.428	65.476
40	45.616	51.805	55.758	59.342	63.691	66.766
41	46.692	52.949	56.942	60.561	64.950	68.053
42	47.766	54.090	58.124	61.777	66.206	69.336
43	48.840	55.230	59.304	62.990	67.459	70.616
44	49.913	56.369	60.481	64.201	68.710	71.893
45	50.985	57.505	61.656	65.410	69.957	73.166

附表 F F 分布表

$$P\{F(n_1,n_2) > F_\alpha(n_1,n_2)\} = \alpha$$

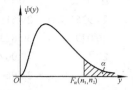

$$\alpha = 0.10$$

n_1 n_2	1	2	3	4	5	6	7	8	9
1	39.86	49.50	53.59	55.83	57.24	58.20	58.91	59.44	59.86
2	8.53	9.00	9.16	9.24	9.29	9.33	9.35	9.37	9.38
3	5.54	5.46	5.39	5.34	5.31	5.28	5.27	5.25	5.24
4	4.54	4.32	4.19	4.11	4.05	4.01	3.98	3.95	3.94
5	4.06	3.78	3.62	3.52	3.45	3.40	3.37	3.34	3.32
6	3.78	3.46	3.29	3.18	3.11	3.05	3.01	2.98	2.96
7	3.59	3.26	3.07	2.96	2.88	2.83	2.78	2.75	2.72
8	3.46	3.11	2.92	2.81	2.73	2.67	2.62	2.59	2.56
9	3.36	3.01	2.81	2.69	2.61	2.55	2.51	2.47	2.44
10	3.29	2.92	2.73	2.61	2.52	2.46	2.41	2.38	2.35
11	3.23	2.86	2.66	2.54	2.45	2.39	2.34	2.30	2.27
12	3.18	2.81	2.61	2.48	2.39	2.33	2.28	2.24	2.21
13	3.14	2.76	2.56	2.43	2.35	2.28	2.23	2.20	2.16
14	3.10	2.73	2.52	2.39	2.31	2.24	2.19	2.15	2.12
15	3.07	2.70	2.49	2.36	2.27	2.21	2.16	2.16	2.09
16	3.05	2.67	2.46	2.33	2.24	2.18	2.13	2.13	2.06
17	3.03	2.64	2.44	2.31	2.22	2.15	2.10	2.10	2.03
18	3.01	2.62	2.42	2.29	2.20	2.13	2.08	2.08	2.00
19	2.99	2.61	2.40	2.27	2.18	2.11	2.06	2.06	1.98
20	2.97	2.59	2.38	2.25	2.16	2.09	2.04	2.00	1.96
21	2.96	2.57	2.36	2.23	2.14	2.08	2.02	1.98	1.95
22	2.95	2.56	2.35	2.22	2.13	2.06	2.01	1.97	1.93
23	2.94	2.55	2.34	2.21	2.11	2.05	1.99	1.95	1.92
24	2.93	2.54	2.33	2.19	2.10	2.04	1.98	1.94	1.91
25	2.92	2.53	2.32	2.18	2.09	2.02	1.97	1.93	1.89
26	2.91	2.52	2.31	2.17	2.08	2.01	1.96	1.92	1.88
27	2.90	2.51	2.30	2.17	2.07	2.00	1.95	1.91	1.87
28	2.89	2.50	2.29	2.16	2.06	2.00	1.94	1.90	1.87
29	2.89	2.50	2.28	2.15	2.06	1.99	1.93	1.89	1.86
30	2.88	2.49	2.28	2.14	2.05	1.98	1.93	1.88	1.85
40	2.84	2.44	2.23	2.09	2.00	1.93	1.87	1.83	1.79
60	2.79	2.39	2.18	2.04	1.95	1.87	1.82	1.77	1.74
120	2.75	2.35	2.13	1.99	1.90	1.82	1.77	1.72	1.68
∞	2.71	2.30	2.08	1.94	1.85	1.77	1.72	1.67	1.63

续表

$\alpha = 0.10$

n_1 / n_2	10	12	15	20	24	30	40	60	120	∞
1	60.19	60.71	61.22	61.74	62.00	62.26	62.53	62.79	63.06	63.33
2	9.39	9.41	9.42	9.44	9.45	9.46	9.47	9.47	9.48	9.49
3	5.23	5.22	5.20	5.18	5.18	5.17	5.16	5.15	5.14	5.13
4	3.92	3.90	3.87	3.84	3.83	3.82	3.80	3.79	3.78	4.76
5	3.30	3.27	3.24	3.21	3.19	3.17	3.16	3.14	3.12	3.10
6	2.94	2.90	2.87	2.84	2.82	2.80	2.78	2.76	2.74	2.72
7	2.70	2.67	2.63	2.59	2.58	2.56	2.54	2.51	2.49	2.47
8	2.54	2.50	2.46	2.42	2.40	2.38	2.36	2.34	2.32	2.29
9	2.42	2.38	2.34	2.30	2.28	2.25	2.23	2.21	2.18	2.16
10	2.32	2.28	2.24	2.20	2.18	2.16	2.13	2.11	2.08	2.06
11	2.25	2.21	2.17	2.12	2.10	2.08	2.05	2.03	2.00	1.97
12	2.19	2.15	2.10	2.06	2.04	2.01	1.99	1.96	1.93	1.90
13	2.14	2.10	2.05	2.01	1.98	1.96	1.93	1.90	1.88	1.85
14	2.10	2.05	2.01	1.96	1.94	1.91	1.89	1.86	1.83	1.80
15	2.06	2.02	1.97	1.92	1.90	1.87	1.85	1.82	1.79	1.76
16	2.03	1.99	1.94	1.89	1.87	1.84	1.81	1.78	1.75	1.72
17	2.00	1.96	1.91	1.86	1.84	1.81	1.78	1.75	1.72	1.69
18	1.98	1.93	1.89	1.84	1.81	1.78	1.75	1.72	1.69	1.66
19	1.96	1.91	1.86	1.81	1.79	1.76	1.73	1.70	1.67	1.63
20	1.94	1.89	1.84	1.79	1.77	1.74	1.71	1.68	1.64	1.61
21	1.92	1.87	1.83	1.78	1.75	1.72	1.69	1.66	1.62	1.59
22	1.90	1.86	1.81	1.76	1.73	1.70	1.67	1.64	1.60	1.57
23	1.89	1.84	1.80	1.74	1.72	1.69	1.66	1.62	1.59	1.55
24	1.88	1.83	1.78	1.73	1.70	1.67	1.64	1.61	1.57	1.53
25	1.87	1.82	1.77	1.72	1.69	1.66	1.63	1.59	1.56	1.52
26	1.86	1.81	1.76	1.71	1.68	1.65	1.61	1.58	1.54	1.50
27	1.85	1.80	1.75	1.70	1.67	1.64	1.60	1.57	1.53	1.49
28	1.84	1.79	1.74	1.69	1.66	1.63	1.59	1.56	1.52	1.48
29	1.83	1.78	1.73	1.68	1.65	1.62	1.58	1.55	1.51	1.47
30	1.82	1.77	1.72	1.67	1.64	1.61	1.57	1.54	1.50	1.46
40	1.76	1.71	1.66	1.61	1.57	1.54	1.51	1.47	1.42	1.38
60	1.71	1.66	1.60	1.54	1.51	1.48	1.44	1.40	1.35	1.29
120	1.65	1.60	1.55	1.48	1.45	1.41	1.37	1.32	1.26	1.19
∞	1.60	1.55	1.49	1.42	1.38	1.34	1.30	1.24	1.17	1.00

$\alpha = 0.05$

n_2 \ n_1	1	2	3	4	5	6	7	8	9
1	161.4	199.5	215.7	224.6	230.2	234.0	236.8	238.9	240.5
2	18.51	19.00	19.16	19.25	19.30	19.33	19.35	19.37	19.38
3	10.13	9.55	9.28	9.12	9.01	8.94	8.89	8.85	8.81
4	7.71	6.94	6.59	6.39	6.26	6.16	6.09	6.04	6.00
5	6.61	5.79	5.41	5.19	5.05	4.95	4.88	4.82	4.77
6	5.99	5.14	4.76	4.53	4.39	4.28	4.21	4.15	4.10
7	5.59	4.74	4.35	4.12	3.97	3.87	3.79	3.73	3.68
8	5.32	4.46	4.07	3.84	3.69	3.58	3.50	3.44	3.39
9	5.12	4.26	3.86	3.63	3.48	3.37	3.29	3.23	3.18
10	4.96	4.10	3.71	3.48	3.33	3.22	3.14	3.07	3.02
11	4.84	3.98	3.59	3.36	3.20	3.09	3.01	2.95	2.90
12	4.75	3.89	3.49	3.26	3.11	3.00	2.91	2.85	2.80
13	4.67	3.81	3.41	3.18	3.03	2.92	2.83	2.77	2.71
14	4.60	3.74	3.34	3.11	2.96	2.85	2.76	2.70	2.65
15	4.54	3.68	3.29	3.06	2.90	2.79	2.71	2.64	2.59
16	4.49	3.63	3.24	3.01	2.85	2.74	2.66	2.59	2.54
17	4.45	3.59	3.20	2.96	2.81	2.70	2.61	2.55	2.49
18	4.41	3.55	3.16	2.93	2.77	2.66	2.58	2.51	2.46
19	4.38	3.52	3.13	2.90	2.74	2.63	2.54	2.48	2.42
20	4.35	3.49	3.10	2.87	2.71	2.60	2.51	2.45	2.39
21	4.32	3.47	3.07	2.84	2.68	2.57	2.49	2.42	2.37
22	4.30	3.44	3.05	2.82	2.66	2.55	2.46	2.40	2.34
23	4.28	3.42	3.03	2.80	2.64	2.53	2.44	2.37	2.32
24	4.26	3.40	3.01	2.78	2.62	2.51	2.42	2.36	2.30
25	4.24	3.39	2.99	2.76	2.60	2.49	2.40	2.34	2.28
26	4.23	3.37	2.98	2.74	2.59	2.47	2.39	2.32	2.27
27	4.21	3.35	2.96	2.73	2.57	2.46	2.37	2.31	2.25
28	4.20	3.34	2.95	2.71	2.56	2.45	2.36	2.29	2.24
29	4.18	3.33	2.93	2.70	2.55	2.43	2.35	2.28	2.22
30	4.17	3.32	2.92	2.69	2.53	2.42	2.33	2.27	2.21
40	4.08	3.23	2.84	2.61	2.45	2.34	2.25	2.16	2.12
60	4.00	3.15	2.76	2.53	2.37	2.25	2.17	2.10	2.04
120	3.92	3.07	2.68	2.45	2.29	2.17	2.09	2.02	1.96
∞	3.84	3.00	2.60	2.37	2.21	2.10	2.01	1.94	1.88

$\alpha = 0.05$

n_2 \ n_1	10	12	15	20	24	30	40	60	120	∞
1	241.9	243.9	245.9	248.0	249.4	250.1	251.1	252.2	253.3	254.3
2	19.40	19.41	19.43	19.45	19.45	19.46	19.47	19.48	19.49	19.50
3	8.79	8.74	8.70	8.66	8.64	8.62	8.59	8.57	8.55	8.53
4	5.96	5.91	5.86	5.80	5.77	5.75	5.72	5.69	5.66	5.63
5	4.74	4.68	4.62	4.56	4.53	4.50	4.46	4.43	4.40	4.36
6	4.06	4.00	3.94	3.87	3.84	3.81	3.77	3.74	3.70	3.67
7	3.64	3.57	3.51	3.44	3.41	3.38	3.34	3.30	3.27	3.23
8	3.35	3.28	3.22	3.15	3.12	3.08	3.04	3.01	2.97	2.93
9	3.14	3.07	3.01	2.94	2.90	2.86	2.83	2.79	2.75	2.71
10	2.98	2.91	2.85	2.77	2.74	2.70	2.66	2.62	2.58	2.54
11	2.85	2.79	2.72	2.65	2.61	2.57	2.53	2.49	2.45	2.40
12	2.75	2.69	2.62	2.54	2.51	2.47	2.43	2.38	2.34	2.30
13	2.67	2.60	2.53	2.46	2.42	2.38	2.34	2.30	2.25	2.21
14	2.60	2.53	2.46	2.39	2.35	2.31	2.27	2.22	2.18	2.13
15	2.54	2.48	2.40	2.33	2.29	2.25	2.20	2.16	2.11	2.07
16	2.49	2.42	2.35	2.28	2.24	2.19	2.15	2.11	2.06	2.01
17	2.45	2.38	2.31	2.23	2.19	2.15	2.10	2.06	2.01	1.96
18	2.41	2.34	2.27	2.19	2.15	2.11	2.06	2.02	1.97	1.92
19	2.38	2.31	2.23	2.16	2.11	2.07	2.03	1.98	1.93	1.88
20	2.35	2.28	2.20	2.12	2.08	2.04	1.99	1.95	1.90	1.84
21	2.32	2.25	2.18	2.10	2.05	2.01	1.96	1.92	1.87	1.81
22	2.30	2.23	2.15	2.07	2.03	1.98	1.94	1.89	1.84	1.78
23	2.27	2.20	2.13	2.05	2.01	1.96	1.91	1.86	1.81	1.76
24	2.25	2.18	2.11	2.03	1.98	1.94	1.89	1.84	1.79	1.73
25	2.24	2.16	2.09	2.01	1.96	1.92	1.87	1.82	1.77	1.71
26	2.22	2.15	2.07	1.99	1.95	1.90	1.85	1.80	1.75	1.69
27	2.20	2.13	2.06	1.97	1.93	1.88	1.84	1.79	1.73	1.67
28	2.19	2.12	2.04	1.96	1.91	1.87	1.82	1.77	1.71	1.65
29	2.18	2.10	2.03	1.94	1.90	1.85	1.81	1.75	1.70	1.64
30	2.16	2.09	2.01	1.93	1.89	1.84	1.79	1.74	1.68	1.62
40	2.08	2.00	1.92	1.84	1.79	1.74	1.69	1.64	1.58	1.51
60	1.99	1.92	1.84	1.75	1.70	1.65	1.59	1.53	1.47	1.39
120	1.91	1.83	1.75	1.66	1.61	1.55	1.50	1.43	1.35	1.25
∞	1.83	1.75	1.67	1.57	1.52	1.46	1.39	1.32	1.22	1.00

$$\alpha = 0.025$$

n_2＼n_1	1	2	3	4	5	6	7	8	9
1	647.8	799.5	864.2	899.6	921.8	937.1	948.2	956.7	963.3
2	38.51	39.00	39.17	39.25	39.30	39.33	39.36	39.37	39.39
3	17.44	16.04	15.44	15.10	14.88	14.73	14.62	14.54	14.47
4	12.22	10.65	9.98	9.60	9.36	9.20	9.07	8.98	8.90
5	10.01	8.43	7.76	7.39	7.15	6.98	6.85	6.76	6.68
6	8.81	7.26	6.60	6.23	5.99	5.82	5.70	5.60	5.52
7	8.07	6.54	5.89	5.52	5.29	5.12	4.99	4.90	4.82
8	7.57	6.06	5.42	5.05	4.82	4.65	4.53	4.43	4.36
9	7.21	5.71	5.08	4.72	4.48	4.23	4.20	4.10	4.03
10	6.94	5.46	4.83	4.47	4.24	4.07	3.95	3.85	3.78
11	6.72	5.26	4.63	4.28	4.04	3.88	3.76	3.66	3.59
12	6.55	5.10	4.47	4.12	3.89	3.73	3.61	3.51	3.44
13	6.41	4.97	4.35	4.00	3.77	3.60	3.48	3.39	3.31
14	6.30	4.86	4.24	3.89	3.66	3.50	3.38	3.29	3.21
15	6.20	4.77	4.15	3.80	3.58	3.41	3.29	3.20	3.12
16	6.12	4.69	4.08	3.73	3.50	3.34	3.22	3.12	3.05
17	6.04	4.62	4.01	3.66	3.44	3.28	3.16	3.06	2.98
18	5.98	4.56	3.95	3.61	3.38	3.22	3.10	3.01	2.93
19	5.92	4.51	3.90	3.56	3.33	3.17	3.05	2.96	2.88
20	5.87	4.46	3.86	3.51	3.29	3.13	3.01	2.91	2.84
21	5.83	4.42	3.82	3.48	3.25	3.09	2.97	2.87	2.80
22	5.79	4.38	3.78	3.44	3.22	3.05	2.93	2.84	2.76
23	5.75	4.35	3.75	3.41	3.18	3.02	2.90	2.81	2.73
24	5.72	4.32	3.72	3.38	3.15	2.99	2.87	2.78	2.70
25	5.69	4.29	3.69	3.35	3.13	2.97	2.85	2.75	2.68
26	5.66	4.27	3.67	3.33	3.10	2.94	2.82	2.73	2.65
27	5.63	4.24	3.65	3.31	3.08	2.92	2.80	2.71	2.63
28	5.61	4.22	3.63	3.29	3.06	2.90	2.78	2.69	2.61
29	5.59	4.20	3.61	3.27	3.04	2.88	2.76	2.67	2.59
30	5.57	4.18	3.59	3.25	3.03	2.87	2.75	2.65	2.57
40	5.42	4.05	3.46	3.13	2.90	2.74	2.62	2.53	2.45
60	5.29	3.93	3.34	3.01	2.79	2.63	2.51	2.41	2.33
120	5.15	3.80	3.23	2.89	2.67	2.52	2.39	2.30	2.22
∞	5.02	3.69	3.12	2.79	2.57	2.41	2.29	2.19	2.11

续表

$$\alpha = 0.025$$

n_2 \ n_1	10	12	15	20	24	30	40	60	120	∞
1	968.6	976.7	984.9	993.1	997.2	1001	1006	1001	1014	1018
2	39.40	39.41	39.43	39.45	39.46	39.46	39.47	39.48	39.49	39.50
3	14.42	14.34	14.25	14.17	14.12	14.08	14.04	13.99	13.95	13.90
4	8.84	8.75	8.66	8.56	8.51	8.46	8.41	8.36	8.31	8.26
5	6.62	6.52	6.43	6.33	6.28	6.23	6.18	6.12	6.07	6.02
6	5.46	5.37	5.27	5.17	5.12	5.07	5.01	4.96	4.90	4.85
7	4.76	4.67	4.57	4.47	4.42	4.36	4.31	4.25	4.20	4.14
8	4.30	4.20	4.10	4.00	3.95	3.89	3.84	3.78	3.73	3.67
9	3.96	3.87	3.77	3.67	3.61	3.56	3.51	3.45	3.39	3.33
10	3.72	3.62	3.52	3.42	3.37	3.31	3.26	3.20	3.14	3.08
11	3.53	3.43	3.33	3.23	3.17	3.12	3.06	3.00	2.94	2.88
12	3.37	3.28	3.18	3.07	3.02	2.96	2.91	2.85	2.79	2.72
13	3.25	3.15	3.05	2.95	2.89	2.84	2.78	2.72	2.66	2.60
14	3.15	3.05	2.95	2.84	2.79	2.73	2.67	2.61	2.55	2.49
15	3.06	2.96	2.86	2.76	2.70	2.64	2.59	2.52	2.46	2.40
16	2.99	2.89	2.79	2.68	2.63	2.57	2.51	2.45	2.38	2.32
17	2.92	2.82	2.72	2.62	2.56	2.50	2.44	2.38	2.32	2.25
18	2.87	2.77	2.67	2.56	2.50	2.44	2.38	2.32	2.26	2.19
19	2.82	2.72	2.62	2.51	2.45	2.39	2.33	2.27	2.20	2.13
20	2.77	2.68	2.57	2.46	2.41	2.35	2.29	2.22	2.16	2.09
21	2.73	2.64	2.53	2.42	2.37	2.31	2.25	2.18	2.11	2.04
22	2.70	2.60	2.50	2.39	2.33	2.27	2.21	2.14	2.08	2.00
23	2.67	2.57	2.47	2.36	2.30	2.24	2.18	2.11	2.04	1.97
24	2.64	2.54	2.44	2.33	2.27	2.21	2.15	2.08	2.01	1.94
25	2.61	2.51	2.41	2.30	2.24	2.18	2.12	2.05	1.98	1.91
26	2.59	2.49	2.39	2.28	2.22	2.16	2.09	2.03	1.95	1.88
27	2.57	2.47	2.36	2.25	2.19	2.13	2.07	2.00	1.93	1.85
28	2.55	2.45	2.34	2.23	2.21	2.11	2.05	1.98	1.91	1.83
29	2.53	2.43	2.32	2.21	2.15	2.09	2.03	1.96	1.89	1.81
30	2.51	2.41	2.31	2.20	2.14	2.07	2.01	1.94	1.87	1.79
40	2.39	2.29	2.18	2.07	2.01	1.94	1.88	1.80	1.72	1.64
60	2.27	2.17	2.06	1.94	1.88	1.82	1.74	1.67	1.58	1.48
120	2.16	2.05	1.94	1.82	1.76	1.69	1.61	1.53	1.43	1.31
∞	2.05	1.94	1.83	1.71	1.64	1.57	1.48	1.39	1.27	1.00

$\alpha = 0.01$

n_2 \ n_1	1	2	3	4	5	6	7	8	9
1	4052	4999.5	5403	5625	5764	5859	5928	5982	6022
2	98.50	99.00	99.17	99.25	99.30	99.33	99.36	99.37	99.39
3	34.12	30.82	29.46	28.71	28.24	27.91	27.67	27.49	27.35
4	21.20	18.00	16.69	15.98	15.12	15.21	14.98	14.80	14.66
5	16.26	13.27	12.06	11.39	10.97	10.67	10.46	10.29	10.16
6	13.75	10.92	9.78	9.15	8.75	8.47	8.26	8.10	7.98
7	12.25	9.55	8.45	7.85	7.46	7.19	6.99	6.84	6.72
8	11.26	8.65	7.59	7.01	6.63	6.37	6.18	6.03	5.91
9	10.56	8.02	6.99	6.42	6.06	5.80	5.61	5.47	5.35
10	10.04	7.56	6.55	5.99	5.64	5.39	5.20	5.06	4.94
11	9.65	7.21	6.22	5.67	5.32	5.07	4.89	4.74	4.63
12	9.33	6.93	5.95	5.41	5.06	4.82	4.64	4.50	4.39
13	9.07	6.70	5.74	5.21	4.86	4.62	4.44	4.30	4.19
14	8.86	6.51	5.56	5.04	4.69	4.46	4.28	4.14	4.03
15	8.68	6.36	5.42	4.89	4.56	4.32	4.14	4.00	3.89
16	8.53	6.23	5.29	4.77	4.44	4.20	4.03	3.89	3.78
17	8.40	6.11	5.18	4.67	4.34	4.10	3.93	3.79	3.68
18	8.29	6.01	5.09	4.58	4.25	4.01	3.84	3.71	3.60
19	8.18	5.93	5.01	4.50	4.17	3.94	3.77	3.63	3.52
20	8.10	5.85	4.94	4.43	4.10	3.87	3.70	3.56	3.46
21	8.02	5.78	4.87	4.37	4.04	3.81	3.64	3.51	3.40
22	7.95	5.72	4.82	4.31	3.99	3.76	3.59	3.45	3.35
23	7.88	5.66	4.76	4.26	3.94	3.71	3.54	3.41	3.30
24	7.82	5.61	4.72	4.22	3.90	3.67	3.50	3.36	3.26
25	7.77	5.57	4.68	4.18	3.85	3.63	3.46	3.32	3.22
26	7.72	5.53	4.64	4.14	3.82	3.59	3.42	3.29	3.18
27	7.68	5.49	4.60	4.11	3.78	3.56	3.39	3.26	3.15
28	7.64	5.45	4.57	4.07	3.75	3.53	3.36	3.23	3.12
29	7.60	5.42	4.54	4.04	3.73	3.50	3.33	3.20	3.09
30	7.56	5.39	4.51	4.02	3.70	3.47	3.30	3.17	3.07
40	7.31	5.18	4.31	3.83	3.51	3.29	3.12	2.99	2.89
60	7.08	4.98	4.13	3.65	3.34	3.12	2.95	2.82	2.72
120	6.85	4.79	3.95	3.48	3.17	2.96	2.79	2.66	2.56
∞	6.63	4.61	3.78	3.32	3.02	1.80	2.64	2.51	2.41

续表

$\alpha = 0.01$

n_1 / n_2	10	12	15	20	24	30	40	60	120	∞
1	6056	6106	6157	6209	6235	6261	6287	6313	6339	6366
2	99.40	99.42	99.43	99.45	99.46	99.47	99.47	99.48	99.49	99.50
3	27.23	27.05	26.87	26.69	26.60	26.50	26.41	26.32	26.22	26.13
4	14.55	14.37	14.20	14.02	13.93	13.84	13.75	13.65	13.56	13.46
5	10.05	9.89	9.72	9.55	9.47	9.38	9.29	9.20	9.11	9.02
6	7.87	7.72	7.56	7.40	7.31	7.23	7.14	7.06	6.97	6.88
7	6.62	6.47	6.31	6.16	6.07	5.99	5.91	5.82	5.74	5.65
8	5.81	5.67	5.52	5.36	5.28	5.20	5.12	5.03	4.95	4.86
9	5.26	5.11	4.96	4.81	4.73	4.65	4.57	4.48	4.40	4.31
10	4.85	4.71	4.56	4.41	4.33	4.25	4.17	4.08	4.00	3.91
11	4.54	4.40	4.25	4.10	4.02	3.94	3.86	3.78	3.69	3.60
12	4.30	4.16	4.01	3.86	3.78	3.70	3.62	3.54	3.45	3.36
13	4.10	3.96	3.82	3.66	3.59	3.51	3.43	3.34	3.25	3.17
14	3.94	3.80	3.66	3.51	3.43	3.35	3.27	3.18	3.09	3.00
15	3.80	3.67	3.52	3.37	3.29	3.21	3.13	3.05	2.96	2.87
16	3.69	3.55	3.41	3.26	3.18	3.10	3.02	2.93	2.84	2.75
17	3.59	3.46	3.31	3.16	3.08	3.00	2.92	2.83	2.75	2.65
18	3.51	3.37	3.23	3.08	3.00	2.92	2.84	2.75	2.66	2.57
19	3.43	3.30	3.15	3.00	2.92	2.84	2.76	2.67	2.58	2.49
20	3.37	3.23	3.09	2.94	2.86	2.78	2.69	2.61	2.52	2.42
21	3.31	3.17	3.03	2.88	2.80	2.72	2.64	2.55	2.46	2.36
22	3.26	3.12	2.98	2.83	2.75	2.67	2.58	2.50	2.40	2.31
23	3.21	3.07	2.93	2.78	2.70	2.62	2.54	2.45	2.35	2.26
24	3.17	3.03	2.89	2.74	2.66	2.58	2.49	2.40	2.31	2.21
25	3.13	2.99	2.85	2.70	2.62	2.54	2.45	2.36	2.27	2.17
26	3.09	2.96	2.81	2.66	2.58	2.50	2.42	2.33	2.23	2.13
27	3.06	2.93	2.78	2.63	2.55	2.47	2.38	2.29	2.20	2.10
28	3.03	2.90	2.75	2.60	2.52	2.44	2.35	2.26	2.17	2.06
29	3.00	2.87	2.73	2.57	2.49	2.41	2.33	2.23	2.14	2.03
30	2.89	2.84	2.70	2.55	2.47	2.39	2.30	2.21	2.11	2.01
40	2.80	2.66	2.52	2.37	2.29	2.20	2.11	2.02	1.92	1.80
60	2.63	2.50	2.35	2.20	2.12	2.03	1.94	1.84	1.73	1.60
120	2.47	2.34	2.19	2.03	1.95	1.86	1.76	1.66	1.53	1.38
∞	2.32	2.18	2.04	1.88	1.79	1.70	1.59	1.47	1.32	1.00

$$\alpha = 0.005$$

n_2 \ n_1	1	2	3	4	5	6	7	8	9
1	16211	20000	21615	22500	23056	23437	23715	23925	24091
2	198.5	199.0	199.2	199.2	199.3	199.3	199.4	199.4	199.4
3	55.55	49.80	47.47	46.19	45.39	44.84	44.43	44.13	43.88
4	31.33	26.28	24.26	23.15	22.46	21.97	21.62	21.35	21.14
5	22.78	18.31	16.53	15.56	14.94	14.51	14.20	13.96	13.77
6	18.63	14.54	12.92	12.03	11.46	11.07	10.79	10.57	10.39
7	16.24	12.40	10.88	10.05	9.52	9.16	8.89	8.68	8.51
8	14.69	11.04	9.60	8.81	8.30	7.95	7.69	7.50	7.34
9	13.61	10.11	8.72	7.96	7.47	7.13	6.88	6.69	6.54
10	12.83	9.43	8.08	7.34	6.87	6.54	6.30	6.12	5.79
11	12.23	8.91	7.60	6.88	6.42	6.10	5.86	5.68	5.54
12	11.75	8.51	7.23	6.52	6.07	5.76	5.52	5.35	5.20
13	11.37	8.19	6.93	6.23	5.79	5.48	5.25	5.08	4.94
14	11.06	7.92	6.68	6.00	5.56	5.26	5.03	4.86	4.72
15	10.80	7.70	6.48	5.80	5.37	5.07	4.85	4.67	4.54
16	10.58	7.51	6.30	5.64	5.21	4.91	4.69	4.52	4.38
17	10.38	7.35	6.16	5.50	5.07	4.78	4.56	4.39	4.25
18	10.22	7.21	6.03	5.37	4.96	4.66	4.44	4.28	4.14
19	10.07	7.09	5.92	5.27	4.85	4.56	4.34	4.18	4.04
20	9.94	6.99	5.82	5.17	4.76	4.47	4.26	4.09	3.96
21	9.83	6.89	5.73	5.09	4.68	4.39	4.18	4.01	3.88
22	9.73	6.81	5.65	5.02	4.61	4.32	4.11	3.94	3.81
23	9.63	6.73	5.58	4.95	4.54	4.26	4.05	3.88	3.75
24	9.55	6.66	5.52	4.89	4.49	4.20	3.99	3.83	3.69
25	9.48	6.60	5.46	4.84	4.43	4.15	3.94	3.78	3.64
26	9.41	6.54	5.41	4.79	4.38	4.10	3.89	3.73	3.60
27	9.34	6.49	5.36	4.74	4.34	4.06	3.85	3.69	3.56
28	9.28	6.44	5.32	4.70	4.30	4.02	3.81	3.65	3.52
29	9.23	6.40	5.28	4.66	4.26	3.98	3.77	3.61	3.48
30	9.18	6.35	5.24	4.62	4.23	3.95	3.74	3.58	3.45
40	8.83	6.07	4.98	4.37	3.99	3.71	3.51	3.35	3.22
60	8.49	5.79	4.73	4.14	3.76	3.49	3.29	3.13	3.01
120	8.18	5.54	4.50	3.92	3.55	3.28	3.09	2.93	2.81
∞	7.88	5.30	4.28	3.72	3.35	3.09	2.90	2.74	2.62

$\alpha = 0.005$

n_2 \ n_1	10	12	15	20	24	30	40	60	120	∞
1	24224	24426	24630	24836	24940	25044	25148	25253	25359	25465
2	199.4	199.4	199.4	199.4	199.5	199.5	199.5	199.5	199.5	199.5
3	43.69	43.39	43.08	42.78	42.62	42.47	42.31	42.15	41.99	41.83
4	20.97	20.70	20.44	20.17	20.03	19.89	19.75	19.61	19.47	19.32
5	13.62	13.38	13.15	12.90	12.78	12.66	12.53	12.40	12.27	12.14
6	10.25	10.03	9.81	9.59	9.47	9.36	9.24	9.12	9.00	8.88
7	8.38	8.18	7.97	7.75	7.56	7.53	7.42	7.31	7.19	7.08
8	7.21	7.01	6.81	6.61	6.50	6.40	6.29	6.18	6.06	5.95
9	6.42	6.23	6.03	5.83	5.73	5.62	5.52	5.41	5.30	5.19
10	5.85	5.66	5.47	5.27	5.17	5.07	4.97	4.86	4.75	4.64
11	5.42	5.24	5.05	4.86	4.76	4.65	4.55	4.44	4.34	4.23
12	5.09	4.91	4.72	4.53	4.43	4.33	4.23	4.12	4.01	3.90
13	4.82	4.64	4.46	4.27	4.17	4.07	3.97	3.87	3.76	3.65
14	4.60	4.43	4.25	4.06	3.96	3.86	3.76	3.66	3.55	3.44
15	4.42	4.25	4.07	3.88	3.79	3.69	3.58	3.48	3.37	3.26
16	4.27	4.10	3.92	3.73	3.64	3.54	3.44	3.33	3.22	3.11
17	4.14	3.97	3.79	3.61	3.51	3.41	3.31	3.21	3.10	2.89
18	4.03	3.86	3.68	3.50	3.40	3.30	3.20	3.10	2.99	2.87
19	3.93	3.76	3.59	3.40	3.31	3.21	3.11	3.00	2.89	2.78
20	3.85	3.68	3.50	3.32	3.22	3.12	3.02	2.92	2.81	2.69
21	3.77	3.60	3.43	3.24	3.15	3.05	2.95	2.84	2.73	2.61
22	3.70	3.54	3.36	3.18	3.08	2.98	2.88	2.77	2.66	2.55
23	3.64	3.47	3.30	3.12	3.02	2.92	2.82	2.71	2.60	2.48
24	3.59	3.42	3.25	3.06	2.97	2.87	2.77	2.66	2.55	2.43
25	3.54	3.37	3.20	3.01	2.92	2.82	2.72	2.61	2.50	2.38
26	3.49	3.33	3.15	2.97	2.87	2.77	2.67	2.56	2.45	2.33
27	3.45	3.28	3.11	2.93	2.83	2.73	2.63	2.52	2.41	2.29
28	3.41	3.25	3.07	2.89	2.79	2.69	2.59	2.48	2.37	2.25
29	3.38	3.21	3.04	2.86	2.76	2.66	2.56	2.45	2.33	2.21
30	3.34	3.18	3.01	2.82	2.73	2.63	2.52	2.42	2.30	2.18
40	3.12	2.95	2.78	2.60	2.50	2.40	2.30	2.18	2.06	1.93
60	2.90	2.74	2.57	2.39	2.29	2.19	2.08	1.96	1.83	1.69
120	2.71	2.54	2.37	2.19	2.09	1.98	1.87	1.75	1.61	1.43
∞	2.52	2.36	2.19	2.00	1.90	1.79	1.67	1.53	1.36	1.00

$$\alpha = 0.001$$

n_2 \ n_1	1	2	3	4	5	6	7	8	9
1	4053T	5000T	5404T	5625T	5764T	5859T	5929T	5981T	6023T
2	998.5	999.0	999.2	999.3	999.3	999.4	999.4	999.4	999.4
3	167.0	148.5	141.1	137.1	134.6	132.8	131.6	130.6	129.9
4	74.14	61.25	56.18	53.44	51.71	50.53	49.66	49.00	48.47
5	47.18	37.12	33.20	31.09	27.75	28.84	29.16	27.64	27.24
6	35.51	27.00	23.70	21.92	20.81	20.03	19.46	19.03	18.69
7	29.25	21.69	18.77	17.19	16.21	15.52	15.02	14.63	14.33
8	25.42	18.49	15.83	14.39	13.49	12.86	12.40	12.04	11.77
9	22.86	16.39	13.90	12.56	11.70	11.13	10.70	10.37	10.11
10	21.04	14.91	12.55	11.28	10.48	9.92	9.52	9.20	8.96
11	19.69	13.81	11.56	10.35	9.58	9.05	8.66	8.35	8.12
12	18.64	12.97	10.80	9.63	8.89	8.38	8.00	7.71	7.48
13	17.81	12.31	10.21	9.07	8.35	7.86	7.49	7.21	6.98
14	17.14	11.78	9.73	8.62	7.92	7.43	7.08	6.80	6.58
15	16.59	11.34	9.34	8.25	7.57	7.09	6.74	6.47	6.26
16	16.12	10.97	9.00	7.94	7.27	6.81	6.46	6.19	5.98
17	15.72	10.66	8.73	7.68	7.02	6.56	6.22	5.96	5.75
18	15.38	10.39	8.49	7.46	6.81	6.35	6.02	5.76	5.56
19	15.08	10.16	8.28	7.26	6.62	6.18	5.85	5.59	5.39
20	14.82	9.95	8.10	7.10	6.46	6.02	5.69	5.44	5.24
21	14.59	9.77	7.94	6.95	6.32	5.88	5.56	5.31	5.11
22	14.38	9.61	7.80	6.81	6.19	5.76	5.44	5.19	4.99
23	14.19	9.47	7.67	6.69	6.08	5.65	5.33	5.09	4.89
24	14.03	9.34	7.55	6.59	5.98	5.55	5.23	4.99	4.80
25	13.88	9.22	7.45	6.49	5.88	5.46	5.15	4.91	4.71
26	13.74	9.12	7.36	6.41	5.80	5.38	5.07	4.83	4.64
27	13.61	9.02	7.27	6.33	5.73	5.31	5.00	4.76	4.57
28	13.50	8.93	7.19	6.25	5.66	5.24	4.93	4.69	4.50
29	13.39	8.85	7.12	6.19	5.59	5.18	4.87	4.64	4.45
30	13.29	8.77	7.05	6.12	5.53	5.12	4.82	4.58	4.39
40	12.61	8.25	6.60	5.70	5.13	4.73	4.44	4.21	4.02
60	11.97	7.76	6.17	5.31	4.76	4.37	4.09	3.87	3.69
120	11.38	7.32	5.79	4.95	4.42	4.04	3.77	3.55	3.38
∞	10.83	6.91	5.42	4.62	4.10	3.74	3.47	3.27	3.10

$$\alpha = 0.001$$

n_2＼n_1	10	12	15	20	24	30	40	60	120	∞
1	6056T	6107T	6158T	6209T	6235T	6261T	6287T	6313T	6340T	6366T
2	999.4	999.4	999.4	999.4	999.5	999.5	999.5	999.5	999.5	999.5
3	129.2	128.3	127.4	126.4	125.9	125.4	125.0	124.5	124.0	123.5
4	48.05	47.41	46.76	46.10	45.77	45.43	45.09	44.75	44.40	44.05
5	26.92	26.42	25.91	25.39	25.14	24.87	24.06	24.33	24.06	23.79
6	18.41	17.99	17.56	17.12	16.89	16.67	16.44	16.21	15.99	15.57
7	14.08	13.71	13.32	12.93	12.73	12.53	12.33	12.12	11.91	11.70
8	11.54	11.19	10.84	10.48	10.30	10.11	9.92	9.73	9.53	9.33
9	9.89	9.57	9.24	8.90	8.72	8.55	8.37	8.19	8.00	7.81
10	8.75	8.45	8.13	7.80	7.64	7.47	7.30	7.12	6.94	6.76
11	7.92	7.63	7.32	7.01	6.85	6.68	6.52	6.35	6.17	6.00
12	7.29	7.00	6.71	6.40	6.25	6.09	5.93	5.76	5.99	5.42
13	6.80	6.52	6.23	5.93	5.78	5.63	5.47	5.30	5.14	4.97
14	6.40	6.13	5.85	5.56	5.41	5.25	5.10	4.94	4.77	4.60
15	6.08	5.81	5.54	5.25	5.10	4.95	4.80	4.64	4.47	4.31
16	5.81	5.55	5.27	4.99	4.85	4.70	4.54	4.39	4.23	4.06
17	5.58	5.32	5.05	4.78	4.63	4.48	4.33	4.18	4.02	3.85
18	5.39	5.13	4.87	4.59	4.45	4.30	4.15	4.00	3.84	3.67
19	5.22	4.97	4.70	4.43	4.29	4.14	3.99	3.84	3.68	3.51
20	5.08	4.82	4.56	4.29	4.15	4.00	3.86	3.70	3.54	3.38
21	4.95	4.70	4.44	4.17	4.03	3.88	3.74	3.58	3.42	3.26
22	4.83	4.58	4.33	4.06	3.92	3.78	3.63	3.48	3.32	3.15
23	4.73	4.48	4.23	3.96	3.82	3.68	3.53	3.38	3.22	3.05
24	4.64	4.39	4.14	3.87	3.74	3.59	3.45	3.29	3.14	2.97
25	4.56	4.31	4.06	3.79	3.66	3.52	3.37	3.22	3.06	2.89
26	4.48	4.24	3.99	3.72	3.59	3.44	3.30	3.15	2.99	2.82
27	4.41	4.17	3.92	3.66	3.52	3.38	3.23	3.08	2.92	2.75
28	4.35	4.11	3.86	3.60	3.46	3.32	3.18	3.02	2.86	2.69
29	4.29	4.05	3.80	3.54	3.41	3.27	3.12	2.97	2.81	2.64
30	4.24	4.00	3.75	3.49	3.36	3.22	3.07	2.92	2.76	2.59
40	3.87	3.64	3.40	3.15	3.01	2.87	2.73	2.57	2.41	2.23
60	3.54	3.31	3.08	2.83	2.69	2.55	2.41	2.25	2.08	1.89
120	3.24	3.02	2.78	2.53	2.40	2.26	2.11	1.95	1.76	1.54
∞	2.96	2.74	2.51	2.27	2.13	1.99	1.84	1.66	1.45	1.00

注：T 表示要将所列数乘以 100.

习题答案

习题 1 （A）

1. 略.

2. （1）$A\overline{BC}$；　　（2）$AB\overline{C}$；　　（3）ABC；

（4）$A\cup B\cup C=\overline{A}BC\cup\overline{A}\,\overline{B}C\cup A\overline{BC}\cup\overline{A}BC\cup A\overline{B}\,C\cup AB\overline{C}\cup ABC=\overline{\overline{A}\,\overline{B}\,\overline{C}}$；

（5）$\overline{ABC}=\overline{A}\cup\overline{B}\cup\overline{C}$；　　（6）$\overline{ABC}$；

（7）$\overline{A}BC\cup\overline{A}\,\overline{B}\,C\cup AB\overline{C}\cup\overline{A}B\,C\cup A\overline{BC}\cup\overline{A}B\overline{C}\cup\overline{ABC}=\overline{ABC}=\overline{A}\cup\overline{B}\cup\overline{C}$；

（8）$AB\cup BC\cup CA=AB\overline{C}\cup A\overline{B}C\cup\overline{A}BC\cup ABC$.

3. 0.6.

4. （1）当 $AB=A$ 时，P（AB）取到最大值为 0.6.

（2）当 $A\cup B=\Omega$ 时，P（AB）取到最小值为 0.3.

5. $\dfrac{3}{4}$.　6. $\dfrac{3}{8},\dfrac{9}{16},\dfrac{1}{16}$.　7. （1）$\left(\dfrac{1}{7}\right)^5$；　（2）$\dfrac{6^5}{7^5}=\left(\dfrac{6}{7}\right)^5$；　（3）$1-\left(\dfrac{1}{7}\right)^5$.

8. $P=\dfrac{30^2}{60^2}=\dfrac{1}{4}$.　　9. （1）$\dfrac{17}{25}=0.68$；　　（2）$\dfrac{1}{4}+\dfrac{1}{2}\ln 2$.　10. $\dfrac{1}{4}$.

11. $\dfrac{m}{m+n}\cdot\dfrac{m+k}{m+n+k}\cdot\dfrac{n}{m+n+2k}\cdot\dfrac{n+k}{m+n+3k}$.　12. 0.089.

13. 0.057.　14. 0.124.

15. 至少必须进行 11 次独立射击.　　16. 0.6.

17. 至少需要 14 门高射炮才能有 95%以上的把握击中飞机.

18. （1）0.0729；　　（2）0.00856；　　（3）0.99954；　　（4）0.40951.

习题 1（B）

1.（1）0.6；　（2）0.08256；　（3）$\dfrac{1}{4}$；　（4）15/34；

（5）$\dfrac{2}{3}$；　（6）0.7；　（7）0.75.

2.（1）C；　（2）D；　（3）B；　（4）C；　（5）D；　（6）A；　（7）C；
（8）C；　（9）C；　（10）A.

习题 2（A）

1.（1）

X	3	4	5
p	0.1	0.3	0.6

（2）$\dfrac{2}{5}$.　2.（1）$a=\mathrm{e}^{-\lambda}$；（2）$a=1$.

3.（1）X 的分布律为

X	0	1	2
p	$\dfrac{22}{35}$	$\dfrac{12}{35}$	$\dfrac{1}{35}$

（2）X 的分布函数为

$$F(x)=\begin{cases} 0, & x<0, \\ \dfrac{22}{35}, & 0\leqslant x<1, \\ \dfrac{34}{35}, & 1\leqslant x<2, \\ 1, & x\geqslant 2. \end{cases}$$

（3）$\dfrac{22}{35},0,\dfrac{12}{35},0$.

4.　X 的分布律为

X	0	1	2
p	0.3	0.6	0.1

5.　$\dfrac{10}{243}$.　6.　$\dfrac{\mathrm{e}^{-2}2^5}{5!}=0.036$.　7.　0.43347.　8.　$0.9\mathrm{e}^{-0.1}$.

9. (1) 0.000069; (2) 0.986305; 0.615961. 10. (1) $\mathrm{e}^{-\frac{3}{2}}$; (2) $1-\mathrm{e}^{-\frac{5}{2}}$.

11. (1) $\begin{cases} A=1, \\ B=-1; \end{cases}$ (2) $1-\mathrm{e}^{-2\lambda}$; $\mathrm{e}^{-3\lambda}$; (3) $f(x)=\begin{cases} \lambda\mathrm{e}^{-\lambda x}, & x \geqslant 0, \\ 0, & x < 0. \end{cases}$

12. (1) $a=\dfrac{1}{8}$; (2) $F(x)=\begin{cases} 0, & x < 4, \\ \dfrac{x^2}{16}, & 0 \leqslant x < 4, \\ 1, & x \geqslant 4; \end{cases}$ (3) $P\{1 < X \leqslant 3\} = \dfrac{1}{2}$;

$P\{|X| \leqslant 2\} = \dfrac{1}{4}$.

13. $\dfrac{4}{5}$. 14. $\dfrac{1}{3}$. 15. $P(Y=k) = \mathrm{C}_5^k(\mathrm{e}^{-2})^k(1-\mathrm{e}^{-2})^{5-k}, k=0,1,2,3,4,5; 0.5167$.

16. (1) 0.5328; 0.9996; 0.6977; 0.5; (2) $c=3$.

17. (1) $z_\alpha = 2.33$; (2) $z_\alpha = 2.75$; $z_{\alpha/2} = 2.96$.

18. Y 的分布律为

Y	0	1	4	9
p_k	1/5	7/30	1/5	11/30

19. (1) $f_Y(y) = \begin{cases} \dfrac{1}{y}\dfrac{1}{\sqrt{2\pi}}\mathrm{e}^{-(\ln^2 y)/2}, & y > 0, \\ 0, & y \leqslant 0; \end{cases}$

(2) $f_Y(y) = \begin{cases} \dfrac{1}{2}\sqrt{\dfrac{2}{y-1}}\dfrac{1}{\sqrt{2\pi}}\mathrm{e}^{-(y-1)/4}, & y > 1, \\ 0, & y \leqslant 1; \end{cases}$ (3) $f_Y(y) = \begin{cases} \dfrac{2}{\sqrt{2\pi}}\mathrm{e}^{-y^2/2}, & y > 0, \\ 0, & y \leqslant 0. \end{cases}$

20. (1) $Y = 1-X \sim U(0,1)$; (2) $f_Y(y) = \begin{cases} \dfrac{1}{y}, & 1 < y < \mathrm{e}, \\ 0, & \text{其他}; \end{cases}$

(3) $f_Y(y) = \begin{cases} \dfrac{1}{2}\mathrm{e}^{-\frac{y}{2}}, & y > 0, \\ 0, & y \leqslant 0. \end{cases}$

21.

Y	-1	1
p_k	0.5	0.5

习题 2（B）

1.（1）0.3.　（2）0.2.　（3）2.　（4）$\dfrac{9}{64}$.　（5）$N(0,1)$.　（6）$\dfrac{12}{35}$.

2.（1）D；（2）A；（3）A；（4）D；（5）A；（6）B；（7）B；（8）B；（9）C；（10）C；（11）A；（12）B；（13）C.

习题 3（A）

1. $\dfrac{\sqrt{6}-\sqrt{2}}{4}$.

2.（X，Y）的分布律为

X ＼ Y	0	$\dfrac{1}{3}$	1
-1	0	$\dfrac{1}{12}$	$\dfrac{1}{3}$
0	$\dfrac{1}{6}$	0	0
2	$\dfrac{5}{12}$	0	0

3.（1）X和Y的联合分布律为

Y ＼ X	0	1	2	3
1	0	$\dfrac{3}{8}$	$\dfrac{3}{8}$	0
3	$\dfrac{1}{8}$	0	0	$\dfrac{1}{8}$

（2）关于X的边缘分布律为

X	0	1	2	3
p	$\dfrac{1}{8}$	$\dfrac{3}{8}$	$\dfrac{3}{8}$	$\dfrac{1}{8}$

关于Y的边缘分布律为

Y	1	3
p	$\dfrac{3}{4}$	$\dfrac{1}{4}$

4.（1）X 和 Y 的联合分布律为

Y \ X	0	1	2	3
0	0	0	$\dfrac{3}{35}$	$\dfrac{2}{35}$
1	0	$\dfrac{6}{35}$	$\dfrac{12}{35}$	$\dfrac{2}{35}$
2	$\dfrac{1}{35}$	$\dfrac{6}{35}$	$\dfrac{3}{35}$	0

（2）关于 X 的边缘分布律为

X	0	1	2	3
p	$\dfrac{1}{35}$	$\dfrac{12}{35}$	$\dfrac{18}{35}$	$\dfrac{4}{35}$

关于 Y 的边缘分布律为

Y	0	1	2
p	$\dfrac{5}{35}$	$\dfrac{20}{35}$	$\dfrac{10}{35}$

5.（1）$X=1$ 条件下，Y 的条件分布律为

Y	0	1	2
$p\{Y=y_j|X=1\}$	0	$\dfrac{2}{3}$	$\dfrac{1}{3}$

（2）$Y=2$ 条件下，X 的条件分布律为

X	0	1	2	3
$p\{X=x_i|Y=2\}$	$\dfrac{1}{4}$	$\dfrac{3}{4}$	0	0

6.（1）$A=12$；　　（2）$F(x,y)=\begin{cases}(1-\mathrm{e}^{-3x})(1-\mathrm{e}^{-4y}), & y>0,x>0,\\ 0, & \text{其他};\end{cases}$

（3）$P\{0 < X \leqslant 1, 0 < Y \leqslant 2\} \approx 0.9499$.　　7.　$f(x, y) = \begin{cases} 8e^{-(4x+2y)}, & x > 0, y > 0, \\ 0, & \text{其他.} \end{cases}$

8.（1）$f(x, y) = \begin{cases} \dfrac{1}{4\pi}, & x^2 + y^2 \leqslant 4, \\ 0, & \text{其他;} \end{cases}$　　（2）$\dfrac{1}{4\pi}$.

9.　$f_X(x) = \begin{cases} 2.4x^2(2-x), & 0 \leqslant x \leqslant 1, \\ 0, & \text{其他;} \end{cases}$　$f_Y(y) = \begin{cases} 2.4y(3 - 4y + y^2), & 0 \leqslant y \leqslant 1, \\ 0, & \text{其他.} \end{cases}$

10.（1）$A = 20$ ；（2）$F(x, y) = \dfrac{1}{\pi^2}\left(\arctan\dfrac{x}{4} + \dfrac{\pi}{2}\right)\left(\arctan\dfrac{y}{5} + \dfrac{\pi}{2}\right), -\infty < x, y < +\infty$ ；

（3）$F(x) = \lim\limits_{y \to +\infty} F(x, y) = \dfrac{1}{\pi}\left(\arctan\dfrac{x}{4} + \dfrac{\pi}{2}\right), -\infty < x < +\infty$ ，

$F(y) = \lim\limits_{x \to +\infty} F(x, y) = \dfrac{1}{\pi}\left(\arctan\dfrac{y}{5} + \dfrac{\pi}{2}\right), -\infty < y < +\infty$.

11.　$f_{Y|X}(y|x) = \begin{cases} \dfrac{1}{2x}, & |y| < x < 1, \\ 0, & \text{其他;} \end{cases}$　$f_{X|Y}(x|y) = \begin{cases} \dfrac{1}{1-y}, & y < x < 1, \\ \dfrac{1}{1+y}, & -y < x < 1, \\ 0, & \text{其他.} \end{cases}$

12.　$f_{X|Y}(x|y) = \dfrac{1}{2\sqrt{1-y^2}}, -\sqrt{1-y^2} \leqslant x \leqslant \sqrt{1-y^2}$ ；$f_{X|Y}(x|y=0) = \dfrac{1}{2}, -1 \leqslant x \leqslant 1$ ；

$f_{X|Y}\left(x\left|y = \dfrac{1}{2}\right.\right) = \dfrac{\sqrt{3}}{3}, -\dfrac{\sqrt{3}}{2} \leqslant x \leqslant \dfrac{\sqrt{3}}{2}$.

13.（1）X 与 Y 的联合分布律为

X ＼ Y	3	4	5	$P\{X = x_i\}$
1	$\dfrac{1}{C_5^3} = \dfrac{1}{10}$	$\dfrac{2}{C_5^3} = \dfrac{2}{10}$	$\dfrac{3}{C_5^3} = \dfrac{3}{10}$	$\dfrac{6}{10}$
2	0	$\dfrac{1}{C_5^3} = \dfrac{1}{10}$	$\dfrac{2}{C_5^3} = \dfrac{2}{10}$	$\dfrac{3}{10}$
3	0	0	$\dfrac{1}{C_5^3} = \dfrac{1}{10}$	$\dfrac{1}{10}$
$P\{Y = y_j\}$	$\dfrac{1}{10}$	$\dfrac{3}{10}$	$\dfrac{6}{10}$	

（2）X 与 Y 不独立.　　14.　$\begin{cases} 1-\mathrm{e}^{-z}, 0 \leqslant z \leqslant 1, \\ \mathrm{e}^{-z}(\mathrm{e}-1), z > 1, \\ 0, \qquad 其他. \end{cases}$

15.（1）$f_{\min}(z) = \begin{cases} (\alpha+\beta)\mathrm{e}^{-(\alpha+\beta)z}, & z > 0, \\ 0, & z \leqslant 0; \end{cases}$

（2）$f_{\max}(z) = \begin{cases} \alpha\mathrm{e}^{-\alpha z} + \beta\mathrm{e}^{-\beta z} - (\alpha+\beta)\mathrm{e}^{-(\alpha+\beta)z}, & z > 0, \\ 0, & z \leqslant 0. \end{cases}$

16.　$f_Z(z) = \begin{cases} \dfrac{1}{2z^2}, & z \geqslant 1, \\[2mm] \dfrac{1}{2}, & 0 < z < 1, \\[2mm] 0, & 其他. \end{cases}$

17.

（1）V 的分布律为

$V=\max(X,Y)$	0	1	2	3	4	5
p	0	0.04	0.16	0.28	0.24	0.28

（2）U 的分布律为

$U=\min(X,Y)$	0	1	2	3
p	0.28	0.30	0.25	0.17

（3）W 的分布律为

$W=X+Y$	0	1	2	3	4	5	6	7	8
p	0	0.02	0.06	0.13	0.19	0.24	0.19	0.12	0.05

习题 3（B）

1.（1）

Z	0	1
p_k	1/9	8/9

（2）$P\{X \leqslant x, Y \leqslant y\}$;

（3） $f(x,y) = \begin{cases} \dfrac{1}{\pi R^2}, & x^2 + y^2 \leqslant R^2, \\ 0, & \text{其他}; \end{cases}$ （4） $\dfrac{1}{9}$; （5） $\dfrac{1}{6}$; （6） $\dfrac{13}{48}$.

2．（1）D；（2）D；（3）B；（4）A；（5）B；（6）A；
（7）D；（8）B；（9）A；（10）B；（11）C；（12）D．

习题 4（A）

1．$E(X) = \dfrac{3}{5}$. 2．$E(X) = 0.30$. 3．$E(X) = 0$.

4．$E(X) = \dfrac{1}{2}$, $E(X^2) = \dfrac{5}{4}$, $E(2X+3) = 4$.

5．$(1)A = 1; (2)E(Y_1) = 2, E(Y_2) = \dfrac{1}{3}$.

6．$E(X) = 1$, $E(X^2) = \dfrac{7}{6}$. 7．（1）$E(X) = 2$, $E(Y) = 0$；（2）5.

8．（1）44；（2）68. 9．（1）3；（2）192. 10．略.

11．（1）$E(X+Y) = \dfrac{3}{4}$；（2）$E(2X - 3Y^2) = \dfrac{5}{8}$；（3）$D(-3X + 4Y) = \dfrac{13}{4}$.

12．-28. 13．$\rho_{XY} = 0$. 14．$\rho_{XY} = -1$；

15．$E(X) = E(Y) = \dfrac{7}{6}, \mathrm{Cov}(X,Y) = -\dfrac{1}{36}, \rho_{XY} = -\dfrac{1}{11}, D(X+Y) = \dfrac{5}{9}$.

16．$\rho_{Z_1 Z_2} = \dfrac{5}{26}\sqrt{13}$.

习题 4（B）

1．（1）2；（2）25；（3）1，4；（4）37；（5）1；（6）61；
（7）$\dfrac{1}{e}$.

2．（1）C；（2）D；（3）B；（4）B；（5）A；（6）B；（7）
A；（8）B；（9）A；（10）B．

习题 5（A）

1．$n \geqslant 18750$，即 n 至少取 18750 时. 2．0.9836. 3．0.0071. 4．0.8665.
5．0.952.

6．（1）$P\{X > 450\} = 0.1357$；（2）$P\{Y \leqslant 340\} \approx 0.9938$. 7．104.

习题 5 （B）

1.（1）$\dfrac{24}{25}$；　（2）$\dfrac{3}{4}$；　（3）$\dfrac{1}{12}$；　（4）$\dfrac{1}{2}$.

2.（1）C；　（2）B；　（3）C.

习题 6 （A）

1.　$P\{X_1 = x_1, X_2 = x_2, \cdots, X_n = x_n\} = \dfrac{\lambda^{\sum\limits_{i=1}^{n} x_i}}{x_1! x_2! \cdots x_n!} e^{-n\lambda}$.

2.　$f(x_1, x_2, \cdots, x_n) = \begin{cases} \lambda^n e^{-\lambda \sum\limits_{i=1}^{n} x_i}, & \text{当} x_i > 0 (i = 1, 2, \cdots, n) \\ 0, & \text{其他.} \end{cases}$

3.　$f(x_1, x_2, \cdots, x_n) = \begin{cases} \dfrac{1}{c^n}, & 0 < x_1, x_2, \cdots, x_n < c, \\ 0, & \text{其他.} \end{cases}$

4.（1）是；（2）不是；（3）是；（4）不是；（5）是.

5.（1）18.307；（2）50.892；（3）8.547；（4）1.81；（5）2.53；
（6）2.95；（7）5.26；（8）4.68；（9）0.178；（10）0.372.

6. 0.0456. 　7. n 至少应取 25. 　8. 0.05 .

9. 0.10.

10.（1）0.99；（2）$\dfrac{2\sigma^4}{15}$.

11. -1.8125.

习题 6 （B）

1.（1）$\dfrac{1}{n}\sum\limits_{i=1}^{n} X_i$，　$\dfrac{1}{n-1}\sum\limits_{i=1}^{n} (X_i - \bar{X})^2$；（2）$N(0,1), t(n-1)$；（3）$F(10,10)$；

（4）$N\left(\mu, \dfrac{\sigma^2}{n}\right)$.

2.（1）B；　（2）D；　（3）C；　（4）D；　（5）C；　（6）C；　（7）B；　（8）D.

习题 7 (A)

1. θ 的矩估计值为 $\hat{\theta} = \dfrac{1}{4}$, θ 的极大似然估计值为 $\hat{\theta} = \dfrac{7-\sqrt{13}}{2}$.

2. θ 的极大似然估计量为 $\hat{\theta} = -1 - \dfrac{n}{\sum\limits_{i=1}^{n} \ln X_i}$.

3. 矩估计量和极大似然估计量均为 $\hat{\lambda} = \overline{X}$.

4. $\hat{\mu} = 997.1, \hat{\sigma}^2 = 17304.77$.

5. (1) T_1, T_3 是 θ 的无偏估计量; (2) T_3 比 T_1 更有效.

6. $k = \dfrac{1}{2(n-1)}$. 　7. $\dfrac{5\sigma^2}{9}, \dfrac{5\sigma^2}{8}, \dfrac{\sigma^2}{2}$. 　8. $(14.754, 15.146)$.

9. $(500.445, \ 507.055)$.

10. (1) $\left(\overline{x} - \dfrac{s}{\sqrt{n}} t_{\alpha/2}(n-1), \overline{x} + \dfrac{s}{\sqrt{n}} t_{\alpha/2}(n-1) \right) = (68.11, 85.089)$;

(2) $\left(\dfrac{(n-1)s^2}{\chi^2_{\alpha/2}(n-1)}, \dfrac{(n-1)s^2}{\chi^2_{1-\alpha/2}(n-1)} \right) = (190.33, 702.01)$.

习题 7 (B)

1. (1) $\hat{\alpha} = \dfrac{\overline{X}}{1-\overline{X}}$, $\hat{\alpha} = -\dfrac{n}{\sum\limits_{i=1}^{n} \ln x_i}$; 　(2) $2\overline{X}$; 　(3) $\overline{X}$;

(4) $\prod\limits_{i=1}^{n} p(x_i, \theta)$; 　(5) $E(\hat{\theta}) = \theta$; 　(6) $\left(\overline{X} - t_{\frac{\alpha}{2}} \dfrac{S}{\sqrt{n}}, \overline{X} + t_{\frac{\alpha}{2}} \dfrac{S}{\sqrt{n}} \right)$,

$\left(\dfrac{(n-1)S^2}{\chi^2_{\alpha/2}(n-1)}, \dfrac{(n-1)S^2}{\chi^2_{1-\alpha/2}(n-1)} \right)$;

(7) $(4.804, \ 5.196)$; 　(8) $(4.412, \ 5.588)$.

2. (1) B; 　(2) B; 　(3) D; 　(4) B; 　(5) D; 　(6) D; 　(7) A.

习题 8 (A)

1. 可以认为这批矿砂的含镍量为 3.25%.

2. 不能认为寿命是 2350h.

3. 工作正常.

4. 无明显差异.

5. 有显著差异.

习题 8 （B）

1. （1） t ; $\dfrac{\overline{X} - \mu}{S/\sqrt{n}}$; $t(n-1)$. （2） $\dfrac{a - \mu_0}{b/\sqrt{n}} \in (-\infty, -t_\alpha(n-1)]$.

（3）假设 H_0 实际上是正确的，但却被拒绝了；显著性水平 α . （4） $\dfrac{\overline{X}}{Q}\sqrt{n(n-1)}$.

（5） Z ; $Z = \dfrac{\overline{X} - \mu_0}{\sigma/\sqrt{n}}$; 标准正态. （6） $\dfrac{\overline{X}}{M/\sqrt{n(n-1)}}$, $\left| \dfrac{\overline{x}}{m/\sqrt{n(n-1)}} \right| \geq t_{\alpha/2}(n-1)$.

（7）a. $Z = \dfrac{\overline{X} - \overline{Y}}{\sqrt{\sigma_1^2/n + \sigma_2^2/m}}$; $z = \dfrac{\overline{x} - \overline{y}}{\sqrt{\sigma_1^2/n + \sigma_2^2/m}} \leq -z_\alpha$. b. $T = \dfrac{\overline{X} - \overline{Y}}{S_W\sqrt{1/n + 1/m}}$;

$\dfrac{\overline{x} - \overline{y}}{s_W\sqrt{1/n + 2/m}} \leq -t_\alpha(n+m-2)$.

（8） $\sigma^2 = \sigma_0^2$; $\sigma^2 \neq \sigma_0^2$. $\sigma^2 \leq \sigma_0^2$; $\sigma^2 > \sigma_0^2$.

（9） $F = \dfrac{S_1^2}{S_2^2}$; $F(n-1, m-1)$; $F_{1-\alpha/2}(n-1, m-1)$; $F_{\alpha/2}(n-1, m-1)$;

$F_{1-\alpha/2}(n-1, m-1) < F < F_{\alpha/2}(n-1, m-1)$. （10）方差.

（11） χ^2 拟合优独; $\chi^2 = \displaystyle\sum_{i=1}^{r} \dfrac{\left[f_i - np_i(\hat{\theta}) \right]^2}{np_i(\hat{\theta})}$; 最大似然估计量.

（12） $r - k - 1$. （13）相对频率. （14）原假设 H_0 . （15）小概率事件. （16）越小.

（17） $p = 0.05$; $p \neq 0.05$; 0.01 ;

（18） $P\{(x_1, x_2, \cdots, x_n) \in W | H_0\}$; $P\{(x_1, x_2, \cdots, x_n) \notin W | H_1\}$.

（19） $z > z_\alpha$; 右边检验. （20） $\chi^2 = \dfrac{n-1}{\sigma_0^2}S^2$; $\chi^2(n-1)$.

2. （1）C; （2）C; （3）B; （4）A; （5）A; （6）C; （7）D; （8）C; （9）A; （10）B; （11）B; （12）C; （13）A; （14）A; （15）C; （16）A.

[1] 韩旭里，谢永钦. 概率论与数理统计[M]. 上海：复旦大学出版社，2010.

[2] 廖茂新，廖基定. 概率论与数理统计[M]. 上海：复旦大学出版社，2011.

[3] 李其琛，曹伟平. 概率论与数理统计[M]. 南京：南京大学出版社，2010.

[4] 李亚琼，黄立宏. 概率论与数理统计[M]. 上海：复旦大学出版社，2007.

[5] 杨晓平. 概率论与数理统计[M]. 北京：北京理工大学出版社，2007.

[6] 崔文善，邵新慧，黄己立. 概率论与数理统计[M]. 沈阳：东北大学出版社，2006.

[7] 盛　骤，谢式千. 概率论与数理统计[M]. 北京：高等教育出版社，1979.

[8] 杨洪礼，鲍承友，张序萍. 概率论与数理统计[M]. 北京：北京邮电大学出版社，2002.